新电商时代

易观"互联网+"研究院 ◎ 著

北京联合出版公司
Beijing United Publishing Co.,Ltd.

图书在版编目（CIP）数据

新电商时代 / 易观"互联网+"研究院著 . -- 北京：北京联合出版公司，2017.9
ISBN 978-7-5596-0635-8

Ⅰ . ①新… Ⅱ . ①易… Ⅲ . ①电子商务 Ⅳ . ① F713.36

中国版本图书馆 CIP 数据核字（2017）第 162855 号

新电商时代

作　　者：易观"互联网+"研究院
选题策划：北京时代光华图书有限公司
责任编辑：丰雪飞
特约编辑：卢倩倩
封面设计：新艺书文化
版式设计：新艺书文化

北京联合出版公司出版
（北京市西城区德外大街 83 号楼 9 层　　100088）
北京海纳百川旭彩印务有限公司　　新华书店经销
字数 170 千字　　880 毫米 ×1230 毫米　　1/32　　8 印张
2017 年 9 月第 1 版　　2017 年 9 月第 1 次印刷
ISBN 978-7-5596-0635-8
定价：68.00 元

未经许可，不得以任何方式复制或抄袭本书部分或全部内容
版权所有，侵权必究
本书若有质量问题，请与本社图书销售中心联系调换。电话：010-82894445

编委会名单

主　编：杨　彬　陈　灿
编　委：冯阳松　田　峥　张　煊
　　　　高云惠　关　博

新电商的定义

新电商　＝　　心聚粉　　　＋　　新零售
　　　　（价值观汇聚粉丝）（数字化全场景营销）

新电商的本质

新电商是创新的实体企业为应用数字化工具,在和粉丝互动中打通营销链和供应链,并有效率地创造独特价值,传播独特价值,多场景成交价值的商业行为。

推荐序 1

助力企业创新成长,新电商势在必行

易观亚太①在2016年提出了"新电商"的概念,对此我十分赞同。新电商是以实体企业为主体的新商业,"新电商"的"新"体现在多个方面,其中一个重要的方面就是强调借助资本的力量。盛景网联自身的经验就印证了这一点,我们在资本的助力下实现了跨越式发展,在新三板完成挂牌,定增估值超过了100亿元。

"新电商"备受资本青睐

从资本的角度来看,新电商已经成了VC、PE②投资的

---

① 易观亚太是易观国际(简称"易观")的上市子公司。
② VC全称为Venture Capital,意为风险投资、创业投资;PE全称为Private Equity,意为私募股权投资。

热点。钢铁 B2B 领域的找钢网前不久获得了 11 亿元的 E 轮融资，中钢网、钢银电商、钢钢网也都在新三板挂牌。传统酒水经销商 1919 在新电商的浪潮下也选择了转型互联网，做酒类的 F2R[①] 平台，并在 2014 年就成功登陆资本市场，成为国内酒类流通行业首家公众公司。韩都衣舍早在 2011 年就获得 IDG（美国国际数据集团）近千万美元的投资，并于 2016 年 7 月挂牌新三板，成为互联网服饰品牌第一股。类似的企业还有很多，比如母婴用品跨境直邮电商宝贝格子，在资本市场上很受欢迎。这些企业的共同特点就是都是新电商实体企业新电商化的鲜活案例。

不仅这些新电商的践行者备受资本青睐，新电商领域的服务商也凭借其技术创新优势登陆了资本市场。例如，随视传媒作为社会化营销平台，于 2013 年挂牌；奥维云网作为垂直领域的大数据应用服务商，于 2015 年成功登陆新三板；喜宝动力作为精准营销服务商，于 2015 年挂牌；淘通科技作为快消品零售及营销互联网平台，于 2016 年成功挂牌，成为快消品电商零售第一股。

"资本 × 创新"，双轮驱动

"地产 × 工厂"的旧时代已经过时，现在的新电商企业处于"资本 × 创新"的新双轮驱动模式时代。作为投资人，我希望资本的力量能帮助更多实体企业实现新电商加速，提升市值，快速发展。

---

① F2R 即 Factory to Retailer，是一个多层级分销体系，是一种从工厂到零售终端实现高效对接的新电商模式。

这一轮新电商浪潮是中小企业的一个大机会。对中小企业来说，成本低、确定性强、周期短的新三板是打开资本大门的重要通道。很多实体企业在挂牌新三板后通过商业模式创新提升市值，从而成功实现了融资。截止到 2016 年 10 月，新三板的新电商企业目前有 117 家，在创新层当中有 22 家，基础层当中有 95 家。未来，会有越来越多的新电商企业迈向新三板和资本市场。

共同推进新电商实体企业价值倍增

围绕新电商领域的创新与服务，盛景网联是横向综合，易观是纵向深耕。易观积累了十几年的企业服务经验，指导了上千家传统企业进行互联网化转型，总结出了这套新电商方法论。对于希望搭上新电商这辆"快车"的企业来说，这本书是很好的企业指南。书中汇聚了易观自己的实操案例和业内标杆企业案例，为大家真实展现了新电商企业的快速发展路径。相信本书会成为实体企业走向新电商道路的指引。在此推荐给大家。

易观亚太在指导和协助诸多实体企业进行"新电商"升级的同时，一定还会发现更多新的解决方案，总结更多实战落地的方法论，期待易观亚太推动更多企业、行业进行"新电商"升级，创造企业、行业的崭新局面。

彭志强
盛景网联集团联合创始人、董事长
盛景嘉成母基金创始合伙人

推荐序 ❷

你想成为纽约,还是费城

电商这个概念刚刚兴起十几年的时间,但从另一个角度上看,我们也可以说,它已经有将近140年的历史了。将近140年前,从爱迪生成功研制电灯那一天开始,全世界所有商家就已经成了"电商",这个"电"是"电力"的"电"。所有店铺从那个时候开始逐步有光,有了晚上可以进一步交易的机会。

或者,我们也可以说电商有70年的历史,这个时间是从1946年开始计算的。1946年,宾夕法尼亚大学(即宾大)诞生了世界上第一台电子计算机(俗称"电脑")。从那一天开始之后,全世界的商家们有了成为另外一种"电商"的机会,这个"电"是"电脑"的"电"。

1879 年的电力、1946 年的电脑，到今天的互联网，电商发展到今天，发生了哪些变化，又有什么是不变的呢？我觉得这个问题特别值得思考。

再举一个有趣的例子。大家都知道，纽约是今天美国的金融中心，但大家可能不知道，在 1820 年的时候，纽约只是三个金融中心之一（其余两个分别是费城和芝加哥），而且落后于费城。而到了 1850 年，纽约已经成了无可争议的美国第一金融中心，把费城远远甩到了后面。这 30 年发生了什么，同样值得深思。

回到我们今天所处的时代，特别是这两年经济下行，我相信每家企业都想知道未来应该抓住什么样的趋势，选择什么样的机会。在未来几年内，能帮助实体企业像纽约那样实现弯道超车的机会就是新电商。相信读过本书之后，大家会对新电商有一个深入的解读。为了让大家对这个机会有个初步的认知，我想先给大家讲三个关键词。

新趋势

第一个关键词是新趋势。易观在 2007 年提出"互联网化"，当时有很多人对这件事情并不理解。我们当时说，未来 15 年～20 年所有企业都是互联网企业。10 年过去了，我相信没有人否认这个趋势是不对的。我们进一步在 2012 年提出"互联网+"，提出"互联网是一种强大的基础设施和能力，可以与各行各业产生化学反应，带来对产业的提升"。那么，今天再往前看，我们能看到什么趋势？

2007 年，我们讲，所有企业都会成为互联网企业；今天，我们会说,未来所有企业都会成为数字企业。当年,我们说企业有很多业务要和线上结合;今天,我们讲企业的业务流程将成为程序化的表达。我们设想这样一个场景:一位顾客从进入一家零售店面开始,门口摄像头就捕捉了他的面孔,迅速经过图像识别传到后台,调出这个顾客曾经在线上线下什么地方买过店里什么样的产品,什么样的尺寸,什么样的价格。数据库已经把这位顾客描述出来。于是,售货员就可以直接跟顾客这样讲:"先生,您上次在我们店里买的衬衫穿着是否舒服?我们今天围绕这件衬衫推出了一个特殊的护理计划,同时我们有跟它配套新的夹克,您是不是有兴趣?"这样,是不是会让顾客有宾至如归的感觉呢?所以,无论是线下的企业,还是线上的企业,最终业务流程都将要完全程序化表达,这就是我们所说的"所有企业都会成为数字企业"。

新能源

如果琢磨人类社会每一次的成长,我们就会发现,新技术的更迭其实带来的是与此相关的能源的更迭。假如今天老式的汽车要变成新型的、快速奔跑的车的话,我们需要什么样的新能源呢?我们需要注入数据作为新的能源。如果我们将来一定要成为数字企业,成为用程序化表达的企业,同样也需要技术和能源的更迭,需要的新的能源也是数据。

对于品牌,最重要的数据是粉丝的数据。有人说,没有粉丝的品牌将是可耻的,企业将越来越需要品牌打造、聚粉、建社群。数字化的用户资产会成为企业核心资产,这里请特别注意,我们在用户后面加了"资产"。什么是资产?当我们谈到资产,就会有保值、贬值、增值的需求，最近某货币贬值得很厉害，一天换一个价，用户也是这样，同样有一百万用户的企业，这一百万用户的资产一样吗？肯定不一样。有些企业用户资产是高的，这是高质量用户资产；有些企业用户资产是低的，是低质量用户资产。所以，我们应该从资产角度看待用户，而不是像以往一样，以数量取胜，就用户数看用户。

新物种

很多人在提"新物种"这个概念。新物种并不意味着创建新的企业，我相信新的物种更多将来源于我们今天在这块土地上的耕耘，已经在这个行业里勤勤恳恳地打磨了很长时间的实体企业。但是，我们需要通过数据的驱动，让实体企业变成具有新特点的企业。那么，这些特点是什么？

第一，企业拥有数字化智能交互界面。现在如果没有与用户交互的数字界面，就不是一个新物种。人们说 App 已死，我们非常不认同。应该说，成为超级 App 的机会很少，但是随着用户族群高度裂变，我们完全可以锁定一个特殊族群，提供一个有温度感的产品。

第二，企业拥有数字化用户资产。数字化用户资产的概念，我刚刚已经提过，我认为数字化用户资产表是企业资产的第四张表。损益、现金流、资产负债这三张表不代表企业的未来，只代表企业的状态。我们认为，未来能够代表企业资产的是数字资产。

第三，企业有能力运用算法。未来所有企业产品和服务，一定不是完全靠人工干预的，而是通过算法驱动的。利用算法精准触达用户,服务用户。

你想成为纽约,还是费城

那么,问题来了,我们该怎么去抓住新趋势、积累新能源、成为新物种?

首先,要抓住新的生产力。蒸汽机、电力、电脑已经是过去时,是过去的生产力,互联网是现在的生产力。但当局限于互联网的时候,我们会忘掉跟进下一个先进生产力。易观希望成为先进生产力的赋能者,通过本书构建的理论体系,以及配套的培训、规划,帮助实体企业发现最先进的生产力。

其次,拥抱。企业内部应该有组织结构和流程拥抱数字化变革、拥抱程序化的表达,但首先是企业的思想要启迪,然后在业务流程中要重新规划,最后落实到真正的实地。一家没有数字化部门的企业是不可能成为企业的,所以先进生产力从发现到拥抱,是成为新的物种终结的答案。

回到纽约的故事,1820 年—1850 年,这些年到底发生了什么呢?纽约比费城首先采用了当时最先进的生产力——电报。从纽约使用电报那一刻起,由于电报的迅疾覆盖,费城只好拱手把领先的位置让给纽约。所以,我们应该想一想,是想成为纽约,还是想成为下一个倒下的费城?

于扬

易观创始人、董事长兼 CEO

前言

新电商的使命是成就新国货

过去十几年里,易观见证了中国互联网的飞速发展,也实实在在帮助了不少实体企业走上了互联网创新的道路。在这个过程中,易观首先创造了"互联网+"概念。这个概念现在得到了业内的广泛认同,并在 2015 年被正式上升为国家战略。

回顾过去近二十年,尤其是过去十年,我们会发现实体企业"互联网+"的道路不是一成不变的。举个例子,假如在 2007 年—2009 年,实体企业能较早加入淘宝,做集市电商,那么成功的概率会非常大。在 2010 年—2013 年,积极拥抱天猫、京东的企业,已经在不断地收获平台电商的红利。过去两年,基于移动互联网的微电商,又成了新的风口。

如今，前面提到的几个红利期已经过去，平台电商、移动电商已经成了企业的标配，实体企业向互联网转型这个宏大的"从0到1"的历史进程已经基本完成。未来三年，"从1到10，再到100"的电商创新加速，会成为新时代的主题。那么这个新的时代里还有红利，还有风口吗？

要预测未来，也要着眼现在。着眼现在，我们看到的是流量红利的消失。互联网进入下半场，高昂的流量成本压得不少靠电商平台生存的企业喘不过气来。但同时，我们也能看到新的希望在冉冉升起。中国中产阶级的崛起，带来了消费升级，这深刻影响着整个中国的消费生态，也成为实体企业践行"供给侧改革"的难得机会。

消费升级和供给侧改革是一个硬币的两面。供给侧改革的本质就是顺应消费升级、面向未来，创造精品新国货。不少优秀企业已经先知先觉，尝到了消费升级的甜头。成长中的"80后""90后"，享受着整个社会财富的累计效应，他们从价格敏感变成品质第一，从口碑关注向品牌偏好，从价格驱动和随机消费变成粉丝社群驱动和持续购买。在这样的趋势下，我们迎来了"互联网+"的新常态。实体企业，要想收获"互联网+"新常态下的创新红利，注定要拥抱新电商！

关于什么是新电商，本书会给出基于优秀企业创新实践的定义和打法。简单来讲，新电商，首先是优秀实体企业发自内心和粉丝互动的电商，是跟我们所钟爱的粉丝客户一起追求美好的电商。新电商的使命，是和粉丝互动，打造极致产品，打造极品新国货！而数字化的新零售，包含微店、网店，也含数字化的新门店，是和粉丝互动沟通形成持续交易的新通路。同时，新电商时代，不能只停留在满足客户的需求，我们要用极致产品跟客户一起去追求！想特别提醒大家的是，新电商意味着新的品质、新的模式、新的冠军，但前提是品质新国货！没有新国货，再好的新零售也只能是"新忽悠"，支撑不了新经济！

在传统电商时代，大家都在围绕着流量入口做文章，互联网出身的电商平台唱了主角；而在新电商时代，实体企业将回归主体，绝地反击。当然，这并不意味着实体企业要完全抛弃传统电商平台，自立门户。实际上，新电商框架下的实体企业依然需要与电商平台积极合作，我们要反击的并不是电商平台，而是落后、守旧、低效的经营方式，是不与用户建立"心连接"的传统玩法。

那么，新电商到底应该怎么"玩"？易观咨询和培训在过去十几年支持、培育和帮助了各个领域的"互联网+"隐形冠军和显形冠军。我们发现，虽然每个行业各具特色，电商转型和加速路径各有不同，但总结起来，方法论是相通的。新电商也是如此。

过去一年里，为打造"天马新电商加速平台"，我们探访了多个领域的新电商冠军，分析了他们的成长路径及运营要点，并把这些当下冠军的经验汇入了"天马新电商"实战方法论。在本书中，易观将总结积累的全套新电商加速方法论展示给大家，向创新的践行者致敬！同时，也给出多个行业新电商领军企业的案例解读，给广大志在打造极致产品的优秀实体企业以参考和借鉴。2017年5月，十七年服务实体企业创新的易观亚太品牌更名为"天马云商"。在当下和未来的日子里,天马云商将以更聚焦、更落地的平台化解决方案,汇聚当下的创新冠军,服务和培育未来的创新冠军!

杨彬
易观联合创始人、天马云商总裁
国家商务部电子商务发展专家委员会委员
国家商务部电子商务示范企业评审专家

目 录

新电商背景篇
—— 传统电商问题与希望并存，催生新电商

传统电商的窘境：流量红利枯竭，生存堪忧 // 003
外部环境的变化：春风至，柳暗花明又一村 // 006
未来三年的展望：新电商窗口期来临 // 016

新电商定义篇
—— 实体企业是新电商的主角

什么是新电商 // 027
新电商的本质 // 033
新电商的五大变化 // 040

新电商方法论篇

——"三好四要"实现 10 亿估值

新电商方法论概述 // 051
打造极致产品 // 056
用好工具聚"深粉" // 068
要卖货、要分销需要做好新电商社群运营 // 081
微店和新微商运营 // 093

新电商应用篇

——创新企业驱动新电商变化

青山老农：社群电商沉淀用户的秘诀 // 105
小狗电器：极致产品制胜 // 114
韩束：做微商，一年实现 90 个亿 // 121
蜜芽：全职妈妈创立 10 亿美元母婴平台 // 129
韩都衣舍：用阿米巴创新小组打造爆款产品 // 136
华泽集团：酒业联盟，助力分销商成功 // 144

目 录

新电商加速篇
——实体企业践行新电商,实现弯道超车

酣客公社:"敦厚"酒精神凝聚粉丝力量 // 151
三个爸爸:1000万众筹源于"好产品+好故事" // 159
三只松鼠:从5个人到50个亿的秘密 // 169
良品铺子:稳扎稳打,从本地生活到新电商 // 182
百草味:借助新电商,打开新局面 // 192
乡土乡亲:新玩法层出不穷,靠信任赚用户60年的钱 // 199

目录

 结语
——新电商时代,实体企业将回归主场

新电商已具备良好的土壤 // 213
企业需要做好内部准备 // 221

 后记 // 225

新电商背景篇
——传统电商问题与希望并存,催生新电商

随着人口红利的消失,互联网进入下半场,传统电商面临的境地越来越窘迫。与此同时,消费升级、人工智能进场、企业电商升级转型期的结束,也为电商恢复活力带来了希望。而这一切都在呼唤着新电商的登场。

传统电商的窘境：流量红利枯竭，生存堪忧

很多企业把做电商狭义理解为入驻电商平台。在传统电商时代，入驻电商平台确实是"企业互联网转型"的重要一步，很多企业都是通过开通线上旗舰店来实现"触网"的。但随着互联网的发展，我们发现，中心化的电商平台已经越来越拥挤，每一个关键词都能搜出上百页的商品，竞争十分激烈，平台商家的生意越来越难做。

也许，有人会说，像韩都衣舍、茵曼、三只松鼠这样的企业不是在天猫上"活"得好好的吗，怎么能说生意越来越难做了呢？我们先来看一组数据，再来解答这个疑惑。中国电子商务研究中心监测的数据显示，截至2016年，淘宝平台（含天猫）共有900多万家线上店铺。如果以年销售额进行层次划分，这些商家可以分为三层（如图1-1所示）：

第一层：顶部商家，占比5%，年销售额1000万元以上；

第二层：腰部商家，占比 5%，年销售额 500 万至 1000 万元之间；

第三层：底部商家，占比 90%，年销售额小于 500 万元。

韩都衣舍、茵曼、三只松鼠都属于顶部商家，处在"赢家通吃"的位置，所以发展前景很好。但顶部商家仅占平台的 5%，占平台 90% 的底部商家就没有那么幸运了，他们的生存状态已经十分堪忧。

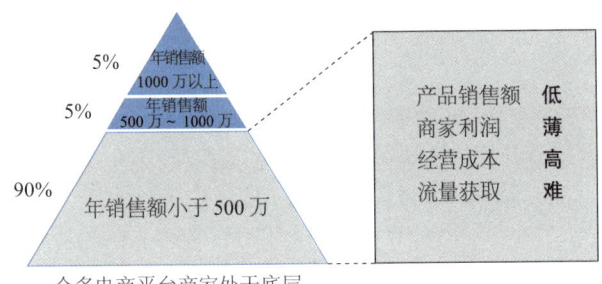

图 1-1　淘宝平台（含天猫）的商家分层

这些底部商家的生存现状艰难，具体表现在以下四个方面：

一是产品销售额低。

根据往年阿里巴巴集团对外披露的信息，94% 的淘宝卖家年营业额在 24 万元以下，即月销售额小于 2 万元。

二是流量获取难。

淘宝、天猫这样的平台，虽然汇聚了海量的流量，但流量获取成本越来越高。虽然自然搜索流量是免费的，但是隐形成本很高，首先需要有基础销量。有些卖家为了积累销量做了很多工作，比如赠送礼品给老客户、免费试穿试吃、送红包优惠券、返现，甚至是刷单，这些都是隐形的成本。

而像直通车、钻石展位（简称"钻展"）这样的付费流量，引流效果非常好，但是"烧钱"也很快，因为它是按照点击量收费的，如果点击进来的流量没有产生转化，那么相当于成本就白白地投入了。这个时候，对于店铺来说，做好优化，提高转化率就非常重要了。但即使做好了转化，也不要指望用付费流量来赚钱，很多店铺的营销成本甚至占据了成本的40%，几乎把可能的盈利都挤压掉了。

三是经营成本高。

以一个女装类目的专营店 R 商标[①]店铺为例。一个淘宝商城的店铺保证金是 10 万元，R 商标专营店可以降低到 5 万元；技术服务费分两个档次，6 万元或者 3 万元。如果年销量达到 36 万元，可以返还一半的技术服务费（3 万元或者 1.5 万元）；如果销售额达到 120 万元，技术服务费可以全部返还。这也就意味着，年销量达不到 36 万元，每年的技术服务费最多要 6 万元。仅这两项，一年的基本费用就已经达到 11 万元。除此之外，商家还需要支付海淘包装成本、物流成本、天猫扣点、税收、前期拍摄和制作费用。可以说，商家的经营成本已经非常高了。

四是商家利润薄。

在流量获取难和经营成本高的双重打击下，商家几乎无利润可言。在天猫，大多数商家都是"赔本赚吆喝"，只有少数商家才能够赚钱。而这赚钱的少数商家借助自己的先发优势，完成了原始积累，现在成了平台上的行业标杆，吸引着一大批小卖家进入。

---

① R 是 REGISTER 的缩写，用在商标上是指注册商标的意思。® 是注册商品的标记。

外部环境的变化：春风至，柳暗花明又一村

中国企业的大机会——消费升级

如前文所述，以淘宝卖家、天猫商家为代表的电商企业，甚至整体国民经济，都在经历一场"寒冬"，但在这"寒冬"之中，我们还是能看到"春风"将至的迹象。

有人说，流量成本那么高，电商竞争那么激烈，都是因为人口红利的消失。确实，2015 年—2016 年人口红利的消失，给互联网电商产业带来了不少压力。这种压力从图 1-2 的数据中可见一斑。智能手机销量增长率已经很低，说明国内移动互联网用户基本已经稳定。企业想要依赖人口红利，在电商领域实现过去那种粗放式野蛮增长已经不太可能。但放眼望去，还有比中国更大的零售市场吗？**仅仅是把这几亿"触网"的用户服务得更好，就能创造无可估量的业务增量。**

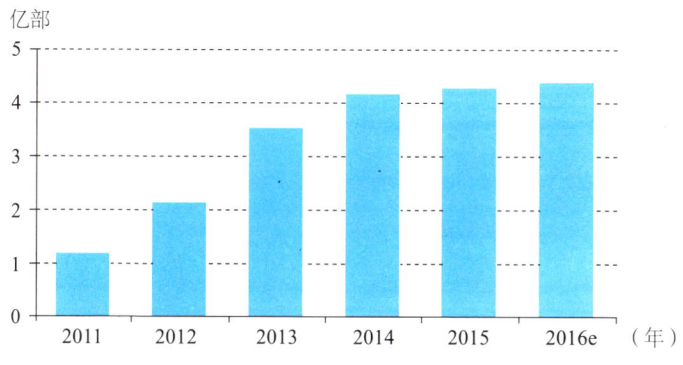

图1-2 中国智能手机出货量（数据来自Statista）

有人说，电商市场竞争太激烈，到处是一片红海，根本看不到机会。这样的观点未免就过于片面和悲观了，中国的消费品市场远远还没有达到饱和的状态。人们之所以会产生竞争激烈、遍地红海的错觉，是因为大量同质化的、低端的消费品充斥市场，商家找不到销路。而另一方面，广大富裕起来的中产阶级却买不到自己想要的高品质商品，很多高档品仍然依赖进口。我国作为制造业大国，国人却还在国外抢购马桶盖、奶粉、净化器，海淘代购市场空前繁荣。这说明，低端的供给侧和逐渐走向高端的需求侧已经出现了错配的情况，而且错配十分严重。

在这样的背景下，我国政府在2015年年底提出了"供给侧改革"。国家不再单纯地强调刺激需求，而是开始关注供给侧升级，鼓励企业产出更多更高品质的商品。

那么，怎样的商品才算高品质的商品呢？这就要谈到近两年很火的一个关键词——"消费升级"。

"消费升级"这个概念其实并不新鲜，实际上在过去几十年时间里，新中国已经经历了三次消费升级。比如，我们从民间的"结婚三大件"的变化就可以看出消费升级的轨迹（如表1-1所示）。从20世纪60年代到80年代的自行车、手表、缝纫机，到90年代的冰箱、彩电、洗衣机，再到21世纪的房子、车子、票子，城乡居民的消费升级一直都在上演着。

表1-1 中国城乡居民的三次消费升级

阶段 特点	第一次消费升级	第二次消费升级	第三次消费升级
时间	20世纪60年代到80年代	20世纪90年代	2000年至今
代表商品	自行车、手表、缝纫机	冰箱、彩电、洗衣机	房子、车子、票子
消费特征	满足温饱	走向小康	追求享受

到了2015年、2016年，新一轮的消费升级又悄然拉开了序幕。这一轮消费升级的主角，是崛起中的中国中产阶级。经过前三次消费升级，物质稀缺的现象早已成为历史。在吃饱穿暖之后，人们开始关注商品的品质、商品的多样性，以及商品的个性化。消费者在追求用合适的价格，购买到更适合自己、更"懂"自己的产品（如表1-2所示）。

表1-2 新一轮消费升级的特点

种类 特点	传统电商	新电商
产品特性	纯物质化的产品	"物质的精神化"
流量入口	低价 & 平台广告位	高品质、高性价比、人格契合

以往消费升级，消费者追求的更多的是纯物质的占有；**而这次消费升级开始重视"物质的精神化"，即追求产品给人带来的体验。**这种体验包括产品的品质感、产品的人格，以及产品背后的故事等。

例如，某知名品牌的一款纸质笔记本标价 300 多元人民币，远高于普通笔记本的价格。这不是因为该款笔记本数量稀缺，是奢侈品；而是因为它外观精美，纸质高档，而且多位诺贝尔文学奖得主都曾使用过它。因此，这款产品不仅仅是写字记录的工具，还是一种感官上的享受，是一种精神上的提升。"我在用诺贝尔文学奖得主用过的本子！"这种使用体验是其他产品不能提供的，是一种独特的精神化价值。

我们从下面这份调查数据（即图 1–3）可以明显看出这种趋势。外卖和出行服务需求的增加，说明人们更加追求方便快捷的生活方式；中高端数码产品和健康食品的销量增加，说明人们在购买更高的品质，追求更健康的生活；而旅游服务的增长，代表着虚拟体验经济正在崛起。

在这个趋势中，我们看到了电商的新希望，那就是不去做同质化严重的、依靠低价吸引流量的廉价品；而是去提升品质，在产品中融入健康、便捷、有趣、有身份等体验层面的元素，依靠这些精神价值去开拓新市场。

为了让用户能感知到这些精神层面、体验层面的价值，企业还需要产出优质内容。从某种意义上来说，内容已经成了产品的一部分。比如，用户读过青山老农的公众号文章，就会更加认同该品牌倡导的"花草生活"，再去品他们的茶，就更能在快节奏的都市生活中找到

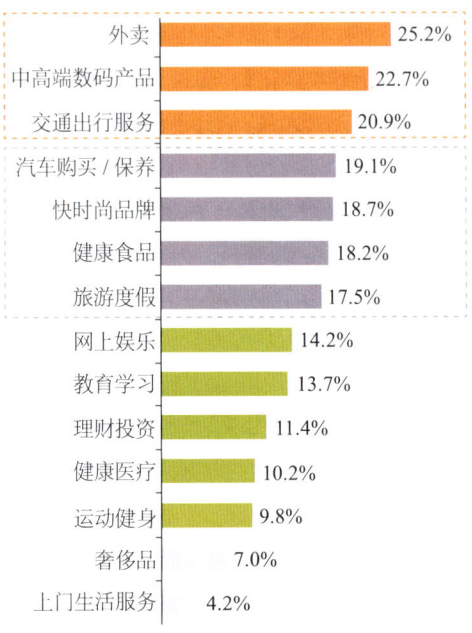

图1-3 过去1~2年消费明显增加的领域及增长情况
（数据来源：企鹅智酷调查 2016.10）

一分宁静；了解了酣客公社那"敦厚靠谱"的中年文化，再去喝他们的酒，就能多尝出几分浓烈；被三只松鼠的萌系客服"调戏"一番之后，也许能找到松鼠啃坚果的小趣味。

为什么说新电商一定会发展起来？因为它的本质是基于我们对宏观经济的判断。中国中产阶级的快速崛起，带来了对高品质商品的巨大需求，这块增量市场是中国企业最应该去抓住的。从某种程度上甚至可以说，消费升级是中国企业和中国电商产业在可预见的未来里唯一的机会。

人工智能给新电商带来无限遐想

经济寒冬中的另一股"春风",是以大数据、云计算和人工智能为代表的智能革命,而人工智能技术[①]是这场革命当仁不让的主角。

人工智能的概念早在 1955 年就出现了,但受制于过去计算机运算能力较低,以及算法研发遇到的瓶颈,人工智能的相关产品一直没能大规模地进入消费市场。近几年,随着深度学习算法的推出,以及大数据技术的不断成熟,人工智能有了突飞猛进的发展,典型事件就是人工智能程序 AlphaGo(阿尔法狗)在 2016 年年初战胜了人类围棋世界冠军李世石九段。[②]

这件事不仅在围棋界引起了轩然大波,同时也在社会其他各界引起了广泛关注。AlphaGo 的胜利,说明机器已经掌握了和人类类似的学习能力,它可以通过对大量数据的自主学习不断地提升自身实力,并在单一领域跟人类最顶尖的大脑比拼智力。人工智能的学习速度和进步速度是惊人的,AlphaGo 从职业围棋初段左右的水平进步到世界冠军级的水平,只用了五个月左右的时间。而人类棋手可能需要十几年,甚至几十年才能完成同样的精进。这让我们不禁遐想,可能就在不久的未来,很多重复性的脑力劳动就会被机器取代,而这种取代注定将引起整个社会格局的巨大变革。

从零售电商的视角来看,人工智能也有很广泛的应用前景。举

---

① Artificial Intelligence,简称 AI。
② 2017 年 5 月,AlphaGo 战胜了现世界排名第一的柯洁。

个例子，像亚马逊和京东这样的企业，都在研发基于人工智能的现代化物流技术。人工智能将有可能让供应链效率实现极大的提升，以至于让"零库存"的理想成为现实，顾客收到货的平均时效也可能大幅度提升。

再比如，亚马逊最近在西雅图开了一间完全没有人照看的商店，叫作Amazon Go。顾客推门进店时，会被面部扫描，并被识别身份。顾客购物过程中，没有人类店员服务，但智能系统会自动跟踪顾客的所有行为。顾客选好商品即可离店，系统会生成账单，并自动在顾客的网络账户上扣款。这种技术不仅让消费更加便捷，还可以积累下大量有用的消费行为数据。人工智能将对这些数据进行深度学习，并对产品的研发、生产、铺货等给出有价值的建议，并为老顾客提供更加精准的售后服务和二次营销。

在不久的将来，电商领域类似这样的人工智能应用还会有很多，基于人工智能的电商新玩法也将层出不穷。但这里，我们并不建议没有技术和数据积累的企业投入大量精力去研发人工智能。我们只需对新技术保持认知，找到新技术和本行业的最佳结合点，并应用技术巨头们研发出来的人工智能工具，提升自身产业效率，这样就能极大提升企业竞争力。

最后用农业上的一个案例打个比方（如图1-4所示），帮大家理解新技术对新电商的意义。

传统的农业灌溉方式是很粗放的，因为水资源丰富，可以无节制地浇水，根本不用考虑去节约。传统电商也一样，因为过去有流量红利，新用户不断涌入，所以即使很粗放地运营，也可以实现业务增长。

传统的农业	以色列的农业	硅谷的农业
粗放：有多少资源，就用多少资源	精细：按需供水，极大地节约了资源	智能：不必大规模铺设管道，智能机器人按需供水
传统电商流量思维	微电商的社群思维	新电商的"心聚粉"思维

图1-4 从农业的智能化看电商的智能化

以色列沙漠化严重，极度缺水，所以发明了滴灌技术。滴灌管道可以探测每一处土壤缺水多少，然后进行精准性补水。这很像2014年兴起的微电商，微商渠道网络遍布全国，每一个微商个体精准服务身边的一群用户，带来了流量的高效利用。

硅谷发明了Droplet灌溉机器人。机器人可以四处走动，探测每一处的缺水情况，并进行精准性补水，这节约了铺设滴灌管道的基础设施费用。类比到新电商，商家将利用人工智能技术触达每一个消费者，识别并洞察每个消费者的需求，并给出精准的服务。

"从0到1"基本完成，电商进入加速期

我们现在谈论新电商，新就对应着旧，对应着传统。回顾过去，电子商务已经在中国走过了十多年的发展历程，以淘宝、天猫、京东、微信和百度搜索为代表的互联网产品，几乎将中国全部的网民都

连接在一起，并为企业的电子商务转型提供了基础工具。

伴随这段历程，易观先后在2007年和2012年提出了"互联网化"及"互联网+"的概念，后者在三年后成了国家战略。"互联网+"并不仅仅是一句口号，广大的国内企业或看到了互联网的巨大潜力，或是因为"互联网焦虑症""互联网恐慌症"而纷纷"触网"，开始向互联网电商转型。以易观亚太为代表的企业，则在此过程中起到了积极推动的作用，指导无数转型中的企业打好了卖货（B2C）、聚粉（A4C）、建平台（X2B）[①]三大"战役"。

在过去这十几年里，互联网的发展为电子商务提供了非常健全的基础设施，包括超过8亿的活跃互联网用户，遍布全国的4G信号和Wi-Fi信号，各类综合性的或垂直领域的电商平台，以微信公众号为代表的新媒体平台，以易观亚太为代表的服务公司，无数有经验的电商从业者，以及各类成功的或失败的电商案例（本书后面会对这些案例做详细的解读）。这些基础设施为传统电商发展提供了助力，也为新电商的发展提供了条件。

从目前来看，传统企业互联网转型的大潮基本已经过去，有意愿的企业基本已经完成了转型；而对于新创企业来说，互联网工具已经成为标配。可以说，电子商务"从0到1"的转型过程已经基本完成；下一步，是"从1到10"的加速阶段（如图1–5所示）。

---

① B2C即Business to Customer，意为"从企业到用户"；A4C即All for Customers，指全球互助社区；X2B即X to Business，指搭建到达企业的平台，其中X指代一切可以触达企业的形态，可以是企业、工厂、消费者等。

图 1-5 电子商务的三个阶段

在过去"从 0 到 1"的阶段,企业更多关注的是"要不要做电商"和"怎么做电商";而到了"从 1 到 10"的加速阶段,企业关注的重点将变为"如何做好电商,实现企业加速成长"。

为了实现加速增长,企业将必须学会用更精细的手段进行线上和线下的运营,尝试更多的新工具和新玩法,生产出超乎消费者需求的高品质商品,以及用数字化工具实现多场景下的粉丝互动和商品销售。这是一个破旧立新的节点,往后看是深厚的积淀,往前看是令人期待的未来。

未来三年的展望：新电商窗口期来临

20世纪90年代末，易趣、8848等平台在我国诞生，标志着我国电子商务产业正式开启，我国电商进入实质化商业阶段。经过8年的发展，中国电子商务产业逐渐完成了对消费者的启蒙教育，商业形态不断成熟，开始得到资本市场的认可。到了2007年，中国电子商务产业进入了发展的稳定期。

2007年之后的10年，中国电商行业进入了高速发展期，电商行业的黄金时代终于到来。然而，短短10余年的发展历程中，整个行业的商业形态却经历了多次变革与迭代。不同于工业时代商业模式的演进和更替，互联网大潮推动的电商升级节奏很快，平均周期只有3年～4年。不仅仅是时间周期缩短，更重要的是每一次的升级过程中，无数企业由于没有把握住发展大势，及时调整战略方向，升级战术打法，最终惨遭淘汰。当然，在这一过程中，也有一些企业，抓住了发展机遇，在风口前提前布局，学习适应新的电商玩法，最终由优秀走向了卓越。

在这一系列的历史变革中，最本质的商业逻辑就是用户流量。围绕用户流量及入口的争夺贯穿了电商发展历程。电商的整个发展过程经历了以下四个阶段。

第一阶段（2007—2009），集市电商

这一阶段以淘宝为典型代表，出现了一大批抓住淘宝开店窗口期的商家，涌现出许多金冠店铺和淘品牌。此时流量获取门槛低，成本少，淘宝店的核心经营还是以卖货为主，营销获客手段单一。不过，由于市场处于增量生长阶段，具有一定运营经验，对供应链有一定掌控能力的企业还是取得了一定的业绩。

但是，这一甜蜜期并没有维持多久，随着互联网的快速发展，电商集市快速向平台化转变，大批淘宝卖家还没有来得及实现流量变现，就被这一浪潮淹没。不到4年的时间，小、散、乱的集市电商就面临着快速整合，仅仅不到1%的淘品牌顽强地生存下来。但是，这些淘品牌还没有来得及喘息，电商平台化的严酷挑战就已来到眼前。

第二阶段（2010—2013），平台电商

这一阶段的电商形态主要表现在两个方面：一方面，平台型的电商已经崛起，以天猫、京东为典型代表，除了在一些垂直细分领域

尚存一丝机会外，大平台的市场大门已经逐渐向后来者关闭；另一方面，平台上的商家也逐渐由"游击队"向"正规军"转变，越来越多的传统品牌商接纳了电商这一线上渠道，并不断投入人力、物力来开拓这一广阔天空。

传统品牌企业的觉醒，在带动电商行业整体快速发展的同时，也给行业带来了巨大的冲击力，使竞争环境进一步加剧。

然而，伴随巨大挑战的同时，机遇也是并存的。随着市场的洗牌，中小卖家的大批淘汰，一些早期的淘品牌，抓住天猫入驻窗口期，快速累积用户基础，实现了销量突破。其中，最典型的代表就是韩都衣舍。韩都衣舍 2006 年成立，仅用 8 年时间，就成长为中国互联网快时尚第一品牌。期间，2010 年 7 月从淘宝集市全面转向淘宝商城，2011 年韩都衣舍就从网店一跃成为淘宝网服饰类综合人气排名第一、会员多达 200 万的淘宝卖家，2015 年销售收入超过 12 亿元。

平台电商是中国电商发展中至关重要的一个阶段，这一阶段的电商行业由野蛮生长向精细化发展转变，流量的增量时代已接近尾声，企业在流量获取上的投入和成本日益提高，虽然卖货仍然是这一阶段的主题，但是如何吸引更多的用户、有效提高用户的复购率已经是平台卖家所要面临的现实问题，而不能及时把握这一趋势的企业，在日后的发展中举步维艰，逐渐没落，最终被淘汰。

第三阶段（2014—2015），微电商

这一阶段其实非常短暂，从表象上看是移动电商的崛起，其实更

深层的是电商企业对于流量获取的焦虑。平台电商的流量获取更加困难,企业的运营成本不断攀升,寻找新的流量入口和增长点已经迫在眉睫。

而对于大多数企业而言,其实并没有深刻理解并认识到移动电商的本质和带来的机遇。许多企业仅仅是把移动电商作为一个流量入口,一种更低成本的获客手段与方式而已。正是这种认识上的误区,使得很多企业并没有抓住这一窗口期,甚至相当一部分企业因为盲目相信流量神话而影响了原本的销售业绩。最终,微商分销这一形式被国家相关政策和平台政策约束与规范,微商三级分销已遭取缔,许多微商快速成长而后又迅速消失。

虽然微电商时期很短,但是借助这一新电商形态,抓住了窗口期的企业却爆发出惊人的能量。这一时期最典型的企业就是韩束。韩束于2014年9月以首个美妆品牌身份进入微商渠道,3个月回款过亿元;2015年1月回款近3亿元;目前拥有代理商6万余人。

从表面来看,韩束的成功是因为打造了移动电商渠道;实际上,韩束微商的本质是建立了一个链接人与人的关系网。它通过借力免费的社交流量和实体店流量,以县为单位设立代理商、进行区域化管理,把线上的社群落地到线下、做有温度的社群这三大方式,构建了新的移动电商体系。

微电商阶段虽然转瞬即逝,但是用今天的视角来审视这一时期,我们会发现,传统的电商模式虽然历经了不断变革和挑战,但是已经基本接近"天花板",发展瓶颈凸显。那么,电商未来的突破口在哪里？电商的发展大势又是如何？电商的下一轮风口是在哪里？

其实，微电商时期，这些问题的答案就逐渐显现，流量经济已经逐渐被粉丝经济取代。基于易观十几年对互联网产业的深刻洞悉与认识，我们对电商未来发展大势的判断是新电商时代已经来临。

第四阶段（2016—2018），新电商

易观认为，新电商有别于传统电商，新电商时代是回归商业主体的电商时代。在消费升级和流量红利消退的背景下，实体企业将会形成自身的人格化特质，与特定粉丝群达成了心灵上的契合，并打造出符合这种心灵契合的高品质、高性价比产品，最终依靠数据化工具，在多场景下完成与粉丝的互动和产品的销售。新电商的核心就是由流量变现转为粉丝变现。

面对新电商时代，企业在电商战略和运营上将面临深刻的挑战和变革。这些挑战和变革主要集中在三个方面：

一是玩法变了，从"集市"和"平台"时期的"卖货"到"聚深粉、卖好货"，从"低价＋流量"到"品质＋粉丝"；

二是战场变了，平台之间的界线开始模糊，从"网店"到"网店＋微店＋门店"，互联网和数据技术下沉到全产业链；

三是主体变了，从"平台为王"到"实体企业当家做主"，企业流量并不完全受制于平台，企业将拥有自我造血、自我生成型的流量模式。

对企业而言，新电商阶段相比于之前的几个阶段，面临着更大的

挑战,同时也伴随着更多的机遇。归纳起来,这些挑战和机遇主要表现在以下几个方面:

首先,时间紧迫。

我们预计这一阶段的窗口期将保持2～3年。抓住了这一窗口期的企业将迅速建立竞争壁垒,因为这是由消费者的心智占领、粉丝汇聚的特点决定的。错过了这一窗口,在流量已成稀缺资源的今天,如果再失去粉丝经济这一新红利,那么可以想象,企业将失去最后生存的空间。因此,对企业而言,面对残酷的竞争环境,把握住新电商窗口期时不我待。

其次,玩法是全方位立体打法。

不同于平台电商阶段做好店铺运营、加大流量投入的玩法,在新电商阶段,核心在于企业对于极致产品的打造,与粉丝的互动,立体全渠道销售体系的搭建,等等。这些需要涉及从企业老板的思维升级,到高管运营方法的学习,最后到基础运营人员实操落地执行的培训等一系列的升级再造。如果还是用传统运营方法来应对新电商时代,结果不言而喻,企业将失去电商变革时代下的最后一次机会。

最后,新电商窗口期,是企业实现弯道超车的历史最佳时期。

其中,最典型的代表是酣客公社(如表1-3所示)。这家企业以传统白酒起家,构建以粉丝为核心的"心联网",目前已经成为茅台镇第二大白酒企业,年销售额超3亿元。通过新电商的这种玩法,酣客公社在短短3年里成为非常成功的互联网白酒企业。

表1-3　在新电商大势下已经抓住机遇的超车者和领军者们

行业＼分类	掉队者	把握机会者	弯道超车者	领先者
服装业	班尼路 佐丹奴 美特斯·邦威 凡客诚品	七格格	奢瑞小黑裙	韩都衣舍 茵曼
酒行业	泸州老窖 舍得酒 水井坊 贵州董酒 古井集团	华泽集团	酣客公社	洋河股份

回望近10年的电商发展历程，我们经历了最好的电商黄金发展期，同时我们也面对着当下一场更深层次的电商进化变革。站在新电商前进的路口，如何迎接挑战是我们每个企业家所要面临的现实问题，唯有把握当下，尽快行动，迅速调整，才是面对这样一场革命的应有态度。

新电商定义篇
—— 实体企业是新电商的主角

新电商是创新的实体企业为应用数字化工具，在和粉丝互动中打通营销链和供应链，并有效率地创造独特价值，传播独特价值，多场景成交价值的商业行为。新电商的流量入口不再是低价，而是人格，即"心"。而新零售是新电商的实践方式。

什么是新电商

既然我们提出了"新电商"的概念,那一定是旧的电商,或者说传统电商出了问题,而且这个问题出在很深的层面上,必须用一场改革去解决。那么,旧电商的问题究竟出在了哪儿?

为了解答这个问题,我们先从"互联网下半场"这个概念谈起。

2016年,很多互联网电商界的大佬都认为,中国的互联网已经进入了"下半场",而上下半场的分水岭就在2016年。同时,2016年也可以被看作新旧电商的分水岭。造成这两大分水岭的深层次原因都是同一个——**人口红利的消失**。

过去10年,中国互联网经历了一个空前的人口红利期。不论是早期的PC,还是近几年才开始的移动互联网浪潮,新的用户总是不断涌入,用户量几年内翻了几倍。因为不断有新的用户,所以互联网或电商企业即使运营得粗糙一点，成本高一点，"烧钱"多一点，都没有关系。只要用户不断增加，业务就总能水涨船高，屡试不爽。而且，互联网和电商的概念大行其道，很多本身不具备优秀运营能力的初创企业都拿到了融资，让市场呈现出一片虚假繁荣的景象。

但是，这种虚假繁荣不会持久。从2015年开始，中国互联网用户的增长趋势就明显放缓了。因为人口红利的枯竭，原来那套粗放的玩法再也玩不转了，业内普遍感受到用户越来越难获取，流量成本越来越高。一些热搜词的点击成本居然高达上百块钱，在一些领域，线上流量成本甚至已经远远超过了线下引流成本。

面对流量红利枯竭，我们可以有两条出路。第一条出路，开拓海外市场，在仍然存在人口红利的国家继续获取新用户，但国际化的难度显而易见。第二条出路，选择"精耕细作"，把现有的用户服务得更好，通过为每个用户提供更高价值的服务继续实现业务增量。显而易见，后者将是大多数中国互联网或电商企业不得不选择的一条路。

那么，如何才能把现有用户服务得更好呢？我们认为，应该更多地回归商务的本质。

电子商务以应用电子的工具实现商务的目的。在互联网上半场，中国电商业似乎本末倒置了，把依靠电子的工具引流放到了第一位。很多能提供海量流量的互联网企业和电商平台顺势而起，唱了主角，实体企业则像配角一样入驻各大平台。这些实体企业把精力放在用互联网做营销、获取流量上，而其他业务模块依然是传统的，换汤不换药。

但是，到了互联网下半场，**互联网引流的成本已经如此之高，实体企业将不得不考虑如何进一步加速**。我们认为，实现加速的重点应该在商务的本质，不仅要把互联网技术应用在产业链末端的营销引流上，还应该把互联网技术下沉，应用到产业链的各个环节，提升各个环节的效率，最终实现实体企业自身的加速和升级。

因此，在互联网下半场，**实体企业将夺回主场，实现绝地反击**（互联网上下半场的实力对比见表 2–1）。

表 2–1　互联网上下半场的实力项目

对比阶段	用户获取	运营方式	互联网运用	主角
互联网上半场	网民数量持续快速增长	粗放式运营，圈地圈流量	"互联网+"停留在浅层次的营销引流和交易环节	纯互联网企业"颠覆一切"
互联网下半场	人口红利枯竭，用户获取变难	精细运营，服务好现有用户	互联网技术需要下沉到各个环节，提升产业整体效率	实体企业夺回主场，绝对反击

于是，新的问题又来了：实体企业应该如何把互联网技术应用到产业的各个环节呢？这就需要新电商了。我们认为：

新电商 = 心聚粉（价值观汇聚粉丝）+ 新零售（数字化全场景营销）

上文提到，新电商的主角是实体企业，但并不是所有实体企业都能掌握新电商能力。掌握新电商能力的重要标志，是企业演化出了人格特质，并依靠这种人格特质和粉丝群达成了心灵上的契合。这种人格特质也会融入产品中，构建起企业、产品、粉丝三者之间的深度链接。而这一切，包括人格特质的传播、粉丝的触达、线上线下多场景下的粉丝互动和产品销售，都要依靠新型的互联网技术来实现。

心聚粉

传统电商有一套基于平台的流量思维，认为守住中心化流量入口，再打折促销，就可以立于不败之地。然而，互联网下半场已经没有流量红利，这套玩法已经很难玩转，新玩家几乎没有入局的机会。

心聚粉的背景是消费升级。在消费升级的年代，传统电商所依仗的低成本、低价格、高效率，已经和当今社会发展背道而驰。人们越来越有钱有闲，已经不满足于基本的物质需求，开始追求更高的品质，以及精神层面的体验（即"物质的精神化"）。

在这种背景下，**新电商的流量入口不再是低价，而是人格，即"心"**。心是连接企业、产品和用户的精神力量。新电商企业将十分擅长打造自身鲜活的人格特质，用这种人格特质吸引粉丝、链接粉丝，并把这种人格特质体现在产品的加工制作上。这种连接稳固而持久，确保商家和粉丝有持续的互动和销售。

举个例子，白酒企业酣客公社的"心"是敦厚靠谱，这是公社与粉丝共同信仰的处事原则，它把酣客人的心紧紧地联系在了一起。这种敦厚靠谱的精神也体现在酣客酒的纯粮酿造不勾兑上，体现在酣客周边产品的朴实无华、结实耐用上。它连接了商家、顾客和产品，于是才能有"深粉"（深度粉丝）和"铁粉"（铁杆粉丝）。

新零售

传统电商是中心化的,所有人都去天猫、淘宝或者京东上买东西。然而,电商平台的增长速度放缓,马云也提出"纯电商的时代已经过去,新零售的时代即将到来"。新零售强调线上、线下、物流必须结合在一起。它弱化了平台与平台之间的界限,也弱化了线上与线下的界限。它强调应用新型的电子化工具,实现了多种营销和销售场景的深度融合。

新零售是新电商的实践方式,新电商借助新零售的方式,弱化了线上与线下的区隔,在各种场景下触达用户、洞察用户,并服务用户。所以,如果说传统电商是所有顾客都去平台上找商家,那么新电商就是商家去各种场景触达用户。

触达用户的方式有很多,比如内容、商品展示、订单支付,以及物流发货。

新电商的主体很可能是小体量的、有人格特质的、拥有独立电商能力的实体企业。这样的企业懂得依靠自身的人格来聚粉,而人格的载体是内容。他们可以在微信、微博、视频、直播、线上阅读、线下物料等多种新媒体场景和用户"偶遇",传播自身的价值观(企业不必亲自撰写传播素材,可以借助网红和达人的力量来帮助自己做传播),并与潜在顾客维系情感连接。

他们也可以在门店、网店、微店等多种场所展示商品、完成销售。这种销售不再是一个商家对几万名顾客的舞台型销售;而是商家站在每一个顾客身边的个性化销售。而且，销售和支付可以是分隔开的。比如，良品铺子在2016年"双11"上线了一个"云货架"的玩法，顾客可以在逛实体店的时候扫码关注商品，并在几天后线上支付订单，而快递员11分钟之后就拿着包裹上门了。

以上这一切都有大数据和云计算做支撑，使得所有的订单可以统一汇总，所有的消费行为可以被追溯，所有的用户偏好都可以得到关注。

新电商的本质

基于上文的新电商定义,我们可以推导出新电商的本质:

新电商是创新的实体企业为应用数字化工具,在和粉丝互动中打通营销链和供应链,并有效率地创造独特价值,传播独特价值,多场景成交价值的商业行为。

心聚粉要用社会化工具占领用户心智

对于过往的消费者来说,钱是他们的稀缺资源。他们为了买到更便宜的商品,愿意去商店排队扫货,也愿意在网站上花费很多时间反复对比,只为了买到便宜几块钱、十几块钱的同款商品。但是,现在的消费者不但缺钱,更缺时间。

每个消费者的时间是固定的,注意力也是固定的。考虑到中国互联网用户数量已经到了低速增长期,所以可以粗略地认为,互联网用户的总时间,或者说总注意力,已经基本是固定的了。有人粗略估计过,我国每年的网民总时间大概是 18000 亿小时多一点(假设有 10 亿网民,每人每天上网 5 小时,一年 365 天),所有的互联网或电商企业的战场都在这里,他们在争夺这有限的时间和注意力。

过去,企业购买关键词,购买电商网站上 Banner 位(即横幅广告位)、轮播图来抢占用户的关注度,然后用低价和看似很高的性价比提升转化率。但是,现在,这些关键词和广告位不但变得很贵,而且变得越来越无效。

消费者心里明白自己的时间已经很碎片化了,他们不愿意为了一件看似很好(可能也真的很好)的东西轻易地给出自己的一个点击。他们开始对琳琅满目的网站"免疫"了,他们更愿意相信朋友或意见领袖的推荐,因为这样可以帮他们大大降低买到低性价比产品的概率。

因此,在新电商时代,抢占用户时间的策略要相应变化,即要努力成为用户信得过的朋友,**占领用户的心智**。

在新电商时代,我们谈心聚粉、心联网、占领心智,关键词都是一个"心"字。那么,"心"到底是什么?简单地说,"心"应该是对一家企业、一个品牌、一款产品体现出的人格魅力的认同感。用户认同我们的价值观,认同我们的人格魅力,就会成为我们的粉丝。如果这种认同感很强烈,这个粉丝就是我们的"深粉""铁粉"。

那么,企业如何让自身散发出人格魅力,并让用户感知到呢?这主要需要靠企业的内容能力。因为无论如何，人格是需要通过内容来实现传播的。

内容能力的定义很宽泛。它不必像小说一样长，不必像电影一样正式，不必像歌曲一样好听。内容可以是短短的几行字，可以是一小段秒拍，也可以是一小段语音。总之，短小、零碎、大量、便于理解、易于传播的内容，如果能实现自传播，反复出现，就很容易占领用户的心智。

内容能力包括内容定位能力、内容生产能力及内容传播能力。

内容定位能力和企业自身定位有关，即你想传递出去一种怎样的价值观，一种怎样的人格魅力。 有怎样的价值观，就会聚集怎样一群粉丝。比如，酣客公社的价值观是"敦实靠谱"，这个定位让酣客公社收获了很多敦实靠谱的奋斗中的中年粉丝。

明确了定位之后，下一步需要产出内容。产出内容的能力又分三种情况：

第一种，有些品牌自身的品牌故事就是很好的内容。比如，三个爸爸，三个初为人父的爸爸，毅然放弃高薪工作，打造专业空气净化器，只为了保卫妻子和儿女的健康。这就是内容。内容中传递出了父亲的爱，丈夫的爱，以及为了爱而奋斗的人格魅力。

第二种，有些品牌本身有很强的内容生产能力。比如，三只松鼠，他们创作了自己的品牌动画片，运营自己的电台，还会和很多电视节目、晚会、影视作品合作，传播自身萌系的风格。

第三种，大部分品牌可能既无天然的品牌故事，又无内容生产能力，但是他们可以选择与内容产出方合作。比如，淘宝平台上有很多"达人"，这些达人在淘宝平台上发表自己的内容，他们有自己的粉丝群，他们的推荐很有影响力。很多自身没有内容能力的企业，都去找和自己品牌风格近似的达人合作，借用他们的内容生产能力传播自己产品的人格魅力。

产出内容之后，要有能力传播出去。当然，一个内容的传播效果和内容本身的质量有很大关系，所以生产内容的时候一定要确保内容的品质。确保品质之后，就要选择渠道，发布内容。你可以大略估计一下，自己的目标粉丝群平时会经常出没在哪些 App 上，他们是看公众号多，还是看直播多，还是看今日头条多。然后，你把内容投放在这些粉丝常去的 App 上，就能有较高的转化率。

如果不了解目标粉丝群的日常习惯，可以通过一些数据工具获取这部分信息。比如，三只松鼠使用了一款 BI 工具（即商业智能分析工具），帮助他们分析出最优的内容投放渠道，很高效地获取新粉丝。

总结一下，新电商时代的流量入口变了，不再是关键词、广告位、低价，而是价值观和人格。定义企业自身的价值观十分重要，这决定着我们是否能聚集起一群深度认同自身的品牌价值观和人格的粉丝。粉丝对企业的品牌价值观和品牌人格越认同，粉丝黏度越深。而为了让粉丝了解到企业的品牌人格和价值观，就必须有良好的内容生产能力。如果自身没有足够的内容生产能力，就必须寻求与专业内容制作人合作。让专业的人干专业的事，远比自己发布平平淡淡的内容强得多。

新零售要高效卖好货

通过价值观和人格魅力聚集到了"深粉""铁粉"还不够，因为企业和粉丝的关系毕竟是产品交付关系，最终还得给粉丝提供让他们满意的商品才行。因此，做好产品很关键。

企业依靠内容可以传播人格魅力，可以传播价值观，可以传播体验和感受，但是这些价值观、人格魅力、体验和感受最终都要落地到实实在在的产品上。这样，企业和粉丝之间的"心联网"才能稳固，才能不断强化。产品本身即是占领用户心智的重要因素。

刚才我们提到，品牌要有人格，产品也要有人格。所以，设计和生产产品的时候，要把企业定义好的价值观和人格注入产品中，通过产品的品质、使用体验和感受，来实现"物质的精神化"。

那么，一件产品可以从哪些方面注入价值观和人格呢？我们认为，至少有以下几个方面：

第一，使用场景。

要与用户心灵相通，必须处处为用户着想。这是为人之道，也是产品人格的重要体现点。新电商不需要一堆便宜、功能很多，但没有真实使用场景的产品。新电商要的是在真实使用场景里能发挥价值的产品。

场景实验室创始人吴声提出，小众的兴趣才能引爆大众的流行，这是当下的一大特点。虽然很多使用场景看似都被人占领了，没有什么机会，但有更多的细分场景等待被挖掘、被定义。

比如，做餐饮，我们发现早餐、午餐、晚餐都有很多强大的竞争对手，那么可以继续深挖，去发现早午餐、下午茶、午夜小吃这些竞争没那么激烈的场景；甚至还可以考虑在送午夜小吃的时候，附带销售一些粉丝们在午夜常需要用到的其他产品。

但一定要确保我们所定义的是真实场景，不是伪需求。比如，有个创业者的创业项目是"夜读眼镜"，在停电的时候，眼镜可以发光，照亮书本，让人们在停电的时候也可以阅读。这就是明显的伪需求，因为现在很少停电，即使停电了，会去读书的人也很少。

第二，品质感。

产品的品质感体现在设计、选择用料、加工工艺等方面。品质感不是一切都要最好的，而是要比"合适"的品质高一点点，以稍稍超出用户的预期为宜。

比如奢瑞小黑裙，它是为年轻白领女性量身定制的，它的品牌人格特质是追求简约、轻奢、时尚。相应地，面料一定是选择健康、耐用、有一定品质感的面料，而不是高价但不易保养的丝绸面料。

再比如雕爷牛腩，在选材用料上，雕爷（孟醒）尽力做到了高性价比的"超出预期"。很多饭店把甜品定价定得很高，没几个人点；但雕爷牛腩把甜品做到套餐当中，让几乎所有顾客都拥有了点甜品或沙拉的机会。一方面，因为甜品的制作量提升了，所以制作成本下降了；另一方面，这让内心期待吃甜品，但为了省钱不去买的顾客吃到了好吃又漂亮的甜品，超出了顾客的预期。

雕爷牛腩的服务员上菜的时候，也会把菜品里面的用料和烹饪技法口述一遍，加强品质感的传递。比如，一个人听说自己吃的这道甜点不仅外观十分好看，而且里面还有黑松露、进口甜酒等高档食材，满意度一定是会提升的。

第三，故事性。

产品的"精神化"部分不仅包括产品本身的美观、耐用、超出预期，还包括产品背后的故事。比如，很多茶品牌都只停留在介绍"产季"和"产地"上，而乡土乡亲提出了"农作艺术家"这个概念。购买乡土乡亲的茶，包装上会印有茶农（乡土乡亲称他们为"农作艺术家"）的照片，在网上也可以查到这些"艺术家"的故事。顾客知道这些"农作艺术家"为了不洒农药，要十分辛劳地手动除虫，会喝得更安心，更感激。

另外，乡土乡亲还创造了"处女座检查团"。这是由一群十分认真的处女座组成的消费者代表，他们飞到茶叶产地亲自检查食品安全情况。通不过他们检查的产品是不能上市的。这个故事同上面的故事有异曲同工之效。

关于打造产品更具体的内容，在后面的篇章里会有更详细的讲解。

新电商的五大变化

在前面的内容中,我们给出了很多概念性的东西,那么新电商到底应该怎么做呢?和传统电商相比,又有哪些具体的变化呢?

总结来说,新电商相比传统电商,一共有五大变化(如图2–1所示)。

主体变了

新电商是这样一种商业,它是实体企业的人格化,也是实体企业把互联网数字化能力内化到企业生产的各个环节中的一种方式。这种数字化能力,或者说技术能力,将帮助企业实现与粉丝在多个场景的多种互动,在互动过程当中打通营销链和供应链,创造并传播独特价值,并实现多场景成交价值。

我们过去讲电商,往往容易把电商理解为在线下生成,在互联网

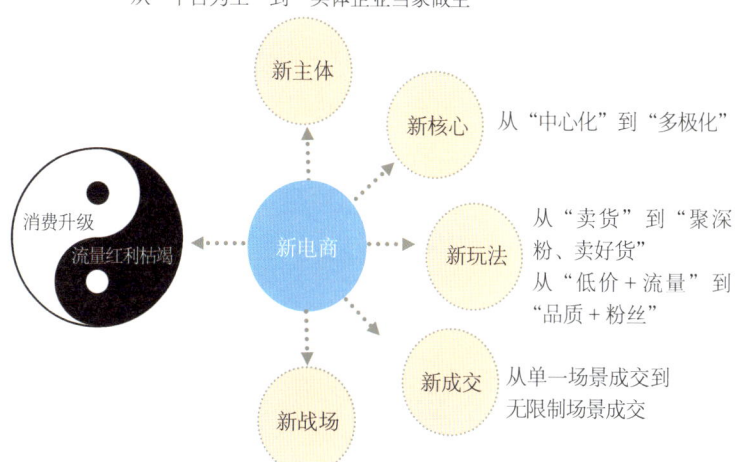

图 2-1 新电商的五大变化

平台上做销售的生意,传统电商把互联网更多当作渠道环节、销售环节。虽然在过去五年时间里,传统企业、实体企业通过电商平台收获了各种各样的创新,但客观来讲,在过去几年的电商发展当中,主角仍然是平台,实体企业只学会了互联网技术的皮毛,即互联网引流。未来的新电商,它的主体应该是创新的、不断加速的、懂得聚粉和使用新技术的实体企业。这意味着,面向未来的实体企业将会有更多财富增长的机会和企业升值的机会。

为了服务好粉丝,这样的企业将懂得做 C2B(或 C2M)①,即根

---

① C2B 即 Consumer to Business,意为"从消费者到企业";C2M 即 Customer to Manufactory,意为"从顾客到工厂"。

据粉丝需求，实现定制化的设计和生成。这些企业将懂得利用数据技术，优化供应链和物流，让产品以更低的成本更高效地送达用户手中。他们也会懂得数字化营销，让触达用户的成本更低、效率更高。这些利用技术手段，实现全产业链效率提升的能力，应该属于实体企业，也只能属于实体企业。

核心变了

过去的电商是中心化的电商。用户的关注度集中在阿里、京东等有限的几个中心化的电商平台。这些平台上有若干个广告位，有若干个搜索引擎，还有"京东618""双11"等若干个平台节日。所有的用户都去这几个平台搜索商品、参加活动、过购物狂欢节。这些平台上有上千万的商家，争夺中心化的资源，有种"千军万马过独木桥"的感觉。

新电商时代将不再是中心化的时代，而是多极化的时代。因为新电商的主体变成了创新的实体企业，那么必然会带来多极化的局面。每一家实体企业都可以定义自己的垂直细分市场，每一家实体企业都可以有自己的入口，创造自己的节日，利用互联网提供的便利条件，迅速打造自己的品牌，和自己的粉丝深度互动。

有一点需要大家特别注意。虽然说新电商的主体不再是电商平台，虽然说要"去中心化"，但这并不代表新电商时代的实体企业要排斥电商平台。区别新旧电商的标准，并不是看一家企业是否上平台卖货，而是要看这家企业的具体玩法，是不是以人格聚粉为核心，是不是把技术应用到了产业链的各个环节。

比如百草味，这是一家做新电商的企业，它在 2017 年年初策划了一次"年货节"。这个节日虽然是在京东上策划的，但这个节日不是京东本身的"618 购物节"，而是百草味自己的"坚果年货节"。京东是做配角、提供服务的平台，而唱主角的是实体企业百草味。

也就是说，新电商实体企业是可以拥抱平台的。从这个例子，我们也可以看出，虽然平台还是中心化的平台，但里面的内容已经开始多极化了。

除了内容已经变得越来越多极化的电商平台，我们还有视频网站、智能家居、自媒体平台等众多新的互联网入口。这些互联网入口都可以引入营销，从另一个角度看，它们也都可以是多极化的其中一极。

玩法变了

过去讲电商总是讲流量分配，很多资源投入在流量购买上。新电商的玩法已经变了，它是粉丝汇聚的电商。如何汇聚粉丝，如何分析粉丝的需求，驱动极致产品打造，同时争取更好的留存和口碑的传播，这是新电商要着重思考的问题。

易观提出过"互联网+"的"三大战役"，即卖货、聚粉、建平台。传统电商时代，卖货是重点，聚粉只是辅助手段。做传统电商的企业关注的是平台运营的玩法，比如什么时候上架，什么时候下架，怎么设置搭配套餐，怎么发优惠券，怎么报名平台活动，怎么投放钻展，怎么购买直通车关键词，总结起来就两个词——"低价+流量"。而新电商会更加关注聚粉这个环节，以粉丝为核心，做到深度的心灵链接，并提供高品质的商品，总结起来是另外两个关键词——"品质+粉丝"。

传统电商的聚粉，更多的是开个微信公众号，做个微淘，或者建个旺旺群。而新电商是心聚粉，关键不在于粉丝汇聚的场所，而在于粉丝为什么而汇聚。有了能聚粉的人格和价值观，企业可以在粉丝经常出没的各种场景上实现聚粉。

比如青山老农，这是一家主张"花草生活"的企业，依靠生活理念来聚粉。青山老农的公众号沉淀了80万粉丝，这是粉丝在微信上的聚集地，他们一边阅读公众号文章，一边购买老农的新产品。

青山老农在全国各地有粉丝社群，打造"城市管理者"和"消费商"（既买货又帮助青山老农分销的粉丝）的概念，区域"城市管理者"和"消费商"身边的圈子又是一种粉丝聚集的形式，圈子里喜欢"花草生活"的人聚集在一起，一边聊天，一边下单。

青山老农还策划过下午茶的活动，去企业里面让人免费体验花草茶，那么这个下午茶活动又是聚粉的另一种形式。所以，场景一直在变，但用来聚集粉丝的价值观不变，这就是新玩法。

成交变了

传统电商时代，是单一场景成交，客服沟通环节、支付环节、成交环节都要在店铺上完成。

对于新电商来说，这些环节都是可以分开的。顾客可以在阅读的时候成交，在聊天的时候成交，在看剧的时候成交，在直播互动的时候成交。甚至，在家里按一个按钮，或者说句话，也能成交。

这是数据技术的快速升级换代的结果。依靠数据工具，所有的成交记录都可以方便地汇总到后台，这让成交场景不再受限制。

亚马逊最近开发了几种好玩的成交方法，就很值得我们借鉴。其中有一种是放在家里的小按钮。比如，我们可以在家里放洗衣粉的地方放一个按钮，如果洗衣粉没了，就按一下按钮，第二天，新的一包洗衣粉就邮到家了。另一种新型成交方式是使用 Amazon Echo。这是一款人工智能音箱，它可以听懂人说话。顾客对音箱说自己想买什么东西，Amazon Echo 就能帮助下单。

"战场"变了

"战场"有两层解读：

第一层指的是购物场所，新电商时代，购物场所将实现线上、线下的完全打通，不仅仅局限在电商平台购物；

第二层指的是电商竞争的"战场"，不再是线上引流的竞争，而是从品牌人格到产品设计，从全渠道引流到供应链升级，是整个产业链的竞争。

购物场所的变化

传统电商时代，线上是线上，线下是线下，微商是微商，渠道之间有很深的鸿沟。而新电商时代，平台与平台之间的界限越来越模糊了,开始进行门店、网店、微店的三店融合。比如,2016年天猫"双11",优衣库很多款衣服线上都没有库存了,他们的线上旗舰店开始鼓励顾客去线下门店提货,价格不变,依然是"双11"的价格。这在线上、线下冲突严重的传统电商时代是很难想象的。

这样做的好处是,线上、线下完全打通了。顾客可以在线上下单,也可以在线下下单,总之,逛到哪里,就可以在哪里下单。到了提货阶段,顾客可以选择邮寄,也可以就近在门店提货,不必等待漫长的邮递过程。顾客购物更加自由,更加方便,体验更好。当然,这一切都需要强大的数据后台做支撑。

竞争"战场"的变化

新电商不再只是销售、不再只是渠道的电商,而是由用户驱动供应链的电商。当然,这一天的到来需要大数据和人工智能的更深度应用,需要创新物种,大家协同努力。现在已经可以看到一点点这方面的迹象。比如,韩都衣舍等企业都在搞柔性供应链,这是基于C2B模式的一种创新尝试,是把数据技术应用到供应链的典型案例。再比如,京东和亚马逊等平台都在研发新型的基于人工智能的供应链和物流体系,预计会让很多自身没有太多供应链能力的中小企业受益。

新电商方法论篇
—— "三好四要" 实现 10 亿估值

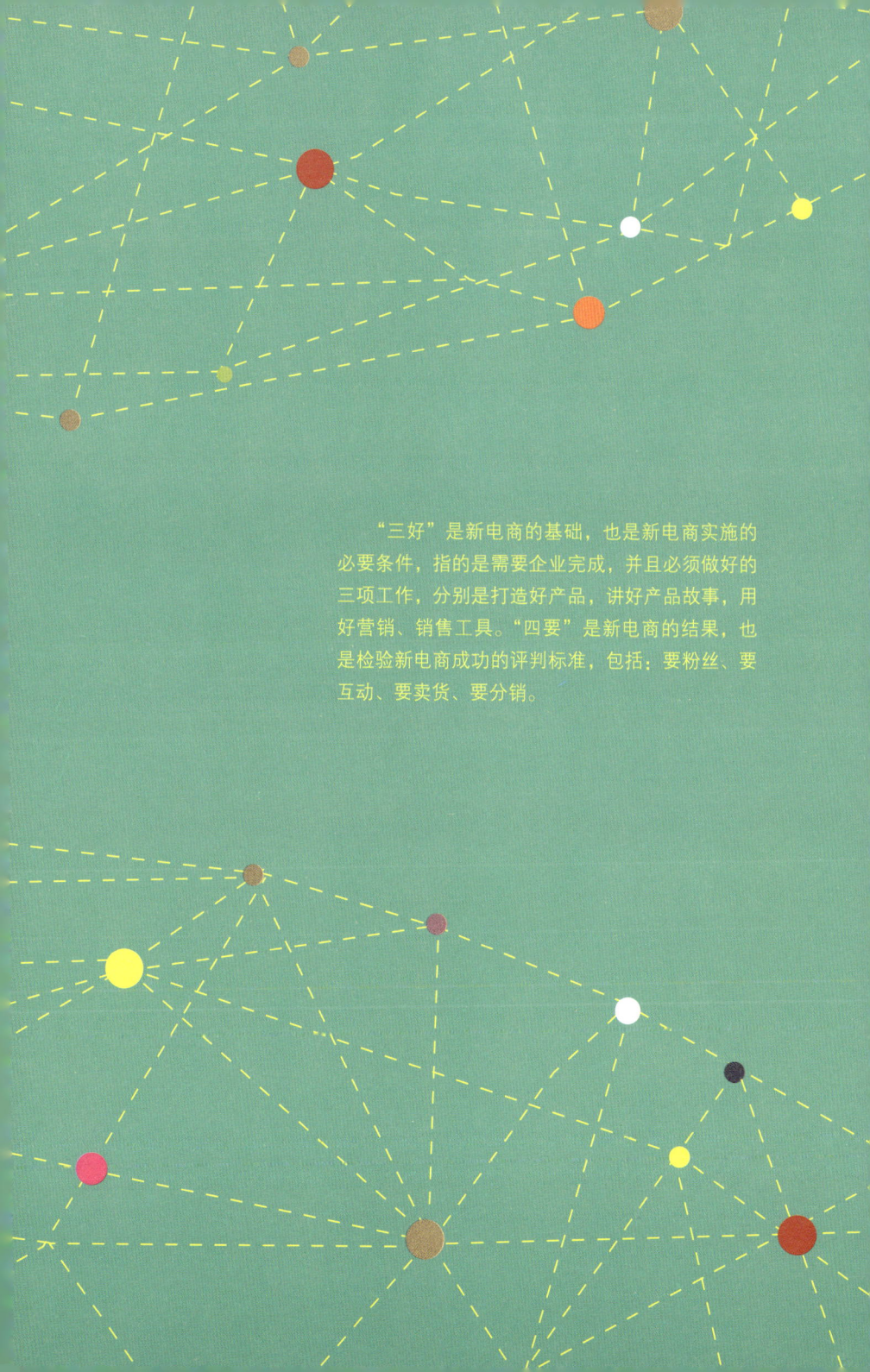

"三好"是新电商的基础,也是新电商实施的必要条件,指的是需要企业完成,并且必须做好的三项工作,分别是打造好产品,讲好产品故事,用好营销、销售工具。"四要"是新电商的结果,也是检验新电商成功的评判标准,包括:要粉丝、要互动、要卖货、要分销。

新电商方法论概述

新电商的基础——"三好"

"三好"是新电商的基础,也是新电商实施的必要条件。所谓"三好",指的是需要企业完成,并且必须做好的三项工作,分别是打造好产品,讲好产品故事,用好营销、销售工具。

打造好产品

做好产品是新电商实施最基础的一项工作,做好产品就是要用互联网思维打造出极致产品。试想一下,如果一家企业没有能够让用户尖叫的产品,甚至连一种极致产品都没有,如何对用户产生吸引力,如何让用户产生复购的欲望,如何让用户成为粉丝?没有极致产品,实现口碑营销等就无从谈起。因此,做好产品、打造极致产品是新电商的基础，也是新电商实施需要首先解决的问题。

讲好产品故事

讲好产品故事实际上是企业开展营销的前提和准备。一个好的产品故事才能够为产品赋予精神，才能够让产品与竞品有明显的差异化表达，才能够让用户找到符合精神诉求的共振点。因此，一个好的产品故事，不仅仅是一个品牌的自我包装和宣传，更多的是与用户产生共鸣，成为粉丝聚集的基础。

用好营销、销售工具

工欲善其事，必先利其器。同样，在开展新电商时，我们不仅要有工具，更要善用工具、用好工具，找到适合自己企业发展阶段的工具。

在新电商部署的初级阶段，企业首要考虑的工具主要是营销类工具。营销类工具最主要的作用就是，帮助企业有效地开展粉丝汇聚、粉丝筛选、粉丝活跃、高价值用户管理，进而通过粉丝管理实现粉丝变现。

此外，在新电商深化发展过程中，企业还需要借助销售渠道工具，比如微分销渠道，打通线上线下、移动和 PC 端等，真正实现立体全渠道销售网络的搭建。所以，用好工具是企业进行新电商加速的必要工作。

新电商的结果 ——"四要"

"四要"是新电商的结果，也是检验新电商成功的评判标准。同样，从结果导向出发，我们也可以从这"四要"中来审核工作的推进情况，检查工作执行的效果。新电商"四要"包括：要粉丝、要互动、要卖货、要分销。

要粉丝

要粉丝，包括两个方面的考量，首先是要有量，但最关键的是要有质，也就是说，要汇聚"深粉"（质+量）。在新电商阶段，粉丝并不仅仅承担着传播、购买这么简单和初级的作用，还将成为企业的核心资产，成为重要的流量入口。

如果粉丝数量庞大，但都是"僵尸粉""死粉"的话，对企业而言，反而是一种伤害，会影响企业的产品研发、营销等一系列决策，并消耗大量的人力和物力。所以，要粉丝，更重要的是要高质量的粉丝。粉丝的聚集阵地的选择，粉丝的汇聚，以及活动制定、打法节奏等，都对我们的工作提出了更高的要求。

要互动

要互动的核心就是粉丝的活跃。要想让粉丝真正活跃起来，还需要将粉丝有计划、有步骤地组织起来，形成圈层、社群。要做好有效的粉丝运营，对粉丝进行分类分级，做好高价值粉丝的管理。

要卖货

要卖货的核心自然就是销量。新电商最终还是要回归商业的本质，销量是检验我们的产品、运营、营销最有说服力的指标。但是，我们也不应当为了销量而卖货，而是要跳出传统电商价格"厮杀"的泥淖，健康地卖货，做到不仅有销量的保证，更有企业毛利的保障。

同时，我们还要结合粉丝经济掌握一些新玩法、新打法，例如合理配置品类、制定定价策略及相应的促销打法。

要分销

自己卖货，销量终归会面临瓶颈，出现无法迅速抢占市场等情况，因此要学会借势。在新电商的大势下，我们要能够建立起立体的全渠道分销体系。这一体系能帮助我们快速起量，迅速占领市场，实现销量的翻倍增长。

但是，不同渠道之间的利益分配协同、线上线下的协同、不同渠道的品类制定，等等，都需要有统一的部署实施。因此，要分销，既是新电商的结果，也是企业各项工作综合协同实施能力的体现。

新电商"三好四要"的三大实施步骤

就易观的实际咨询项目和企业实际落地实施执行的成果来看，我们认为，新电商实施主要需要经过三个阶段：产品变极品、极品变爆品、全面开花。

产品变极品

在这个阶段，企业要做的工作，主要是重新梳理定位自己的产品，通过新品打造或者对现有产品的改进升级，打造出自己的极致产品。

这个阶段，主要应用方法论中的"打造好产品"和"讲好产品故事"两个内容。

极品变爆品

这里的"爆品"并不仅仅是指我们常见的电商爆品。它不是通过低价策略引爆市场，而是通过极致产品有效的故事传播，汇聚粉丝，最终引爆销量。

这个阶段，主要应用方法论中的"讲好产品故事""要粉丝（聚深粉）""要互动"，同时借助各类营销工具，卖货新工具、新玩法等一系列"组合拳"，实现终端市场销量的爆发。

全面开花

由极致产品切入，引爆市场后，最终，我们需要的是由点及面，全面开花，将我们的产品从优势引向胜势。

我们在本篇的后续内容中将对新电商三大实施步骤中的各项核心工作逐一展开剖析。这三大步骤的核心工作分别是：打造极致产品，用好工具聚"深粉"，要卖货、要分销。

打造极致产品

企业对于极致产品的打造,一般分为三个步骤来实施:首先,选择好的产品作为打造方向;其次,做好产品;最后,讲好产品的故事。

选择好产品

产品选择对于企业而言至关重要。企业通过产品选择才能够有效地聚焦自己的发展方向,将自己的资源和能力发挥到最大化。我们在给企业做辅导时发现,许多企业一开始并没有一个清晰的产品发展方向,总是从自己原有的认知体系出发,对市场和消费做出判断。而且,我们在很多辅导项目中还遇到过这种情况:很多企业家对自己的产品都非常有信心,认为自己的产品都可以作为主打方向,都可以升级为极致产品。其实,这反而从一个侧面反映出,这些企业家朋友对自己的产品并没有一个客观准确的认识和分析。

试想一下,如果我们把自己的产品都作为极致方向升级,势必就会对自身资源造成极大的分散和浪费,最后的发展必然是:什么都想做,但是什么都没做好,事倍而功半。所以,极致产品的打造前提是选好产品。选好产品的本质就是聚焦,聚焦在一种核心产品进行突破,聚焦核心优势资源进行极致产品打造。只有专注,才能实现极品突破,从极品到爆品。

那么,如何在现有产品体系中选择好产品,作为极品突破的方向呢?主要可以从五个维度进行考虑(如图3-1所示)。

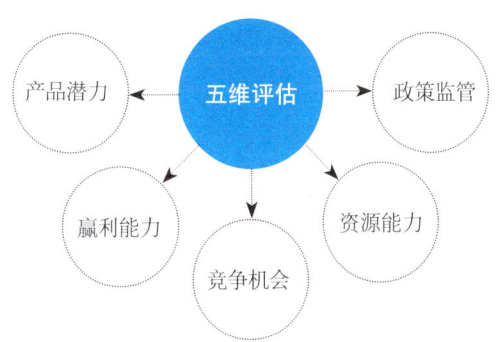

图3-1 产品选择五维评估模型

产品潜力

要对产品的潜力做出客观的评估,企业主要需要考察以下维度的指标:产品目标市场的潜在规模是否足够大,未来是否处于成长通道,线上市场发展阶段是否已成红海,产品线上销售适配度是否合适等。

赢利能力

赢利能力重点考察产品的利润水平,以及未来毛利可能的变化趋势。从商业角度来讲,一种成功的产品必须是有利润保证的,否则产品潜力再好,对于企业而言也是失败的。

竞争机会

在行业层面,我们需要重点考察现有市场的竞争格局,以及未来格局可能发生的变化;在产品层面,需要对标行业优秀产品,在原材料、功能、体验、价格、营销等多维度全面评估自身产品与对标产品差距。

资源能力

我们对产品评估不仅要知彼,更要知己,对自身的能力、资源做出一个客观的评判,即从产品出发,重点对自身的营销能力、团队的研发运营能力、供应链掌控管理等几个方面进行评估。

政策监管

政策监管这个选项具有一票否决的性质。如果目标产品中存在不合乎行业或政策规范,或者存在政策/行业管制等方面因素时,我们要果断放弃该项产品。

通过以上五个维度的评估标准,我们对自有的产品体系做出一个综合评估后,就可以选择一类产品作为重点突破对象,打造极致产品。

做好产品

做好产品的终极目标是做出极致产品。什么是极致产品?通过易

观对企业多年的辅导和研究,我们认为,极致产品要满足以下三个方面的标准:

第一,聚焦某一细分用户群体。只有在一类的细分群体上,才能挖掘出用户更多共性的痛点和需求,产品才有可能实现极致。

第二,单品制胜,对应于细分人群。如果产品线过于复杂,反而无法专注聚焦,也就无法解决细分人群的最核心需求。

第三,解决痛点或产生兴奋点,聚焦人群以单品切入,让用户产生尖叫。

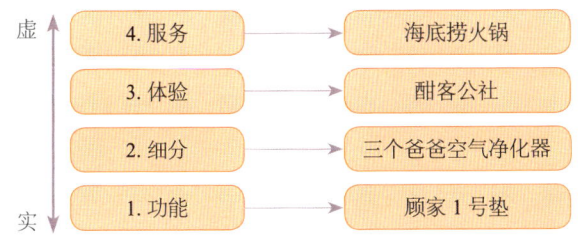

图 3-2 极致产品都是在某一个或少数几个方向做到极致的

从图 3-2 中我们可以发现,极致产品都是在某一个或少数几个方向做到极致的。例如,顾家 1 号垫是从功能层面出发,强调极致的睡眠体验;三个爸爸是从用户群体出发,进行细分,专门针对母婴群体打造产品;酣客公社则是从体验入手,打造不同的喝酒氛围和方式,为用户带来饮酒场景下的不同感官体验。

既然我们已经了解什么是极致产品,那么该如何打造极致产品呢?对此,易观提出了极致产品方法论,简称极致产品 PCD 三步法(如图 3-3 所示)。

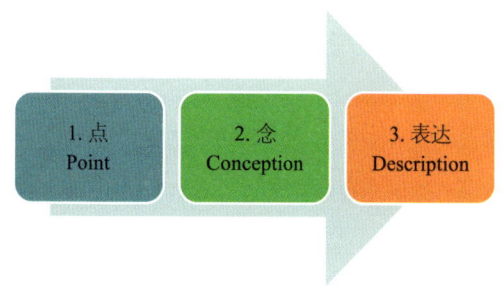

图 3-3　极致产品打造的 PCD 三步法

点

点就是针对目标用户，挖掘产品的极致点。极致点的挖掘可以借助易观的"场景—分类—PG 点"三位一体挖掘法（如图 3-4 所示）。

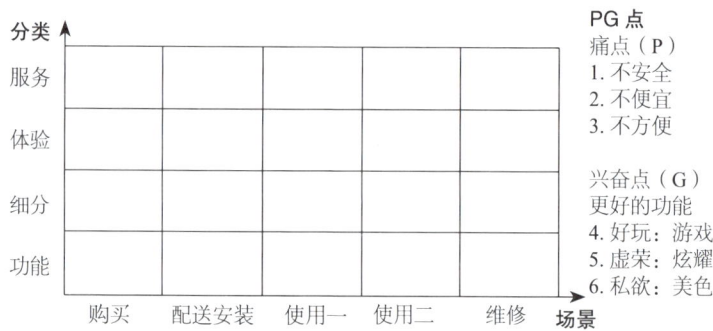

图 3-4　"场景—分类—PG 点"三位一体挖掘法

这套工具的核心是把用户场景和产品分类做成了一个矩阵，企业在这两类交叉中找到具体的极致点。

横轴是对用户场景做了细分，主要包括购买（购买前决策）、配送安装、用户针对产品的几类典型使用场景、售后维修等。

纵轴是对产品的极致类型做了细分，主要包括产品的功能、产品的细分（包括人群、区域等）、产品的应用体验、服务等四个维度。

在不同的用户场景中，对应的产品不同类型交叉所形成的空格，就是有可能挖掘极致点的地方。

极致点又是从哪些方面表现出来的呢？归纳起来，主要可以从痛点（P）和兴奋点（G）两个方向来思考。痛点，就是用户想得到而无法满足的需求，主要因素包括不安全、不便宜和不方便；兴奋点，就是能够超出用户预期，让用户尖叫的地方，其更多的是从人性的角度设计，主要包括更好的功能，涉及好玩、娱乐、私欲等几个方面。痛点和兴奋点也不仅仅局限于以上所列举的，在具体应用中，根据目标用户和产品，我们也要多思考挖掘更有效的 PG 点。

在挖掘极致点的过程中，不仅仅要从用户角度考虑，同时也要考虑竞品的情况，做差异化的产品设计。

我们通过小米空气净化器（简称"小米"）和三个爸爸的案例，详细地了解一下如何进行极致点的挖掘（如图 3-5 所示）。

首先，从用户角度出发，沿着横轴看一下对于用户而言最关注的场景包括哪些方面。空气净化器是一种健康型产品，对于用户而言，他们最为关心的就是空气净化器的使用场景，因为这个场景是用户核心的需求，直接决定着用户的健康需求度。

其次，从产品类型出发，沿着纵坐标寻找一下哪些方向有可能做到极致突破。最重要的应该就是功能，功能直接决定着用户的购买决策和使用体验；接下来就是细分，因为是直接针对人体健康，所以不同类型用户的健康诉求自然有较大的差别。

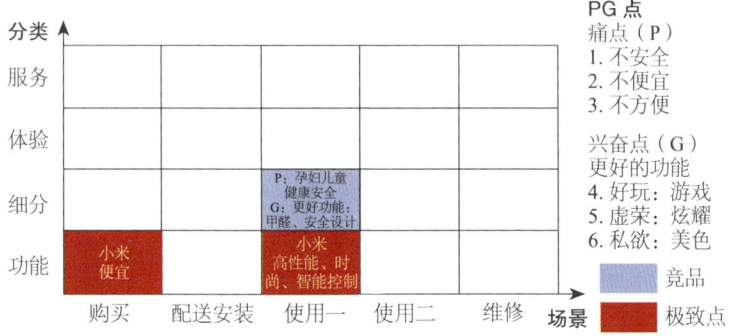

图 3-5 小米和三个爸爸极致点挖掘

那么，在确定了横纵空格后，再对竞品的 PG 点解决情况进行分析。以小米为例，在功能方面，小米强调的是价格便宜，性价比高；在使用方面，小米强调的是高性能、时尚、智能控制。另外，市场上大部分产品基本也是集中在这两个方面的。

三个爸爸通过对市场和用户的深入研究发现，净化器针对的人群过于宽泛，而孕童是一个弱势群体，对于清洁空气的需求是刚需，而这一痛点恰恰是当时市场上的一个空白，市场缺乏一种专门针对孕童开发设计的净化器。这个痛点就是用户对于不安全的恐惧。

另外，市场净化器更多是针对 PM2.5 的，对室内污染源甲醛则鲜有关注。因此，针对这个空白点，三个爸爸又专门开发出了除甲醛的功能，这一更好的功能打中了用户的兴奋点。

三个爸爸以对 PG 点的成功定位为基础，研制开发的儿童空气净化器推出后迅速引爆市场，成为京东众筹第一款销售额突破千万元量级的爆品。

在寻找 PG 点时，建议数量不要太多，要聚焦到用户最痛或者是能带来最兴奋的那个点上。

念

找到了产品的极致点后，我们就需要从极致点出发对产品的概念进行精准的定义。产品概念描述要力求简单明了，能够结合 PG 点精确表达出产品的核心价值。我们通常从三个方面对产品概念进行定义：首先，产品名称要简洁、有冲击力；其次，产品的目标受众要清晰表达，人群力求精准；最后，结合 PG 点讲清楚产品的核心价值，能够解决用户哪些痛点或者为用户带来哪些价值。

我们继续以三个爸爸儿童空气净化器为例。首先，从产品名称来看，"三个爸爸儿童空气净化器"，简单明了，大家很容易理解这是一件什么样的产品。其次，从产品的目标受众来看，该净化器是专为孕妇和 0~10 岁儿童研制的，定位相当精准。最后，从目标受众的核心痛点或体验点来看，令他们深感头疼的是，自己的健康和安全面临恶劣空气的严重威胁。为了帮助目标受众解决这个痛点，三个爸爸做了什么呢？第一，做到高效除霾；第二，做到高效除甲醛；第三，实现了智能操控；第四，做到安全设计。

其中，第一和第二是针对目标受众的健康，第三和第四是针对目标受众的安全。众所周知，孕妇和 10 岁以下的儿童操作能力都有一定的限制，而且设计稍有不慎就会为他们带来安全隐患。做到了以上四点，他们就可以在力所能及的范围内保障自己的安全和健康。这也是三个爸爸所做的净化器的核心价值所在。

表达

产品表达就是产品概念和价值的文案输出，直接向消费者进行产品展示。产品表达总的原则是清晰、好理解、简单。要做好产品表达，我们主要可以从以下三个方面入手。

一是要定量化。

定量化主要体现为产品的参数、数据等的清晰展示。量化展示更容易让消费者建立认知。例如，三个爸爸空气净化器的定量描述就是，"20 分钟 PM2.5 净化率为 99%"。

二是要透明化。

我们可以将原材料、工艺、服务等后端进行内容展示，这样更容易与消费者建立信任。例如，顾家 1 号垫，对于床垫弹簧的选材描述为："弹簧线径增加 0.2mm"，更适合中国人睡眠习惯。

三是要标准化。

对于服务类产品来说，如果能够进行标准化的表达，就更有利于消费者对服务进行对比选择。例如，家装 e 站"施工包"中瓦工项目建立了 18 项验收标准，将装修这一类非标服务以标准化形式展示。

讲好产品故事

讲好产品故事，就是要对产品进行有效的包装和表达，就是要回归到人们的真实认知，让消费者能够产生共鸣。

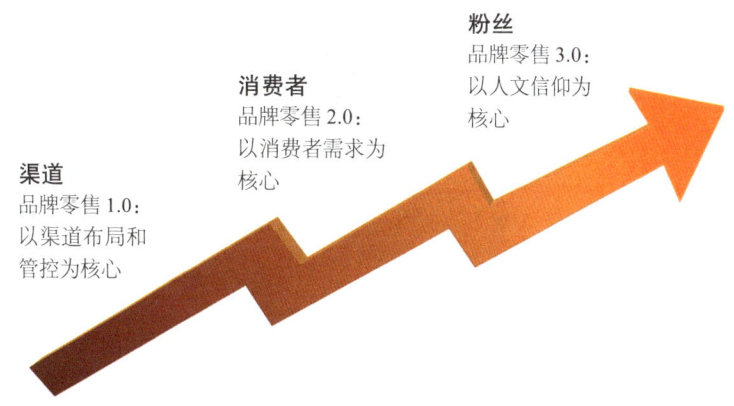

图 3-6 消费升级的三个阶段

从前文，我们已经了解到，我国的消费已经进行了三次重要的升级（消费升级的三个阶段如图 3-6 所示）。随着消费的升级，产品讲故事的方式也在不断地演进提升。第一个阶段是渠道为王时代，商业是以渠道布局和管控为核心的，这个阶段的产品宣传就是打广告为主；第二个阶段是以消费者为中心的时代，产品的宣传更是从消费者的角度出发，以满足消费者的需求为核心；第三个阶段是粉丝经济时代，是以人文信仰为核心的，产品的故事更是满足人们的内心需求，更具有仪式感。

讲好故事的核心是要清楚故事的受众。企业家也许经常在讲话、演讲，对投资人天天讲公司，也许还对企业的员工天天讲愿景，但让我们扪心自问一下：我们对客户真的是在讲故事，在讲好故事吗？现在，很多企业在这点上做得远远不够。那么，如何才能讲出一个让消费者信服的产品故事呢？我们主要可以从三个方面进行考虑（如图 3-7 所示）。

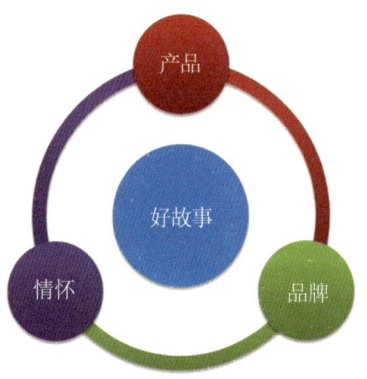

图 3-7 讲好故事的三个方面

一是从产品出发讲好故事。

以小米手机为例,它的产品故事是就产品本身的功能、价格、性能等来讲的,比如主频最快的手机,性价比最好的手机,各项跑分测试名列前茅的手机,拥有各项发烧级硬件配置的手机,等等。

二是从品牌出发讲好故事。

以 iPhone 为例,它的产品故事重点强调了产品的前沿,强调了苹果对于科技追求的品牌调性。

三是从情怀出发讲好故事。

以锤子手机为例,它的产品故事重点强调了"工匠情怀"。"我不是为了输赢,我只是认真"……这些都是情怀感情的具体输出。

当然,我们在讲好产品故事时,也需要有所侧重。如果故事传递的调性过多,反而容易给消费者带来认知困难,同时也会使品牌形象定位变得更模糊。所以,在讲故事方面,我们应当结合自身产品的特点，以一个故事塑造方向为主线，其余两个方向可以适度借鉴，对于整个主线故事起到配合支撑即可。表 3-1 就是手机类产品中产品故事讲得比较出色的典型例子。

表 3-1　三类手机产品在讲故事方面的不同切入方向

产品 切入方向	小米手机	iPhone	锤子手机
出发点	从产品出发，强调产品本身性能	从品牌出发，强调企业的创新	从情怀出发，强调"工匠文化"和情怀
故事内容	口号： 为发烧而生； 产品性能： 全球主频最快手机； 外观： 握感更适合亚洲人	口号： 我们将重新定义手机； 产品功能： 强调技术的创新； 使用体验： iOS 系统与众不同	口号： 我不是为了输赢，我只是认真； 外观： 世界顶级外观设计，全球最接近完美对称的手机
故事支撑	首款双核 1.5G 手机； 单核性能提高 45%	芯片性能的高速、高效； iOS，家里、车里都用得上	邀请了苹果公司前总监主导工业设计

用好工具聚"深粉"

在传统电商时代,我们有一个电商销售额基本公式:销售额＝流量 × 转化率 × 客单价。而在新电商时代,以粉丝为核心的新模式下,销售业绩(即销售额)的公式也发生了大的变化,业绩已经变成了粉丝数、转化率和粉丝 ARPU 值[①]三者的乘积(如图 3-8 所示)。

先来看粉丝数。

很多企业面临着粉丝获取难度大、获取成本高的问题。如果只依靠自传播的方式进行原始积累,企业的转化率会非常低下,粉丝也很难发生裂变式的增长。而对于企业而言,高成本、长周期的获客形式,很容易就会导致错过发展的窗口期。

---

① ARPU,即 Average Revenue Per User 的简称,意为每用户平均收入。ARPU 注重的是一个时间段内从每个用户所得到的收入。但需要注意的是 ARPU 值高,不代表利润高。

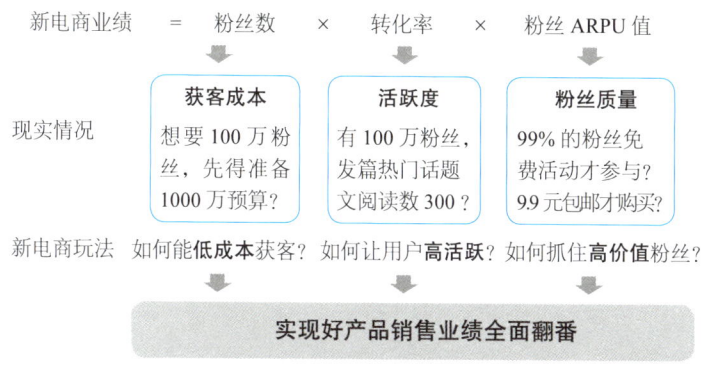

图3-8 新电商业绩如何计算

再来看转化率。

还有一些企业,它们已经具有一定的粉丝基础,但是粉丝活跃度极为低下,转化率非常低。看似有庞大的粉丝基数,其实99%都是"死粉""僵尸粉",还有1%是企业的内部员工或相关亲友。试想一下,这类粉丝群体如何能形成高活跃度?至于销售转化率,就更无从谈起了。

最后来看粉丝ARPU值。

即使有企业具有前两项粉丝基础,往往也会在粉丝质量这一关又陷入泥潭。我们辅导的一些企业经常会遇到这样一种情况:准备了一次"大促"活动,但是99%的粉丝是因为有免费赠送、试用才会参加的,而购买的用户更是在9.9元包邮的利诱下才会生成订单。

因此,快速有效地低成本获客,让用户互动参与产生高活跃度,抓住高价值粉丝产生持续购买复购行为,这三个层面的工作实施是决定新电商业绩加速的关键。而要想实现这三个层面的突破,善于使用先进的工具是工作高效有序开展的有力保障。

要聚粉：低成本获取粉丝

新电商的粉丝汇聚和互动有两种行之有效的方法：内容聚粉和活动聚粉。

内容聚粉

内容聚粉是通过文案内容传递，获取粉丝关注，并通过持续的内容传输让粉丝持续关注进而留存。内容聚粉具备长效积累的特点，对于企业的文案能力有较高的要求，比较适合有一定的品牌知名度和较强的内容编辑能力的企业采用。内容聚粉包括两大方向，分别是有用的内容和有品的内容。

先来看有用的内容。

有用的内容是指能够为用户带来帮助和实际价值的输出文案。它是建立在各种场景之上，能为用户带来高价值的内容。

常见的场景划分包括两类（如图 3-9 所示）：

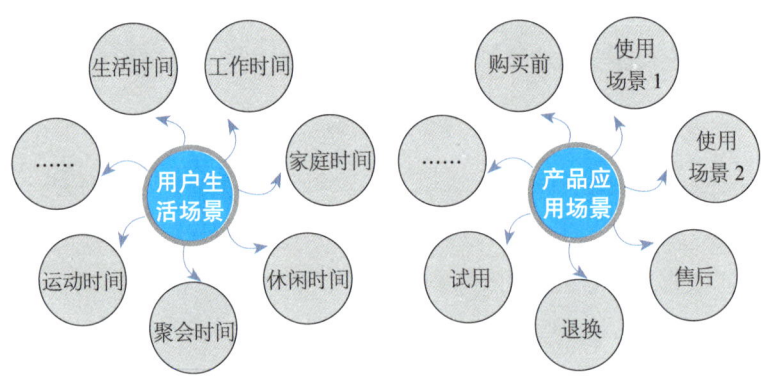

图 3-9　常见的两类场景

用户生活场景，主要针对的是用户的日常生活情境，例如工作时间、家庭时间、生活休闲时间等；

产品应用场景，主要针对的是用户使用产品的不同情境，例如产品购买前的决策场景、产品使用中的不同场景、产品试用场景等。

通过场景划分，我们可以细分出自身内容产出的方向和聚焦点。

以汤团妈妈为例，它通过围绕着育儿的八大场景，即孕产知识、生活常识、健康保健、育儿心得、旅游攻略、饮食保健、成长教育、亲子互动，来梳理、构建价值需求，并在这八大场景中设置不同的内容栏目和文案输出；通过全场景构建，来为消费者提供各类育儿知识、百科、心得分享等。

我们在构建具体的内容体系时，可以借助相应的工具。以农产品为例，我们可以通过产品应用场景来构建"有用"需求梳理框架：在横轴描绘出产品的应用场景，在纵轴列出用户使用的不同类型，在横纵相交的空格内填写我们想要产出的内容方式（如图3-10所示）。

再来看有品的内容。

"有品"是为相同圈层人群在不同细分类别方面提供高价值认同感的内容。与有用的内容不同，有品的内容强调更多的是圈层文化与同类归属。因此，有品的内容对于企业的要求更高。一般情况下，有品的内容的创造者都是属于这个圈层的，甚至是该圈层的KOL（即意见领袖），否则对于粉丝而言就缺乏专业性和认同感，反而不利于聚粉。

图 3-10 农产品有用需求梳理

对于有品的内容的打造方向，我们建议从人、物、事和专业知识等四个方向入手，通过这四个方向供相同圈层的人进行了解、学习、模仿和参与，这样更有助于加强粉丝黏着性。以驴友圈层人群为例，就是通过优秀人物（人）、专业装备（物）、活动事迹（事）及专业常识（小百科）等四个方面共同构成了有品内容传输矩阵（如图 3-11 所示）。

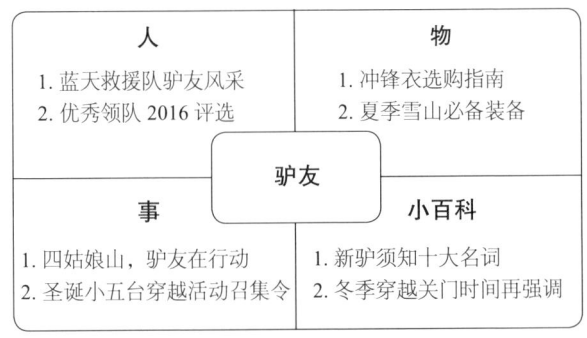

图 3-11 驴友圈层有品内容传输矩阵

在确定了内容输出形式后，我们就需要针对具体的内容进行生产撰写。内容产出主要有两大方式。

一是原创内容。

原创内容主要有三个来源：

首先，来自企业自创及内容编辑，这对于企业有较高的文案运营能力要求；

其次，来自约稿，企业在自创内容能力有所不及时，可以通过约稿形式获取内容；

最后，来自 UGC（即用户原创内容），通过有奖活动等形式鼓励用户自创内容，不但能收获更多的高质量稿件，同时还能激发用户参与热情，提升整个粉丝群的活跃度。

二是转载内容。

对于很多企业来说，原创内容挑战较大，同时效率也低，因此转载内容成为这些企业的选择。对于转载内容，一定要避免侵权，需要提前和相关内容提供方沟通好。企业可以建立固定的合作渠道，与相关的自媒体大 V 等合作。

转载授权方式包括白名单和临时授权两种。其中，白名单是可以长期随需随转的形式，临时授权则是一事一议的形式。企业可根据不同情况制定相应的内容转载机制。

活动聚粉

活动聚粉具有短期爆发的特点，一次好的活动可以快速吸引关注，迅速提升粉丝量。

目前，市面上常见的活动多达千余种。企业在做活动时，需要注意两个方面：

首先，量力而为，一些活动对于企业运营能力和资源要求较高，如征稿、悬赏等；

其次，部分活动受到平台政策限制，如集赞等。

活动种类多，变化迭代速度快，所以，对于企业而言，可以先从最基本的，也是最实用的三类活动入手。这三类活动包括抢红包、评选有奖和互动游戏。

其中，抢红包活动利用了人类贪婪的特性；评选有奖则是利用了人们的虚荣心激发的用户的参与感，其最常见的形式就是各类晒娃活动；互动游戏，这类活动通过有趣好玩等特点吸引大量用户参与并主动转发。

对于活动运营，企业一定要善于应用工具。目前，市场上有很多活动服务提供商，既有标准化活动模板，也有定制化活动，同时根据不同营销节点有不同类型的活动。企业可以考虑与这类服务商进行合作。

要互动：粉丝互动提高活跃度

与用户有效互动，提高用户活跃度，最重要的是，打造一套完整的用户激励体系，并构建相应的激励机制。对于用户而言，企业要对用户不同的动作进行激励。这些激励主要包括两类：一是用户互动参与的激励，二是用户主动分享的激励（如图3-12所示）。

图 3-12　激励体系支撑规则

互动激励

用户的互动动作主要包括，用户在注册会员后进行信息的完善更新，主动发布文章并对其他用户文章回复评论等，参与群内的选举、表决、评选等。只有对用户不同类型的动作进行详细的划分，才是有效激励用户参与互动的基础。

分享激励

所谓分享激励，主要是指针对用户主动分享后带来的效果进行激励。这类激励包括以下几类：

通过分享带来新的流量的激励，也就是说，老带新的激励；

通过内容或活动分享吸引了新用户的关注的激励；

通过分享带来新用户参与活动的激励；

通过分享带来了新的交易产生了订单的激励。

图 3-13 是对两类激励对应的用户动作的细分。其中，动作①和②属于互动激励对应的动作，动作③和④属于分享激励对应的动作。企业在进行激励体系设计时可以参考借鉴。

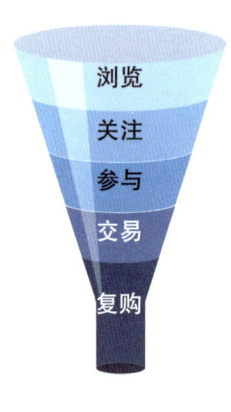

图 3–13 用户激励对应的动作模型

对用户的激励类型进行细致的划分后，我们就需要对不同的细分动作制定不同的奖励措施。奖励措施的原则是公开、可行、可量化、可晒等。

公开就是要对用户清楚地展示不同的奖励内容；

可行就是指操作实施可执行，有些企业在设置奖励后发现奖励范围过大，成本过高，或者奖励门槛太高用户很难达到；

可量化指的是奖品的量化显示，让用户对于不同的行为有清晰的奖励认知，鼓励用户完成更多的互动动作；

可晒指的是奖品、奖励可晒，这样可以激发用户的攀比心，更有利于用户的自传播，同时也是对奖励的标杆展示。

对于用户的激励促活的运营工作，我们同样建议，企业可以采用市场上一些比较成熟的 SCRM[①] 系统工具。

---

① 全称为 Social CRM，意为社会化客户关系管理。

用好工具：管理高价值粉丝

做好粉丝管理是指，我们要在应用好工具的基础上，通过一定的步骤做好高价值用户的管理工作，并最终让高价值粉丝不断地复购变现。其中，这些步骤主要包括用户画像、分类分层、专人维护等三步。

用户画像

对用户画像的目的是对粉丝进行深入的了解，而要实现深入了解需要解决以下四个重要问题：

一是他们是谁，即我们的粉丝是哪些群体。我们需要对他们的性别、年龄、区域、职业等进行详细的记录，并对用户打标签。

二是他们为何而来。我们需要了解用户关注的原因，需要了解他们关注的途径，是通过活动、内容、推荐，还是自搜索等方式。

三是他们想要什么。我们需要了解用户喜欢什么，对哪些有兴趣，曾经购买了哪些品类的产品等。

四是他们讨厌什么。了解用户讨厌什么，在某种意义上比了解他们喜欢什么更重要，因为给用户推荐了他们反感的、不喜欢的内容或产品，就很有可能失去这个用户。

在对用户充分了解的基础上，我们需要对用户进行画像，并逐一打上标签。打标签是对用户进行可行性管理的基础。只有清楚了不同群体的用户，了解了用户的不同喜好，我们才有可能采取有针对性的内容推荐、活动邀请、新品推送等一系列个性化的营销推广活动。至于用户标签，主要有四种打法：

一是来自用户自己。

用户在进行注册申请时,可以提示用户对性别、年龄、职业、喜好等进行自我标识。当然,我们也可以利用一些激励手段,来促使用户完善自我信息。这类标签特点是精准度高。

二是来自运营者。

运营者可以根据用户活动的参与类型、频次,购买品类、频次等信息,以及消费情况,对用户定义标签。这类标签特点是运营者可以对用户进行科学分类。

三是来自系统。

运营者可以通过后台系统自定义不同类型的标签,并设置判断规则。系统会根据用户前端行为进行自动标记。这类标签的特点是效率高,速度快,数量大。

四是与第三方合作。

许多第三方会开放部分用户的基础特征,例如芝麻信用积分等,通过合作可以获取用户的消费特征等。这类标签的特点是简单,易操作,拥有海量数据等。

分类分层

在完成对用户画像及标签后,我们需要对用户进行分类分层。这一步工作主要是区分不同类型的用户群体,同时对相同群体的不同价值用户进行价值分级。分类分层完成后,一整套完整的用户价值体系就建立起来了。

对于用户价值体系来说,有一个核心原则就是特价特权,其核心意义就是对不同价值用户一定要做到区分,高价值用户要比普通用户和低价值用户享有更多的特价产品和特权服务。

通过这种差异化的对待,高价值用户将产生更多的归属感和黏性。同时,对于企业来说,将更多的资源用于服务这些顶级客户,通过 20% 的高价值用户来获取 80% 的收益,也是实现能力最优化、资源最大化的有效途径。

专人维护

在对粉丝实施管理时,我们建议,企业需要安排专人维护,采用"双号 + 双圈"的模式进行管理运营(如图 3-14 所示)。

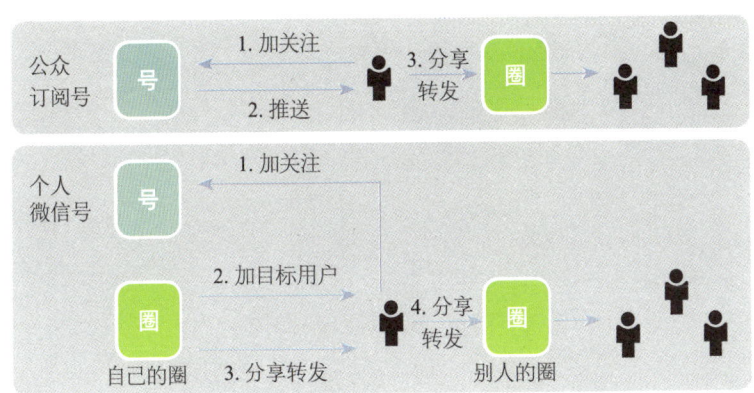

图 3-14　企业维护的"双号 + 双圈"模式

双号:"双号"包括公众订阅号(也称公众号)和个人微信号(也称个人号)。一般情况下,公众号是企业内容活动输出的窗口,而以公众号为基础,企业可以设置多个个人号(如图 3-15 所示)。

图 3-15 双号模式如何运营

双圈："双圈"包括个人号朋友圈与好友朋友圈（如图 3-16 所示）。

图 3-16 双圈模式如何运营

"双号 + 双圈"的模式下，用户针对性强，内容阅读率高，用户分享传播速度快，同时也更容易与用户产生互动。而实现这一切的基础需要企业安排专人维护。只有这样，才能够在营销阵地产生合力，实现联动效应，将粉丝运营效果达到最大化。

要卖货、要分销需要做好新电商社群运营

新电商的核心是在和粉丝互动中,打通营销链和供应链,效率化地创造独特价值、传播独特价值、多场景成交价值的商业行为。因此,粉丝已经成为新电商经济中的核心资产,也是商业变现的重要一环。

社群和微信是粉丝黏着性最强的两大阵地,也是新电商有效的变现渠道和手段。因此,要想实现新电商的销量加速,深耕社群和微信是一项必要工作,也是实现粉丝变现的前置工作。

社群的基本概念

社群就是具有共同价值观的利益共同体。它不是简单的微信群或QQ群,而是人的概念,是拥有共同兴趣爱好或者价值观的人,通过

一定的组织形式聚焦在一起。近年来,很多企业都开始用社群的形式聚焦用户,实施营销。

在企业获客成本不断攀升的今天,社群作为一种高性价比的解决方案,已经越来越受到企业的重视。随着社群的营销属性逐渐凸显,它已经发展成为一种经济。社群经济和共享经济、网红经济一起,成为新电商时代深受人们关注的三大经济(如图3-17所示)。

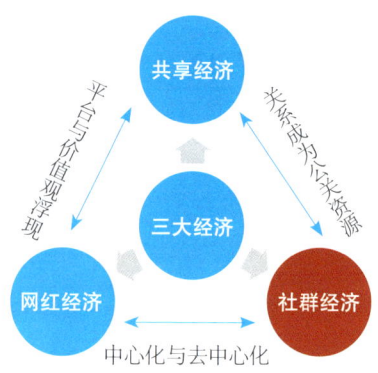

图3-17 新电商时代深受人们关注的三大经济

从企业的角度来讲,社群可以理解为客户的集合,是企业非常重要的资产,能够为企业创造出重要的价值,包括积累天使用户、收集用户反馈、建立用户口碑、实施产品营销等。

总结来说,社群对于企业的价值可以划分为三个层面,即工具论、CRM论(即客户关系管理论)和社交论,具体如图3-18所示。

随着互联网的发展,社群也日新月异,每天都在发生变化。常见的社群有产品型社群、学习型社群、资源型社群、粉丝型社群等。

作用1：产品测试 作用2：拓客渠道 作用3：品牌传播 本质：互联网标配工具	作用1：用户关系维护 作用2：种子用户聚集地 作用3：公关危机处理 优势：交互、及时、短距	特点1：经营信任关系 特点2：塑造归属感 特点3：同频同趣同价值观 特点4：人脉链接
工具论	CRM论	社交论

图3-18 社群对于企业的三大价值

产品型社群：社群以产品为核心，粉丝因为对产品的热爱而聚集在一起，比如小米的MIUI（米柚）；

学习型社群：社群以知识、培训为核心，满足人们学习知识、增长本事的需求，比如罗辑思维社群；

资源型社群：社群以资源互换为核心，例如交换技术、交换媒体资源的社群；

粉丝型社群：社群以偶像为核心，例如TFBOYS粉丝团。

社群的运营打法

社群运营团队常见组织架构

对于从零开始做的社群，不建议一开始就大张旗鼓，搞一个非常完备的运营团队。社群的模式还不成型的时候，可以先设三个岗位，即群主、文案编辑、商务拓展。

社群运营团队岗位职责

群主的职责是负责维护社群的日常运作，包括添加社群成员，监督社群规则运行，发起活动，鼓励成员讨论等；

文案编辑的职责是根据社群成员的关注度和社群本身的宗旨，整理编写并产出相关的文案内容；

商务拓展的职责是负责整合专家资源，定期邀请专家在社群中发表言论或与社群成员互动。

社群运营初级阶段

要在社群运营的初级阶段做好运营工作，就需要了解社群运营的要素和原则。对此，易观经过多方研究，总结出了社群运营的五大要素，以及社群运营四大规则。下面我们分别来看一下。

社群运营的五大要素包括"庙""僧""经""事""戒"。

要素一："庙"——打造社群阵地。

"庙"指的是社群载体，或者说社群的阵地，同一个社群常常会有多个阵地。目前，比较常见的做法是先搭建微信群（建群方法参考定义篇），把链接建立起来；等社群关系逐渐稳固之后，再逐渐实现复制与扩张。

当社群发展壮大，成员越来越多，往往仅靠一个群无法承载所有的成员，这时就要考虑再建更多的群，我们把这个动作称为"社群的复制"。比如，当社群逐渐壮大之后，易观天马帮（以下简称"天马帮"）就在全国各地建立了多个分会，这就是社群的复制。

社群复制的过程中要注意以下两点。

一是要符合社群运营的目标。

比如，目标是一年内扩张到 100 个群，现阶段半年已经扩张到 80

个群,就要审视一下:是否扩张过快,每个群的具体工作和质量是否确有保证。盲目扩张是没有意义的。

二是拥有足够的运营实力。

社群是口碑传播的重要载体,降低了用户体验,只会使社群前功尽弃。所以,在没有拥有足够的运营实力前,专心运营现有的社群,或许更能产生效益。

社群还可以从一类阵地拓展到多类阵地。比如,天马帮初期主要运营的就是微信,在群内做知识分享。等到社群稳固壮大后,又逐渐拓展出天马帮 App(见图 3-19),以及线下游学等阵地。虽然阵地很多,但是社群的核心是人,人是不变的。

图 3-19 天马帮 App

要素二:"僧"——组建运营团队。

"僧"指的是社群里面的人,主要指的是运营人员,比如上文提到的群主、文案编辑、商务拓展等。除了设置运营团队之外,我们还可以通过任命社群骨干来更好地运营社群,具体做法是,筛选出愿意在社群上花时间和金钱的用户作为骨干,并给予他们一定的运营权利。任命社群骨干,能够提高成员的参与度,保持社群的活跃度,以及更好地管理社群。

要素三:"经"——明确社群定位。

"经"是一个社群的定位,或者说把成员凝聚起来的连接点。明确社群目标,即明确为什么建这个群,要聚集什么样的人,以及社群能为这些人提供什么。这个"经"必须在建群之前就明确清楚,这样才能知道你要聚集一批什么样的人,你的群要完成什么样的事。

能凝聚群员的凝聚点有很多。比如,大家有共同的家乡,就可以建老乡群;比如,大家都有读书的需求,就可以建知识型社群;再比如,天马帮社群聚集的是优秀的中小企业家,它的连接点是帮助企业找到创新的方法,实现新电商加速。

要素四:"事"——组织社群活动。

"事"指的是社群日常的活动,社群的"事"要围绕着"经"来做。比如,天马帮的定位是帮助企业实现新电商加速,它的"事"就包括了自己的课程体系,每个季度的企业游学等(如图3-20所示)。这些都是帮助企业提供创新的新思路和新方法。

图3-20 天马帮社群活动

另外，在做这些"事"的过程中，不要忘记做好辅助工作，以保持社群的凝聚力。输出价值就是其中比较重要的一项工作。实际上，社群只有拥有足够的价值输出，才能吸引更多的粉丝，并保持社群的活跃度。社群价值的输出形式可以是多种多样的，比如输出福利。

所谓输出福利，是指社群为成员提供物质或精神回报，包括给成员发红包，提供免费参加活动的机会，邀请行业专家在社群中分享心得等。

此外，输出产品和输出活动也是辅助工作中不可缺少的组成部分。所谓输出产品，是指通过社群成员的共同努力，创作出能够代表社群的产品。产品输出增加了成员的集体荣誉感，增强了社群的黏性。如机器人社群群策群力，打造了一款新的机器人产品。

而社群活动能提高成员的积极性，吸引更多的新成员。定期的社群活动更是能让成员形成仪式感。如茶文化协会的社群可以定期举办品茶活动，大大提高了成员的积极性。

社群的活跃度是社群能否运营成功的关键因素。提升社群活跃度的方法包括以下几种：

一是保持社群持续输出价值。

社群成员愿意加入社群，并积极参与活动，最根本的原因就是社群能够为其成员输出有用的价值。保持社群持续输出有用的价值是提高社群活跃度最基本，也最行之有效的方法。

二是培养社群成员的仪式感。

培养社群成员的仪式感，能够增加成员的亲切感和凝聚力，能够在组织和开展活动时达到"一呼百应"的效果。

三是强化社群成员的关系。

随着社群的发展，应该由原来单一的管理员与成员之间的互动关系，转变为管理员与成员、成员与成员之间，彼此了解、共同互动的蜂窝式关系。强化的关系能够使得成员更愿意参与社群的活动，社群的活跃度就更高。

要素五："戒"——制定社群规则。

"戒"是社群运营的规则，是能够确保社群健康发展的重要法宝。制定社群运营规则，可以从惩罚机制和社群仪式两方面着手。

先来看惩罚机制。

惩罚机制就是限制"庙"里的"僧"不能干什么事情，保证"事"能够高效落实。惩罚机制针对的行为，一般包括发布广告或不良消息、闲聊无关话题、人身攻击社群其他成员、未经同意添加其他成员等。针对这些行为，可以先黄牌警告，再金钱惩罚，最后红牌开除。

再来看社群仪式。

正如部队和宗教有自己特定的仪式一样，社群也应该拥有属于自己独特的仪式。形成社群独特的仪式，不仅能增加对成员的黏性，还有助于提高成员的自律性、亲切感和凝聚力，从而便于社群管理。常见的社群仪式包括群徽、群服装、群歌、群手势等。

"庙""僧""经""事""戒"讲的是社群运营战略推进的五个要素。

在社群运营过程中,我们还要重视一些软性的规则,主要表现在以下四个方面:

一是温度。

温度具体表现为大家在互动中成为伙伴,在面对困难的时候能够相互取暖,彼此声援。

二是态度。

态度一定要鲜明,任何企业都要发展,但是企业一定要赚自己能赚的钱。我们认同有经营之道的企业,不认同经营上的短视获利行为。

三是频度。

整个社群的交互要保持较高的频度,保证社群服务项目层出不穷,比如每天都有新的内容投放、每周进行语音课程等。

四是鲜度。

内容的新颖性也很重要,要时刻紧跟快速变化的互联网时代,保持内容的鲜度。

社群变现的八种方式

社群变现的时机

社群,尤其是企业社群,长期投入人力、物力和时间,必须考虑变现。但需要注意的是,许多成员都是抱着交友互动的心态加入社群的,如果社群变现的时机掌握不好,过于突然,容易使成员灰心离群。社群变现的时机把握可以参考如下两点:

一是产品模式是否成熟。社群变现需要根据不同产品选择时机,产品是否能够成功地从线下转化到线上是关键。

二是成员是否能够接受。变现的成败直接关系到社群的成败。因此，在变现前尽量先对成员进行调查，观察成员的接受程度。调查的方式可以是发放问卷，也可以是在日常的活动中植入部分产品。

转化的时机很重要，一般选择在社群运营满 3 个月后，且时点是节日时，有助于形成团购的氛围。

社群变现的路径和方式

总结来说，社群变现的常见路径有八条：

第一，发起众筹。

目前，众筹大部分都是基于社群的。因为众筹本身需要信任，信任来自互动，而社群正好可以带来互动。运营者通过社群与成员的互动，建立信任之后，可以在社群内众筹产品、股权等。

能力要求：

项目 / 产品富有想象力，但融资匮乏时，可使用；

众筹深度依赖固有项目 / 产品的运营能力。

第二，分销代理。

利用社群维护代理商，以合伙人名义拓展产品渠道，本质是 to B（触达企业）模式。这种方式是传统代理模式的翻版，成本低，适用于高毛利、高频次产品。

能力要求：

以微商和校园代理为主；

做精细化的渠道管理。

第三，零售卖货。

具体做法是通过社群运营，将有共同需求和价值观的人群聚集到一起，直接在社群中推荐商品，甚至销售商品。如母婴产品的社群，将年轻的妈妈和准妈妈聚集到一起，专门为其提供值得信赖的母婴商品。

能力要求：

社群运营团队须具备较强的内容制作能力；

基于社群的电商，仍须在模式上创新，发挥 UGC 的力量。

第四，收取会费。

收取会费，即建立会员制，这就需要社群拥有较高的价值输出，能够为其成员带来较大的收益，如名师讲座、世界杯门票等。

能力要求：

需要价值的持续性供给；

适合做得小而美，有一技之长者建议尝试，但须具备内容创造能力。

第五，投资项目。

具体做法是成立一个专门为投资做准备的社群，聚集大量的创业者，既可以通过社群来维系已经接受运营者投资的创业者，又可以通过社群观察想获得运营者投资的创业者，并从中挑选较好的项目进行投资。

能力要求：

具备资本运作能力；

较多的资本资源和对接渠道。

第六，收广告费。

社群聚集了一大群用户，这些用户往往是许多商家的目标客户。当拥有大量的用户时，运营者就拥有了和上游商家谈判的筹码，可以收取商家的广告费和推广费。

能力要求：

推广活动的参与感必须足够强；

让销售发生在社群外部。

第七，服务。

运营者可以把用户聚集起来，形成社群，通过经营，建立起信任感。服务方式包括新品体验、增值服务等。

能力要求：

须具备稳定的用户流量来源；

社群互动须具有可参与性，运营目标上"去KPI（关键绩效指标）化"。

第八，内部创业。

将有共同想法和目标的人群聚集在一起，形成社群，进行内部创业。将社群当作企业去运营，在社群中能高效地讨论创业中的问题，能够快速地分工和解决问题。

能力要求：

考验创始人从零和博弈到正和博弈的理解；

要结合公司业务结构进行调整。

微店和新微商运营

微店运营基础

微店的分类

从平台属性上来划分,开微店主要有两种方式。

一种是入驻微电商平台。

入驻微电商平台,即在现有的微电商平台上注册账号来开店。优点是开店便捷,无须技术团队,且运维成本较低;缺点是个性化不足,难以实现商户所需的特殊功能。

另一种是找服务商帮助开发微店铺。

很多服务商可以帮助商户开发个性化的微信商城,可以实现商户的个性化功能,但是通常搭建成本较高,且需要较有经验的团队来运营。

如何选择微电商平台

选择微电商平台主要参考四大要素,即平台流量、入驻门槛、店铺功能、有无货源。

平台流量:微电商平台能否为企业提供流量支持;

入驻门槛:入驻该微电商平台是否需要提供各类资质证明及保证金;

店铺功能:该平台是否具有强大的商品管理、店铺管理及营销推广等功能;

有无货源:该平台是否能为各分销商提供货源。

组建微电商团队

微电商领域确实存在很多个人店主,但是店铺量级普遍不大。如果想做大做强,团队的力量是必不可少的。

微电商团队常见组织架构

微电商团队的组织架构通常可以分为直线式管理和矩阵式管理两种模式。

直线式管理模式:直接由团队总负责人设立具体的办事人员,各员工直接对总负责人负责并汇报工作。这样的模式更适合初创团队,有利于负责人随时掌握整个产品的运营情况,能够更高效地传达命令和执行计划,如处于初创期的公司即可采用此种模式(如图3–21所示)。。

矩阵管理模式:由总负责人设立各部门负责人,部门负责人再设立部门的办事人员,员工对部门负责人负责并汇报工作。这样的模式更适合成熟的团队,有利于各职能部门更细致、更专业地分工,如大型企业组建电商团队即可采用此种模式(如图3–22所示)。

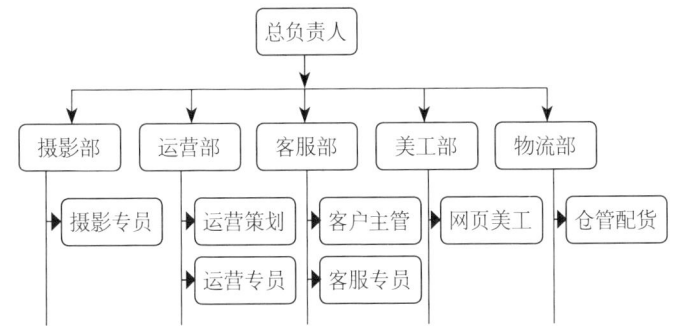

图 3-21 初创期公司的直线式管理模式架构

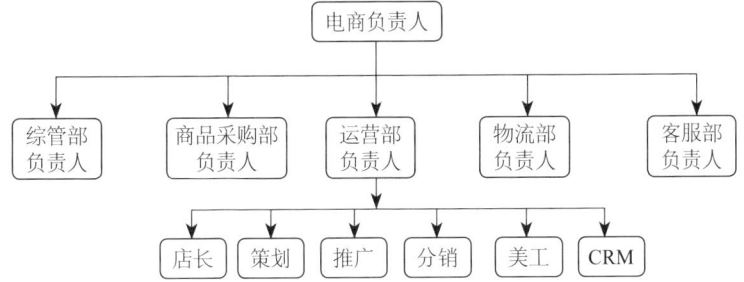

图 3-22 大型企业电商团队的矩阵管理模式架构

微电商核心团队成员职责

微电商团队常见的成员主要有以下几类：

团队负责人：把握团队的方向，分析经营数据，做出及时决策，对整个店铺的业绩负责。

美工设计：快速地将产品转换成图片，形象直观地展现产品，吸引更多的买家。

运营策划：通过数据分析，确定推广方向，设计策划方案；定期策划活动，提高销量，优化营销活动。

客服人员：接待客户咨询，介绍产品卖点，帮助客户做出选择，并帮助解决售后问题。

微电商的选品原则

微店开通之后，我们还需要选择销售哪些商品。

关于选品，具体可以参考如下原则：

建议在微店销售最好的产品，即同一品牌之中，性价比最高、品质最好的爆品；

微店销售的商品和其他渠道要有区别，建议在微店中销售独有的商品或商品套餐。

制定微电商会员体系

建立良好的会员体系能帮助店铺黏住粉丝、吸纳新粉，并进行更精准的营销。

微电商会员体系通常由三部分构成，即会员等级、会员特权、积分成长。

会员等级：顾客购物越多，则等级越高；

会员特权：会员等级越高，则能享有更高的折扣和更多的优惠；

积分成长：会员可以通过签到、参与活动或购物等形式升级，享受更多特权。

新微商运营

2016年8月，腾讯微信发布新规定称："微信平台只允许两级（包括发展人员本身）分销模式，三级以上分销，会停微信支付功能和封停账号。"同时,国家也对云在指尖等相关微分销企业涉嫌传销进行了处罚。

这一系列的国家管控和平台规范举措的原因是,传统的微分销和代理形式的微商市场散、乱问题严重,行业投机现象丛生。纯靠拉人头赚钱的组织形式已经为时代所抛弃。微商的乱局实际上也是这种新形式、新渠道出现所经历的阵痛,微商的本质还是一种渠道,同时也是一种组织方式。微商本身没有错,这一轮的监管管控,对微商而言是一个利好消息,可以让整个行业更加规范,更有利于向良性、有序的方向发展。

经历了这一轮的行业洗牌和重整,我们认为,微商将会演化为更加健康的生态系统,而这就是易观所提倡的新微商概念。

新微商的五大革新

新微商的革新主要体现在下述五个方面。

一是新的群体。

新微商的运营群体不仅仅是单纯的分销商为主,更多的是二三线城市有一定空闲时间的、愿意踏踏实实做事的人群。

二是新的组织方式。

新微商不单纯是上下游代理的销售关系,更多的是具备社会性,信奉"服务即销售"的理念,买卖双方可以转换。

三是新的表现方式。

新微商的传播方式有所不同,更多的是利用参与者的朋友圈,加大品牌的曝光量。

四是新的价值体系。

新微商重塑了价值体系，重新构建了参与者的利益关系。新微商是先交朋友再做生意，属于先社交再电商，通过这种利益间的捆绑，使得渠道更加巩固稳健。

五是新的渠道。

突破原有线下渠道、电商平台渠道，成为新的大众化社交渠道。

新微商带来的三大革命性变革

新微商的出现将对整个电商，甚至零售行业，带来深刻的影响，归纳起来，主要带来了以下三个方面的革命性变革。

一是流量革命。

传统的电商都是以商品为中心的，核心还是商品的流通。新微商阶段则是以人为中心的，每个独立的参与者构成了微商的核心。当以人为中心，卖什么就已经不重要了。

传统的电商是"三群"分开的，第一个群是销售和经营的人；第二个群是物流，要通过快递把东西给送过去；第三个群由独立的团队来做 CRM，来做后期的关系维护。微商则是"三合一"的，服务即销售，销售即物流。

所以，微商从某种意义上来讲就是共享经济。共享的是人、人的时间、人的剩余价值、人的技能，同时共享他的社交圈，共享他的社交流量。对于传统电商平台而言，微商是借力免费的社交流量和实体店流量，将一个区域作为流量入口，实现流量共享，实现了线下、线上流量的组织与协同。

以一个服装店为例，假设服装店每天20个人入店，这20个人进去之后，有3个人买东西，有17个人走了，那么可以把这些流量利用起来，向微商平台上去引导。也可以把这些服装店的流量引到化妆品店，化妆品店的流量引到饭店，这样区域的流量就能进行协同，或者互相促进。最后，作为同一区域店铺的流量担当的用户，只要在当地的微商平台上买东西，就成了代理商了。区域商家产生利益关系，并制定一定的利益分配机制，这样就会在整个区域形成免费、共享的流量革命。

二是组织革命。

早期的微商有"散"和"乱"的痛点，需要优化组织架构。微商的团队自主性很高，大部分是自由组织。一个团队做出了业绩，领头人很容易就会独立出去单干，并把整个团队带走。此外，由于组织结构松散，很容易造成价格混乱，进而在全渠道出现串货，扰乱整个渠道价格体系。

因此，现在新微商对于组织管理正逐渐走向区域化的区隔管理。例如，以县为单位设立代理商，进行区域管理。在县城里面招一个合伙人，合伙人只能做这一个区域的，合伙人所招的团队不允许跨出约定区域，一个合伙人可以发展多个代理人。同时，当地越来越多的实体店铺也加入到微商，这个组织架构就改变了传统的老板、员工、消费者关系，变成老板、员工、代理人、消费者。

当然，对于行业的选择很关键，不是全行业都去参与，而是选择一部分行业去参与，要便于管理，执行力强，这样才是一个有效的组织。通过这样的组织革命，微商的管理能力加强了，微商组织变得更加稳定持久，同时多渠道的协同发展也可以有效地实现了。

三是社群革命。

以每个区域的合伙人为中心，打造一个落地的社群，实现对代理人的群聚效应，做一个有归属感的地方。这样的落地社群可以通过众筹的方式实现。另外，落地社群也是购物场景承载的重要场所。通过把线上的社群落地到线下，做有温度的社群，为代理人带来归属感，增加团队的凝聚力，为用户带来线下的产品体验，同时可以对团队进行产品和营销的培训。

新微商的三大革命，最终将会给企业带来深刻的影响，产生积极的作用。这些影响和作用体现在以下几个方面：

首先，为企业的媒介传播带来变革，企业可以通过新微商的形式，利用区域免费流量获取更快、更好的传播效果；

其次，企业可以进一步扩展渠道，形成线上线下立体全渠道的协同配合；

再次，企业通过微商渠道，可以进一步提升产品销量；

最后，企业与用户的关系将得到重构，区域的代理人成为品牌与用户链接的节点，服务即销售，传统的客户关系将由去中心化，向扁平化、网络化发展。

哪些产品适合用于新微商运营

那么，到底哪些产品适合在新微商的体系下运营呢？总结归纳，产品需要满足以下三个方面的特征。

一是品牌有名或技术先进。

新微商是基于熟人的生意,靠的是口碑相传和推荐。所以,好的品质、具有先进技术的产品才更容易在微商群体中传播扩散,代理人也会有更多的积极性。

二是为微商渠道专门定制。

微商渠道定制产品有利于销售,非定制品更容易让用户进行比较,同时对其他渠道也存在冲击。

三是有足够的毛利空间。

产品需要足够的毛利空间,才能在品牌企业和代理人之间直接建立稳定的利益分享机制和合作基础。否则,低毛利产品既无法给代理人带来足够的动力,又无法为企业带来足够的业绩支撑。

新电商应用篇
——创新企业驱动新电商变化

新电商是人性化的电商,是以粉丝为中心的。青山老农、小狗电器等创新企业从自身实际出发,利用"心聚粉"的方式,让粉丝和社群主动成为企业发展过程中的新动力,并逐渐成长为本行业中的新电商冠军。

青山老农：社群电商沉淀用户的秘诀

青山老农是一个倡导植物素生活的社群电商品牌。2013年年底，邱晓茹——青山老农品牌的创始人，带领着她的核心团队，推出了这个电商品牌。她通过取消中间成本，让产品价格回归真实价值的方式，带领青山老农在不到一年的时间里，凝聚了近百万都市知识女性，同时被新华社、深圳卫视、吴晓波频道等知名媒体作为案例报道。

80万粉丝的获取与沉淀的秘密

青山老农选择了社群这个阵地，并且从2015年开始进行自媒体公众号的运营。从2015年4月至今，公众号已经积累了80万用户，而这80万用户沉淀到现在还在自然裂变。青山老农是如何做到的呢？总体来看，他们团队主要是把握住了以下几个关键点：

提供有价值的东西

要想获取用户,就要给用户提供有价值的东西。如果连有价值的东西都不能提供,那就算开始时有再多的用户关注,最终也会取关。

其实,现在每个人的手机上都有很多的订阅号,但是有不少订阅号很长时间都不会被打开。究其原因,就是这个号提供的功能不足以让用户形成持续阅读的习惯,也就是说,它提供的内容是可替代的。

青山老农的公众号叫作"我的花草生活",里面聚集的粉丝大部分都是崇尚自然简单生活、热爱花草的都市女性,这类人群都是热爱生活的人。因此,青山老农提供的内容就围绕如何让生活更美好来展开,经常会分享一些女性身体力行地在用花草营造美好生活环境的故事,用这样的生活理念、生活方式来吸引、留住粉丝。

定位精准,才能获得目标用户的信任

很多传统企业都觉得,线上获得用户的成本要比线下的低,但事实却并不像想象中那样美好。大家常说,线上聊一百次,不如线下见一面。虽然没有那么极端,但在线下,用户能够立体地感知到一家企业的员工、品牌和产品等,企业也更容易得到用户的认同。线下交流能够传递出更多信息,也使得企业获得的客户是相对精准和高质量的。

在产品刚开始做的时候,让用户愿意去体验产品,这件事很关键。用户愿意拿走企业的产品,证明用户愿意尝试,也愿意跟企业交朋友。只有用户肯体验产品,才有机会取得客户信任。

青山老农当时为了获取用户信任是这么做的:以花草茶作为切入

产品，开展了几百场线下的下午茶活动，在都市女性群体中宣传健康生活的理念。

获取用户信任第一步：线下体验产品。

青山老农投入约两百万元资金生产了一批各种各样的花草茶，用于线下活动。之所以选择花草茶，是因为让都市女性群体，去品尝一杯花草茶，相对而言，是一件比较容易做到的事。如果让她们试用一片面膜，可能就比较难了，因为试用面膜需要一定的信任。而且，花草茶外观也比较漂亮，能让人舒缓情绪，格调也比较好。

凭着这两百万元的花草茶，青山老农去包括强生在内的多家世界五百强企业，以及央视、微信等多家线上、线下媒体，做了几百场的下午茶活动。其中，有些活动还做成了围绕美容护肤、塑身瑜伽等专题的主题活动，让用户近距离体验自己的产品，而体验产品帮助用户形成了第一层的关注。

获取用户信任第二步：送产品，做口碑宣传。

青山老农的做法是进行口碑宣传，送包装上印有二维码的产品给用户。用户可以通过扫描二维码对产品、对青山老农进行更多了解。青山老农通过这种方式使得用户在数量上实现了急剧的扩张，以此积累了用户基数。

走出"单靠内容裂变用户"的误区

"单靠内容去裂变用户"是一个误区。俗话说，文无第一，武无第二。几乎没有一篇文章真的能让大家觉得好到不可替代。公众号也不可能持续每天为用户提供好到不可替代的文章，因为做到很难。内容虽然是黏住用户的一个好方式，但不足以支撑公众号去裂变用户。现在，自媒体用一篇文章就实现获取十万用户的说法，基本是不靠谱的。

青山老农内容中心的员工主要有三个来源：一是出身于名校新闻传播学专业的毕业生；二是出身于主流媒体的记者，写过很多年报道的从业人员；三是跟着青山老农一起从当年的品牌咨询转型过来的人员。与同行的其他企业相比，青山老农内容中心的人员配置已经算是规格很高了，而且这些每天靠脑力、靠专业知识功底来完成工作的员工工资待遇也不低。像这样高配置的团队都不能 100% 保证每天提供的内容都很精彩，更何况很多企业没有配置这样规格的团队。所以，仅仅靠内容去裂变用户是一大误区，一定要走出这个误区。

提供有价值的长效机制沉淀用户

2016 年以来，在公众号阅读量整体下滑的情况下，青山老农的头条阅读量还是会有 10 万＋。这个不错的成绩来源于青山老农不断地沉淀用户。我们不能一味地只考虑吸引用户，还要增加用户留下来的概率。

现在的取关率非常高，如果不考虑沉淀，只在前方不断加人，那是守不住的。所以，形成一个用户的闭环非常重要——怎么使找到的用户更精准一点？如何让他留下来？留下来之后如何让他自愿付费？要找到一个价值，让这个用户愿意沉淀下来，而不是只让他看内容。

2015 年时自媒体号大约有上千万个，其中可能只有 3%～5% 能实现电商化。现在，自媒体号至少有两千万个了，这些账号大部分都是靠写软文、拿一点广告费来支撑的。但是，这不是一个好的出路，技术门槛太低了，谁都可以做，只要在某个领域有点专长就行。一个美容达人做一个美妆类自媒体号，也能够吸引来一些粉丝，但是到最后，转化效果怎么样还不好说。这是一个长跑的过程，怎么样能跑到最后，并且活下来，这很关键。

那么，青山老农是如何让用户沉淀下来的呢？他们的秘诀是建立一套有价值的长效机制来沉淀用户——将用户变成自己人，也就是说，将粉丝转变成为消费商，让消费商参与到社群创业中，最后再将核心消费商转变成"城市管理者"。

详解沉淀用户的长效机制：粉丝—消费商—实群创业—"城市管理者"

对于粉丝，我们应当这样理解：在移动互联网时代，每一个人都是自媒体，既是消费者（可以消费我们的产品），又是消费商（经营推广我们的品牌产品）。

消费商

企业可以给粉丝提供这样的服务：

时间充裕的用户，除了消费自己需要的产品，还可以充当消费商，做生意赚钱；

时间少的用户，可以把自己关注的公众号，推荐给自己的朋友，或者是朋友的朋友，如果他们消费就可以返现佣金给分享者，简单来说，就是通过分享去赚钱。

青山老农从 2016 年 9 月开始就号召粉丝创业。他们的用户是一群 30 岁到 40 岁的女性，她们可能要兼顾事业和家庭，上有老下有小，非常不容易。而且，现在物价、房价的压力都非常大，去做一份工作可能也满足不了较好的生活需求。这些喜欢青山老农产品，以及认同其倡导的不盲从奢侈，更喜欢平易而自然的植物素健康生活方式的人，就可以做消费商，参与创业。

除此之外，青山老农还指导消费商采用预售的方式进行销售。每个消费商都有自己的社群，他们在当地会建社群，使用户当地化，也更便于产生黏性。消费商可以在自己所在的社群里面因需定产。比如，变温唇膏的预售，就是根据用户的需求量向工厂下订单的。这样做的好处是企业没有库存，消费商们也没有库存压力，因为货还没到就被销售出去了。

"城市管理者"

在消费商参与创业后，青山老农又开始发展"城市管理者"，因为他们发现，参与社群创业的用户，有很多人还希望青山老农能给予他们一定的当地市场保护权。比如说，消费商是山东淄博的，他希望能够做这个市场，并且负责这个市场。于是，管理者机制就诞生了。

伴随着青山老农用户群数目越来越多，品牌和产品的知名度越来越大，再加上产品体验也在打开，"城市管理者"的发展给青山老农的业绩带来了翻倍的增长。从 2016 年 9 月 1 日到现在，"城市管理者"已经遍及全国近百个城市了。

从 2016 年年初的几十万元到现在的几百万元，青山老农只用短短几个月的时间就使销售额翻了 10 倍。这些数据，一是代表企业在健康成长，二是代表背后的所有用户的深深认可。这样一套上升通道，即从粉丝到消费商，再到参与社群创业，最后变成"城市管理者"的过程，形成了一个社群创业的循环，这群用户在这个循环中可以保持活跃的状态。

青山老农现在关注的方向不只停留在粉丝上，因为粉丝只是品牌宣传的一部分，自媒体只是品牌宣传的一个窗口。真正需要去活跃和经营的是那些已经用过产品，甚至在帮助企业把市场不断铺开的人，这就是青山老农发展这套机制的初衷。

作为品牌商，青山老农需要做好三件事

有了这套机制，青山老农（品牌商）只需要做好以下三件事：

价格透明化，建立能人机制

跟传统的微商相比，青山老农把价格设置得非常透明，优点是不会产生层层的代理。除了青山老农已经有的核心成员可以晋升为"城市管理者"外，对于有成为"城市管理者"意向的人，可以通过能人竞技成为管理者。只要有能力，就可以做更大单的生意，就可以拿到更低的价格。

"城市管理者"的选择过程是很严格的，需要通过评估个人的销售能力、社群运营能力及市场的管理能力来判断这个人能否胜任。而且，在这个过程中，也伴有相应的培训和淘汰机制。比如说，一个

"城市管理者"如果三个月内不能胜任自己的工作,企业可能就会换人。这样的优胜劣汰的选择机制更有助于"城市管理者"机制的健康运行。

不压货,参与零门槛

传统的微商在加入平台后,可能会遇到这样的规定,即必须一次性进多少货,才能获得相应的代理资格。也就是说,每一级代理的资格,压货的成本都不一样。但是,青山老农没有压货的成本,只根据消费者的意向发货。

青山老农大多数的产品都是采用预售的方式按需生产,即消费商的社群需要什么,需要多少量,企业在产品生产前就明确了。明确需求之后再向工厂下订单,自然就没有压货成本了,因为消费商已经对销售情况进行了评估,这些产品到他手里,是能够快速消化出去的。这个流程对于更高一层的"城市管理者"而言也是适用的。

回购政策保信心,品牌效应更持久

传统的微商基本没有回购政策,而青山老农是有的,即对于消费商半年内没卖出去的产品,总部可以回购。其实,这对消费商而言,是一个很强的信心保证。

大部分传统微商更像"游击队":这个月做 A 品牌,过几个月出来一款 B 品牌,就做 B 品牌。这样一来,好容易积攒起来的品牌效应可能很快就没有了。但是,青山老农的消费商做的只是"青山老农"这个品牌,这一点是不会变的。所以,现在青山老农的"城市管理者"对企业的运营机制非常放心,青山老农也希望这样健康的模式能够给他们带来长效持久的发展。

青山老农创始人邱晓茹认为，在移动互联网时代，用户既是消费者又是经营者。社群电商化，首先是要有用户，但是不能只是一味地考虑怎么发展用户。社群就像组织，人们聚在一起除了有共同的标签，还要有共生的利益来维护和实现。

小结

青山老农的做法就是将粉丝转变成消费商，让消费商参与到社群创业中，最后再将核心消费商转变成"城市管理者"。这一过程实际上加深了公司与用户之间的关系。在整个销售过程中，用户不再是被动的一方，而是与企业一同参与到这个过程中去。这种健康的生态机制，可以解决用户沉淀并维持活跃的问题。

小狗电器：极致产品制胜

近年来，大家电市场持续低迷，小家电企业却在互联网爆发浪潮中做得风生水起。其中，就有一家吸尘器领域的行业翘楚——小狗电器（以下简称"小狗"）。小狗是一家专注于研发、销售清洁电器的实体企业，经历了从线下到线上，再到线上、线下相结合的过程。其产品以新颖独特的设计、强大的实用功能与良好体验得到了用户的广泛青睐，已成为国内知名的吸尘器专业品牌。2008年小狗刚入网时，全年销售额只有十几万元，但仅仅几年之后，就已经实现了年销售额数亿元的量级，在生活电器吸尘器细分领域已经连续六年全网销量第一。2016年的"双11"，更是喜报频频，销量破亿台。这家只做吸尘器的小家电企业，是如何持续飞速发展的呢？

果断舍弃线下，于红利期进军线上

小狗成立于 1999 年，专注于研发各种品类的吸尘器。公司创立前几年，一直是做线下渠道的，与国美、苏宁、大中、永乐等大型家电卖场都建立了合作关系。2007 年—2009 年的时候，由于金融危机的影响，生意变得不那么好做了。尤其是零售商品交易，很多商家在传统渠道上的经营都变得很困难，线下的综合成本甚至能达到 80%，如果产品不涨价，就很难赚到钱。也就在那时，线上销售渠道出现了，淘宝网、淘宝商城（即天猫前身）、京东商城，纷纷都开始有商家上架家电产品。对线上这种崭新的渠道，很多人当时都还没看清楚，不愿意去做。但小狗觉得这是一个很好的机会，创始人檀冲带着团队一点一滴地开始研究电商。

2007 年—2009 年，线上渠道竞争还不激烈。小狗先是入驻了淘宝网，随后又入驻了淘宝商城，成为淘宝商城上第一批入驻的电器品牌，迎来了大好的红利期。几个月之后，小狗又继续入驻了京东商城，小狗京东旗舰店正式开始运营。

相比之下，线下的综合成本实在太高了，线下零售越来越不好做了。因此，小狗完全"砍掉"线下业务，专心深耕电商平台。

在传统电商时代，小狗风生水起、如鱼得水。2011 年，小狗成了淘宝官方认定的最具成长性淘品牌之一，并在之后相继获得天猫"最佳消费者体验奖""北京淘宝商会副会长单位"等荣誉。由于产品品质好、描述可信、服务真诚，小狗和用户之间建立了充分的信任，吸尘器卖得出奇的好。2014年3月15日，小狗旗下的推杆吸尘器D-520上市，在69秒之内卖了10000台。

做极致单品

在产品方面，小狗电器采取了聚焦战略。虽然名称里有"电器"二字，但实际上他们基本只做吸尘器，一做就是十几年。檀冲曾经说过："小狗不做多元化，不会因为衬衣好，就去卖衬衣，我们没有那么多精力，只做好吸尘器就够了。"这种聚焦让小狗有机会打造出极致的产品。

一流的品牌通常都会有几款让所有用户都记得住的一流爆品。从福特公司的Model T（T型车），到苹果公司的iPhone，都是如此。这些品牌之所以大受欢迎，就是因为其产品给用户带来了一流的产品体验，甚至定义了新的潮流。同样的，小狗之所以能够获得成功，首先是因为其研发能力，以及借势互联网大潮，做好了产品体验，满足了用户需求，甚至超出了用户预期。

吸尘器是由国外发明的，所以很多国内品牌都模仿国外的设计，但忽略了国内用户的体验。小狗作为早期触网的品牌，十分注意在体验上的提升。以小狗无线手持吸尘器D-531为例（如图4–1所示），它专门设计了适合国内家庭的收纳方式，不仅使用便利，而且不占空间。

相比之下，很多国内品牌模仿国外吸尘器的设计，做成壁挂式的，需要在墙上打孔，这就没有抓住中国消费者的消费痛点。另外，国外品牌的地刷通常采用的都是 PP 硬毛刷，适合地毯的深度清洁。但是，国内基本以木地板为主，这种硬毛刷会给木地板造成划痕。因此，小狗在设计吸尘器地刷的时候全部采用了软绒式地刷，质地柔软不伤地板。

图 4-1　小狗 D-531 型家用吸尘器

此外，小狗自创立之初就十分重视产品研发，其产品品质十分优秀。例如，刚才提到的小狗 D-531，它充电一次之后的使用时间长达半小时，足够一般家庭完成一次清洁。小狗还是全球第二个掌握了多锥旋风集尘技术的品牌，在国内最早实现了吸尘器终身无耗材、吸力持久不衰减。而且，他们可以在保修期内提供免费的售后维修，更好地提升产品体验。

人性化的销售

有了好产品，小狗又是用怎样的营销手段卖给用户的呢？

线上与线下不同，我们不可能与用户面对面地去对话，可能就是用一张图片、一句话、一个电话去沟通。但是，如果只是冷冰冰地回复，只谈性能和参数，从来不苟言笑，那就根本无法体现出产品的人格魅力。

新电商提到的人格化和精神化，不但体现在讲故事和产品设计上，也体现在销售态度上。销售态度也是产品体验重要的组成部分。

小狗强调，不论是客服，还是销售人员，都要能够让用户在字里行间感受到他们的微笑，感受到这个品牌的温度。他们微笑着打电话，对方一定能够感觉到。当文字开始微笑的时候，当页面开始微笑的时候，与用户的距离就开始拉近，用户就会产生信任。

2015年的"518天猫家电节"，各家电厂商都十分重视，使出浑身招数，花样百出，有在人民大会堂搞新闻发布会的，有找明星代言的，但都没有创新的模式。小狗就在想，能不能把与用户之间的这种信任，作为一次商业资本信任，做一次"先体验，后付款"的营销活动。

那次活动中，天猫自方的预售时间是5月12日至5月17日，5月18日0点后支付尾款才能发货。实际上，小狗为用户制造了一个小小的惊喜，从预定的用户中抽取3000名提前发货，让一部分用户在支付全款之前就可以先体验这款产品。如果用户试用不满意，可以不支付尾款，小狗支付快递费用将产品收回，用户不用花一分钱。

对于这样的做法，檀冲解释道，小狗之所以选择了这样一个大胆的尝试，实际上是想让消费者感到惊喜，传达一种友善。根据多年经验，在电商平台促销之际，快递延误比较明显，而小狗让消费者在没有心理准备的情况下收到产品，确实会让消费者满意度提升，也会对小狗的品牌形象有良好的传播作用。

上面所说的更多是售前，小狗在售后方面也有自己的新玩法。

众所周知，小家电的售后维修问题屡屡遭人诟病。由于经常会面对维修费用高、修理麻烦等问题，很多用户在小家电坏了后，直接当废品处理，放弃维修。基于这个痛点，小狗在2014年首创了小家电领域的"中央维修模式"。具体做法是，与顺丰签署"逆向物流"战略合作协议，不论是产品质量还是用户使用不当造成的损坏，只要产品在保修期内不能正常使用，小狗一律负责维修、换件，并且整个维修过程全部免费，甚至连来回快递费都全部承担。目前，从用户发起售后申请到维修完成，小狗全国平均售后维修周期仅需5天，行业的平均周期则超过15天。

"'中央维修模式'推出后，小狗吸尘器的返修率不仅没有提高，反而快速降至1%以内。"檀冲说，"'中央维修模式'通过增加潜在维修成本，形成改进质量的内部压力，倒逼小狗必须提高产品质量，形成了返修率行业最低、维修满意度行业最高的'双极致'水平。"

对重返线下的思考

新电商时代是网店、微店、门店三店融合的时代，很多互联网品牌都在考虑布局线下体验店，但小狗在这方面保持着谨慎的态度，有着自己深入的思考。

小狗认为，不管是布局线上，还是做线下，还是搞线上、线下相结合，都不能跟风，而是要根据整个行业和自己品牌的实际情况来做具体分析。很多新闻报道里都在提"重返线下",但这更多的是媒体的跟风报道,并没有进行特别深入的思考。媒体反复在强调的都是线下能提供体验,但是线上未必就不能提供体验。

当然,对于未来的新电商而言,三店融合是大趋势。但就目前而言,不同的产业还是存在着不同的情况。比如,服装产业,线下效率比较好,整个行业的线上迁移率只有30%,也有很多线上起家的服装电商开始开线下实体店。但对于小家电这个领域,线下效率还很低,综合成本很高,而且在线下暂时还没有看到有效的创新性玩法。与此同时,整个行业的线上迁移率有80%左右。

小狗是最早入驻国美的小家电品牌,虽然目前主攻线上,但依然保持着对线下销售渠道的研究。檀冲说,线下小商品销售渠道还有很多问题,做一些小的调整没有用,需要大的创新。当看到线下机会的时候,他也会像当年转战线上一样,快速果断地重回线下。

小结

从"心聚粉"这个角度来看,新电商是回归人性的电商。小狗从产品研发到售前、售后服务,处处透着对人性的尊重,这方面值得广大实体企业学习。另外,小狗在渠道布局上的深入思考也是十分值得赞赏的。不论大家谈线上、线下,还是O2O,都不能简单跟风,最重要的是有自己独立深入的思考。

韩束：做微商，一年实现 90 个亿

韩束是成立于 2002 年的国产化妆品公司。经历了十几年的发展，韩束在国内化妆品销售市场的价值达到 120 亿元。2014 年开始，韩束布局微商渠道，并实现年销售额 90 亿元、微商渠道销售 35 亿元的骄人业绩。其微商渠道负责人陈育新先生也被业内称为"微商之父"和"微商代言人"。

面对各种微商乱象，陈育新提出了"微商就是人和人之间的相处之道"，并主张发起微商的流量革命、社群革命和组织革命，其核心都是强调人性和体验在销售中的价值，这与新电商的精神不谋而合。下面，我们就来看一下韩束微商一路走来的成功经验。

韩束看准微商潜力，布局微商渠道

韩束微商负责人、极享科技 CEO 陈育新先生是在很偶然的情况下开始接触微商的。之前，他和很多人一样，屏蔽朋友圈里卖东西的朋友，也对做微商的员工特别反感。后来，他听说有位朋友做微商一年赚了 5000 万元，还开上了法拉利后，开始了解微商，并发现了微商渠道的巨大潜力。

当时是 2014 年，正是微商大爆发的年份。经过分析，他找到了韩束布局微商的三大理由：

第一，抢占先机。当时，微商圈子里鱼目混珠，还没有知名品牌进入。

第二，广告效应。韩束 2014 年的广告费用是 4.5 亿元，但并不是人人都知道韩束。如果朋友圈能有一大批人帮助做推广，其广告价值可想而知。

第三，增加销量。2014 年还没有品牌公司把微商作为主要销售渠道，韩束做这样的尝试，可能会对销量有很大的促进作用。

后来，事实验证了这三大判断。从 2014 年 9 月开始布局微商，到 2015 年 3 月，韩束月销售回款达到 2.7 亿元，微商渠道贡献了很大的力量。另外，微商渠道对品牌打造也起到了积极作用。韩束投放 4.5 亿元广告费用时，其百度指数仅为 3000 左右；布局微商渠道之后，韩束的百度指数迅速攀升到了 8900。

拿最好的产品做微商

很多人不看重微商渠道，用低价引流品去做微商。陈育新认为，微商是要不断裂变和叠加的，来不得半点水分，一定要有爆款思维，拿最好的产品去做微商，不需要太多 SKU（库存量单位）。

最好的产品定义有两点：一是高品质，二是高性价比。关于品质，其实做生意的人心里都很清楚的，每款产品的有效成分是多少，或者这款产品是用了几级的原料去做的，很容易就能判断出品质的高下。当然，也不能一味说就是要品质最好的，在性价比和品质上要找到一个平衡点。

另外，最好的商品往往是在企业内做横向对比的。比如，一家企业的生产工艺只能达到某一个级别，如果非要跟高十个级别的企业去比，那根本不可能做得比别人更好。

微商渠道发力过猛，韩束开始管控

布局微商渠道初期，韩束微商迅速拓展代理团队，其微商团队在三个月内足迹就遍及全国。即便是在新疆、西藏、内蒙古等边远地区，都有了韩束的微商团队。不过，这样的布局对于韩束来说有利有弊。有利的地方是创造了大量的现金流，也为韩束带来了更大的影响力；而弊端在于，迅速扩张的微商渠道对线下渠道造成了巨大的冲击。

到 2015 年 3 月，韩束微商代理已经达到 19 万人，微商渠道在 3 个月内达到了线下渠道 10 年才达到的销量。然后，这些微商渠道慢慢变得不可控，甚至很多微商在夜市卖韩束的产品，对韩束的线下零售造成了非常不好的影响。于是，韩束开始反思，并开始对微商渠道加强管控，以确保市场更加健康。他们主要采用了以下方法：

第一，控制出货量。

从2015年7月开始，韩束对微商渠道进行人为的销量控制，用减少出货量的办法来平衡各个渠道之间的关系。微商渠道的销量占比，从第一阶段的90%下降到了第二阶段的30%；但韩束微商的客户满意度从80%提升到了90%，整个市场也更加健康了。

第二，为了进一步避免渠道之间的冲突，韩束对各渠道投放的产品做了区隔。

首先，主推产品差异化。各个渠道主推产品是不同的，所以即使价格不同，也没有太大影响。

其次，各个渠道卖不同的组合套装。比如，线下卖五件套，线上卖四件套，电视购物卖六件套，这也是差异。

最后，不同渠道存在系列差异。比如，线下卖补水系列，线上卖蓝藻系列，微商卖海藻系列，在产品上错开，就能很好解决渠道之间的冲突。

第三，严控价格。

韩束每一盒"一叶子"面膜都印有一个独一无二的二维码。使用者通过扫码就可以了解这盒产品的流向和归属地。韩束微商一旦发现乱价，就会严肃处理。过去，代理商但凡发现有3个百分点的利润，就会去串货。有了这个二维码，串货和乱价就有了较高的门槛。

韩束微商三大革命

即使有了以上的各种手段,微商还是人与人的关系,品牌商很难对微商个体做到强有力的管控。各地微商组织仍然存在着"散"和"乱"的问题。其中,"散"主要集中表现为地域分布散和组织架构松散;"乱"则表现为缺乏规范,区域之间价格混乱。

为了解决这些问题,韩束微商打造了极享平台(即极享科技平台,如图 4–2 所示)。极享平台是专属服务微商群体,为微商代理提供后台支持服务的手机应用,致力于打造简单便捷的"商业+社交"。它提供了团队管理、代理升级、订单管理、第三方支付等功能,帮助微商代理更好地做生意。有了极享平台,陈育新开始带领韩束微商进行落地三大革命。

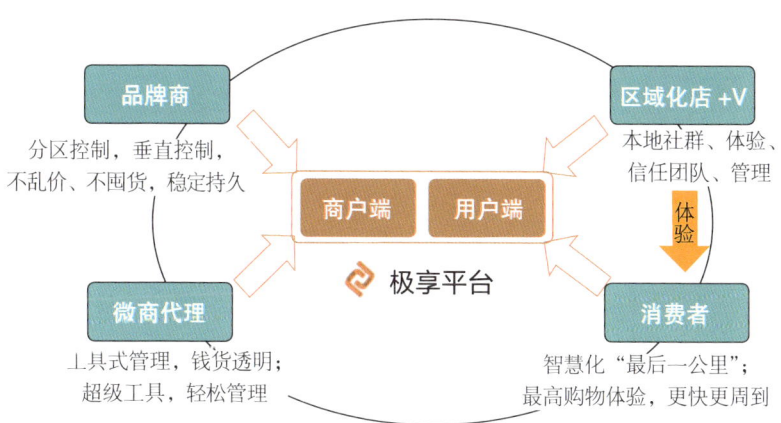

图 4–2　韩束微商打造极享平台

组织革命

微商渠道是有组织的,但组织通常比较松散,因为微商个体都是自由的个体，微商组织也是自由的组织。很多人今天跟着这个老大，明天另一个老大给的价格低 5 毛钱，他就跑去跟另外一个老大了，长此以往，就造成了微商组织的散和乱。

我们在电商领域常常提"聚粉"这个词，而陈育新认为，微商是在"筛粉"。微商个体既是消费者，又是代理商。为了让每个微商个体保持 100% 的活力，就必须对微商代理进行一轮筛选，通过有活力的微商代理，实现微商组织的不断裂变和叠加。

韩束在北京把货卖到全国，如果没有规范，就很容易造成价格混乱。韩束微商的做法，是把微商组织圈起来，在地理上做区隔。以县城为单位，每座县城筛选出一个代理商，代理商可以在县城内招募自己的团队，但这个团队的经营范围只在县城内，不许跨出边界。这样做可以避免微商团队的散和乱，成员走了，团队还在，老大走了，再换一个就 OK。

流量革命

传统互联网电商是带着非常大的掠夺性的。以往一个地区经济不好，人们还会在当地买东西。可学会了上网之后，他们就去淘宝或天猫上买东西了，这对当地的经济产生了十分不好的影响。而且，传统电商的流量入口是中心化的。为了争夺这个中心化的流量入口，所有商家要投入大量经费买钻展、打广告，还要请明星做代言，投入这么多的精力和金钱争夺流量入口，就很难有精力再去做有匠人精神的产品了。

因此，韩束微商想做流量永远免费的生意。微商是用人做销售的，人的社交流量是免费的，但不稳定，韩束微商找到了另外一种免费流量来源，即线下实体店流量。比如，韩束在每个区域都会有很多微商代理，这些代理很多都有自己的实体店铺，有的是服装店，有的是化妆品店，有的是饭店。

举个例子。一家服装店每天 20 个人光临，3 个人买了东西，17 个人走了，韩束会把这些流量都利用起来，引导到极享平台上，然后再引导到化妆店，或者饭店，让本地的流量进行协同，互相促进，形成区域性的流量体系。区域的流量是可以互相交换的，它们不做搜索排名，而是互相共享。

社群革命

最近，小米在线下开了很多"小米之家"体验店，让粉丝有了线下体验和互动的场所。韩束想在线下也为微商代理开通这样的线下场所，但这个场所不是体验店，因为体验店成本太高。他们想做的是创客咖啡馆的形式，由公司扶持，当地代理投资加入，成为咖啡馆的合伙人。这样的场所会成为当地微商代理的社群活动场所，是他们有归属感的地方。微商社群的组织、活动、培训、交流都可以在这样的咖啡馆落地执行。

小结

虽然有很多人在屏蔽朋友圈里的微商，但《2016 年中国微商行业发展报告》的数据表明，微商在 2016 年仍实现了 20% 的增长，每天新增的微商创业人数有两万至三万之多,远远超过了传统电商的增量。而且,微商在流量成本、售后服务等诸多方面都有传统电商无法比拟的优势。

韩束微商以自身的成绩证明,品牌微商是有很大潜力的,但是要发挥这种潜力,一定要有良好的管控体制。微商是人与人之间的相处之道,有更加灵活、更加贴近人心的特点。而陈育新提出的微商三大革命,将这种相处之道更加规范化,值得参考借鉴。

蜜芽：全职妈妈创立 10 亿美元母婴平台

蜜芽是一家海外母婴产品的限时特卖商城，由全职妈妈刘楠在 2011 年创立。最开始的时候，蜜芽是一家主营母婴产品的淘宝 C 店。由于运营状况非常好，也赶上了母婴市场的繁荣，蜜芽宝贝（蜜芽的前身）在 2013 年获得了真格基金和险峰华兴的投资。随即，蜜芽脱离淘宝平台，建立了自有平台。从 2014 年开始，随着跨境电商红利的来临，海外母婴用品畅销，蜜芽也受到了资本的热捧，获得了数亿美元的融资。现在，蜜芽的估值已经达到 10 亿美元。

从 2014 年 3 月官网上线开始，蜜芽的发展经历了三个阶段：

第一阶段，蜜芽是纯粹的母婴跨境电商，主要经营奶粉、纸尿裤、奶瓶、奶嘴、推车等，品类的选择范围相对比较狭窄。

第二阶段，蜜芽融入了移动内容电商的元素，开发了"蜜芽圈"、蜜芽育儿头条 App、直播等内容入口。

第三阶段，蜜芽开始布局线下体验和服务，开始了全生态的演进。2015 年年初，蜜芽与多家线下教育渠道、医疗渠道合作，并于 2016 年开设了首家线下体验店——蜜芽乐园。

忍住"摊大饼"的欲望，只抓核心人群

近年来，跨境电商热度上升，很多富裕起来的消费者都开始关注并消费高品质的海外商品。其中，母婴用品是他们最热衷的海外商品品类之一。于是，各类母婴用品跨境电商平台应运而生。资本也看上了这股热潮，从 2014 年开始，不少母婴平台都获得了丰厚的融资，整个市场十分火爆。

资本注入对这些平台是一大考验。很多母婴平台在拿到了投资之后，并不知道怎么合理使用资本，开始尝试做全品类的拓展，甚至开始经营日用百货、生鲜、家居、女装等和母婴完全不相关的品类。

但蜜芽在拿到四轮投资之后，依然保持了清醒的头脑。他们认为，作为一家垂直电商平台，要想有前途、有价值，就必须与综合电商平台形成差异化，为垂直领域的客户提供最专业的服务。

他们忍住了"摊大饼"的欲望，虽然一直在做品类拓展和模式上的新尝试，但始终聚焦于母婴人群的需求，没有改变过。这让他们有实力在母婴领域与综合性平台抗衡。

蜜芽认为，"饼"除了可以摊大，还可以做厚。他们在"厚"这个方面，不断地去开发上下游的所有需求，而不是去无限地拓展品类，去满足其他非核心人群的需求。

差异化的选品策略

作为一家独立跨境电商平台，蜜芽十分重视自身的选品，它的团队要从海量的品牌和商品中选出能成为爆品的，上架到蜜芽平台。关于选品，蜜芽主要有两点心得：

第一是满足核心用户需求，不做和母婴无关的品类。这一点我们上文已经提过。

第二是差异化，即提供给用户更新颖的，跟其他平台有差异化的商品。那么，如何选出有差异化的产品呢？

首先，差异化要从用户的角度去考虑，对核心用户群做进一步的划分，照顾到不同细分人群的偏好。对母婴这个行业来说，这一点尤其重要。比如，"90后"的妈妈和"70后"的妈妈，她们在买婴儿用品的时候，眼光是完全不同的。所以，商家需要通过用户调研，布局满足不同年龄段用户需求的产品。

其次，要考虑平台之间的差异化。很多产品在天猫、京东上已经被打造为爆品了，中小平台再去做这些产品，很难有起色。虽然如此，但还有更多海外的优质产品，没被国内渠道发掘出来，这就是寻找差异化的重大机会。

比如说，蜜芽早期把日本的几款纸尿裤放在平台上卖，一下子卖火了，其中有一款纸尿裤大家现在已经耳熟能详了，叫作大王天使纸尿裤。这种商品在日本属于比较高端的，但是在国内认知度不高。蜜芽将这个品牌发掘出来，放在自己的平台上卖，于是就形成了与其他平台的差异化。后来，因为这款纸尿裤效果很好，其他渠道也都开始卖了。

随着蜜芽越做越大，他们的着眼点已经不是打造一两款爆品，而是形成每个品类的选品矩阵。从排在头部的 top 产品，到满足多种需求的长尾产品，蜜芽在每个品类都打造出较为齐全的产品矩阵。

靠内容引流，重视留存与转化

前文提到，新店是重视人格化的电商，内容则是人格化的载体，新电商的一大重要能力就是内容能力。蜜芽在很早就开始布局内容部分，他们在蜜芽 App 里面，开通了"蜜芽圈"社区，其主要职能就是提供妈妈之间的内容交换。另外，也会有蜜芽圈的意见领袖从上而下地传递内容。蜜芽圈最大的作用是帮助用户做消费决策，从传统的流量思维转向新的内容思维。

类似的尝试还有他们传播育儿知识的育儿头条，几百个用户微信群，以及在直播上的尝试。

2016 年 10 月是蜜芽五周年的店庆，他们连续推了 63 场达人直播，为五周年大促导流，总点击量高达 500 多万，并最终促成了 24 小时 100 万单的骄人战绩。

这次活动，蜜芽不仅仅是在探索怎么用直播来引流用户，而且也在尝试如何用各种内容，包括蜜芽圈、育儿头条、微信社群等，把引流来的用户真正留在蜜芽平台上，完成后续的转化和复购。后者实际上更重要。而怎么能把这个指标做上去，就要靠提升整个平台的选品和运营了。

从跨境零售到打造自有品牌

蜜芽在跨境供应链上布局是非常早的。2014年"跨境风"刚起来的时候，蜜芽已经预先布局了跨境供应链，所以才能发起好几场不同品类的价格战。打价格战，同时要维护毛利，实际上是对供应链的巨大考验。举个纸尿裤促销的例子来说，纸尿裤的背后情况怎么样，备货周期是多久，库存周转率多少，账期是多久，这些都是对供应链的考验。

一直到现在，蜜芽在母婴品类里都保有供应链的优势。但蜜芽认为这不是长久之计，不能把它视作唯一的、长久不变的优势。随着外部环境的变化，包括人民币汇率下跌，国内经济形势不乐观，再加上消费者们更加注重性价比、品质和体验，跨境货物物流慢、需要清关等劣势愈加凸显。所以，蜜芽开始把目光转向国内品牌。

目前，很多国产母婴用品的品质很不错，消费者的需求量也很大，在蜜芽平台上销量稳步上升，对平台的毛利贡献很好。所以，蜜芽今后的重点，除了把跨境的供应链继续分头，还要开辟中国制造的质量很好、品类匹配的产品。

同时，蜜芽也在考虑做自有品牌。因为他们的优势在于对用户的需求十分了解，对现有用户的画像有详细的掌握，用户也可以通过社区、社群、售后等渠道反馈需求。

基于此，蜜芽可以做 C2B 模式，把这些用户信息反馈给上游制造商，让他们去做整个供应链的调整、生产线的调整。如果像这样做自有品牌，肯定就能够做出一批让用户觉得质量好，同时性价比又高，对公司而言毛利还高的产品。

正视质疑，把握机会，选对角度进军市场

2016 年，我国全面开放二孩政策。这对蜜芽和母婴行业所有参与者来说都是一个重大的利好。在此之前的十来年间，我国每年的新生儿数量一直在 1600 万左右徘徊。新政策一出，截至 2016 年年底，新生儿数量已升至 1786 万。

参与母婴市场永远有机会，关键看用什么角度切入。就像当年京东、天猫规模已经很大，唯品会也做起来的时候，大家觉得没有机会了，但那时聚美优品还是横空出世了。所以，2014 年年底的时候，蜜芽也是以一个搅局者的身份出现的。当时，很多人说，这个真的还有机会吗？但实际上，蜜芽崛起之后还陆续涌现了好多家，现在也都做得不错。

母婴人群的需求不断在演进，不断在生发。尤其是随着中产阶级人群在中国的扩大，这些人的需求是不断会被刺激和产生出来的。所以，蜜芽也在看一些对外的投资机会，也会去投一些小的创业公司，比如母婴人群内容方面的创业，社群方面的创业，等等。

小结

新电商是以粉丝为核心的电商。蜜芽虽然从成长路径上经历了淘宝店、自建平台、内容电商、线下体验、自主品牌这一系列的演进，但核心用户群一直没有变。他们做的这些，都是在探索用更多、更好的手段触及母婴用户，服务母婴用户。

比如，当发现母婴用户群在购买决策的时候，十分重视询问别人的意见，他们就做了社区；当发现玩具这样的非标品需要先体验再购买的时候，他们又拓展了线下；当发现现有产品都不能满足用户的时候，他们又开始做 C2B，打造自主品牌。这些都是在更深度地触及用户、服务用户。

韩都衣舍：用阿米巴创新小组打造爆款产品

关注淘宝女装品类的朋友们肯定大部分都听说过韩都衣舍这个名字。韩都衣舍创立于2008年，已经有了多年的品牌历史。在2016年，韩都衣舍成功登陆新三板，成为首批在新三板上市的女装淘品牌。韩都衣舍目前年营业额达到了13亿元，并且能保持50%以上的年增长率，成长加速十分迅猛。

韩都衣舍的发展与淘宝的发展密切相关。2009年，淘宝商城开始打造淘品牌的时候，韩都衣舍成功搭上了这班车，迅速成长。恰值当时韩剧流行，年轻人看完韩剧，就去网上买韩国范儿的衣服。韩都衣舍正好是韩国范儿的代表品牌。同时，为了凸显这一特色，他们还签了明星做代言。

韩都衣舍的成功不仅在于抓住了时尚潮流，还在于他们的上新速度。线下品牌上新速度最快的 ZARA，只能做到平均两周上新一次；而韩都衣舍的上新速度是以天为单位的。这样的速度源于他们的阿米巴创新小组机制，每一个小组孵化一个子品牌；当一个单品售罄率降低的时候，这个小组再去孵化下一个单品。这种创新的管理制度使得上新速度特别快。

总结韩都衣舍的新电商发展道路，主要包括四个方面，即赌对大势抱"粗腿"，专注年轻淘品牌，创新管理小组制，注重口碑聚粉丝。

韩都衣舍的品牌历程

韩都衣舍这个服装品牌是 2008 年创立的。在创立韩都衣舍之前，创始人赵迎光探索和尝试了一些其他的行业，包括化妆品、母婴、汽车用品等。2008 年创立韩都衣舍之后，品牌步入正轨。在过去的几年时间里，韩都衣舍经历了三个发展阶段：

单一品牌时代（2008—2011）

韩都衣舍品牌从 2008 年开始正式运作，它的成长和淘宝密切相关。2008 年，淘宝成立了淘宝商城，也就是后来的天猫，韩都衣舍成为第一批入驻的品牌。当时，业内关于做电商是有争议的，很多人认为互联网上做不出品牌来。在那个时候，大家都说，电商就是线下品牌在线上的一个分销渠道，单纯依靠互联网是不能凭空做出一个品牌的。特别是像服装这样的非标品，依靠电商做品牌就更难了。

后来，在 2009 年—2010 年，淘宝商城推出了第一批淘品牌。这些品牌都是从淘宝起家，没有线下基础，而且体量也都不小。淘宝给予这些品牌很多支持，韩都衣舍从中获益，在 2011 年的时候实现了 3 亿元的销售规模。这个规模已经比大多数线下服装品牌都要大了。韩都衣舍主品牌打造成功，之前关于互联网是否能打造出原生品牌的争论也销声匿迹。

内部孵化时代（2012—2014）

从 2012 年到 2014 年，韩都衣舍进入了内部孵化平台阶段，企业内部形成了多个阿米巴创新小组，它们独立运营，各自孵化子品牌。在三年之间，他们成功孵化出十几个基于韩都衣舍平台的子品牌。这些子品牌大多数运营得都很健康，个别运营得不太好的就直接停掉，把人员解放出来继续孵化新品牌。

开放平台阶段（2015 至今）

从 2015 年开始，韩都衣舍进入了第三阶段——开放平台阶段。他们把过去几年积累的品牌运营经验，包括整个后端系统开发出来，为其他中小企业提供支持服务。

2015 年，韩都衣舍做了两个公司、两套业务。第一个叫作韩都动力，主要去帮一些中小品牌做代运营，或者跟这些品牌合资。第二个叫作智汇蓝海，这是一个孵化基地。这两个公司的业务是相互配合的。智汇蓝海负责从 0 到 1 孵化品牌，韩都动力负责"从 1 到 10，再到 100"，帮助成型的品牌继续加速，实现突破。

2015 年是试点期，那时候步子非常慢。2016 年，两家公司正式发力，比较快地对外开放。到现在为止，他们合作的品牌有 50 多个，效果非常好。

搭上淘品牌的快车道

韩都衣舍品牌成立时，恰巧赶上淘宝商城的兴起。在此之前，人们很难想象没有线下基础，完全靠互联网也可以打造品牌，但淘宝商城为纯互联网品牌的打造创造了可能。随着韩都衣舍、裂帛、茵曼等淘宝商城原生的品牌兴起，淘宝商城对这些品牌进行了一轮认定，并给予了平台层面的扶持。这让没有线下包袱的韩都衣舍快速崛起，实现弯道超车。

赵迎光认为，韩都衣舍的崛起源自于其定位准确，主打的是中低端的设计师风格韩式女装。"对淘品牌服装来说，最重要的是定位精准，这也是和传统品牌最大的区别。传统品牌需要泛大众化，定位要模糊，不能太精准。而互联网品牌一定要定位精准，我们是将线下的小众市场做成一个大的市场。"

组建阿米巴创新小组

"阿米巴"源于拉丁语，原意是单个原生体。阿米巴经营管理模式，指的是商业中的原生体模式，即企业内部形成灵活的组织结构，一线员工可以组成小组，成为企业经营的主角，实现"全员参与经营"。

阿米巴模式由日本经营之圣稻盛和夫先生创立，这种模式让他创立的京瓷和第二电信（KDDI），焕发无限生机，迅速成长为世界五百强企业。韩都衣舍借鉴了稻盛和夫的经验，把阿米巴模式应用到企业运营当中,赵迎光把这种模式称为"蚂蚁军团"模式,即每个个体都是小蚂蚁,但每个个体充分发挥自己的力量,就成了一支不可忽视的军团。

起初的时候,关于是否采用小组制,韩都衣舍内部有过争议。争议的核心是,品牌应该以产品为中心,还是以用户为中心。如果以产品为中心,就应该沿用传统的管理制度,从设计到生成到销售,一个环节一个环节地走下去;如果是以用户为中心,就必须有机动灵活的特点,用多个小组并行的方法,快速响应用户需求。

由于争论不休,赵迎光干脆把企业分成南北两部分,分别尝试传统玩法和阿米巴模式。经过三个月的尝试,使用阿米巴小组制的北区工作热情明显更高,业绩也好于南区。

韩都衣舍的阿米巴小组通常由三个人组成,包含服装设计、页面详情设计、库存订单管理三个核心岗位,三人当中资历经验较丰富者担任组长。每个小组从头到尾负责一个品牌或一个单品的整套运营,因此每个组员都有了一种主人翁意识,小组之间互相比着干。

这样的制度十分机动灵活,因为有上百个并行的小组同时孵化新品,所以韩都衣舍的上新速度很快。而且,如果一个单品在市场上反响不好,可以立刻停掉,整个小组再去研发其他新款。

截止到2014年10月,韩都衣舍组成了270多个阿米巴小组,他们自由组合,自由并联,一共孵化出了16个子品牌,两万多种服装款式。

打造"二级生态",扶持中小品牌

"二级生态"这个概念是由韩都衣舍第一个在国内提出来的。所谓二级生态,是相对于一级生态来讲的。

一级生态即淘宝、天猫、京东、唯品会这些平台在做的事情,它们主要做的事就是四个字——精准匹配。比如,阿里巴巴就是典型的一级生态,他们收购了口碑外卖、阿里影业等一系列企业,为的就是尽可能多地收集用户数据,并根据用户数据,精准地把合适的商品推送给消费者。比如,一位顾客平时买的都是 1000 元左右的红酒,坐的都是头等舱,家居都订的是高档的,那么,这样的消费者在淘宝体系购物就会优先看到中高端的商品,而不会第一眼就看到 100 元左右的中低端红酒。

随着数据技术的发展,各电商平台精准匹配的能力越来越强,他们把精准的顾客送到你的店里之后,下一步就该店铺自身发力了。而顾客进店之后的部分,韩都衣舍称之为"二级生态",总结起来也是四个字——高效转化。它考察的是店铺和品牌整体的运营能力,包括品牌的打造、商品的拍摄、详情页的制作、客服的沟通、供应链和物流的支持等。

2008 年,二级生态的竞争还不算激烈。因为大家都是刚刚开始做电商,谁的经验也不多,都是"摸着石头过河"。那时候的电商可以看作小学生的竞争,反正流量红利还在,谁都能有钱赚。但是,到了现在,很多大品牌在行业内树立起了自己的权威,它们的运营能力超级强悍,已经变成了"博士生",依靠高转化率把其他弱势品牌的流量都给吸走了。

很多初创品牌虽然也想用直播、分销等方式争得一席之地,但往往因为自身体量太小,拿不到优质的资源。另外,也有很多初创品牌突破了创业初期的困境,但当它们体量增长到两三千万的时候,发现自身运营能力越来越跟不上,像 IT 系统、CRM 等都必须升级,才能支撑起不断增长的业务需求;而提升这些后端能力需要大量投入,这让很多企业"死"在了这个阶段。

在这种背景下,韩都衣舍决定开发自身的能力,帮助中小企业渡过难关、顺利加速。赵迎光认为,将来新电商的时代,很多线上品牌都会是小而美的,体量不大,但是有自己的特色。这样的企业就可以使用韩都衣舍提供的客服、视觉、资本等后端支撑,解除后顾之忧,并专心发挥自己的特色,成为能活得下去,并活得很好的"小而美"。

入驻各大电商平台
完成天猫、京东、唯品会等电商平台的对接及店铺产品运营

店铺运营
完成商品优化、活动策划、站内各免费及付费渠道推广服务

五星客服系统
售前客户问题汇总、售后问题汇总及问题用户解决方案的提供

全网营销策划服务
提供微信、微博、百度、论坛等全渠道品牌营销推广服务

品牌全托管
进行调研及数据分析,制定清晰的品牌定位,优化供应链系统

品牌形象及视觉打造
以产品为核心,进行店铺整体装修及品牌整体风格的把控,尽可能提高店铺宝贝的转化率

创投基金
汇聚韩都衣舍、智汇蓝海、深创投、IDG、StarVC 等创投基金,专注于互联网品牌的早期投资

图 4-3　智汇蓝海提供的部分服务

为了便于提供开放服务，韩都衣舍成立了智汇蓝海（智汇蓝海提供的部分服务如图 4–3 所示）和韩都动力两家企业，分别负责新品牌的孵化和小品牌的加速成长。这样的合作，一方面，扶持了新品牌；另一方面，也使得韩都衣舍自身的后端实力得以提升，并进一步建立品牌影响力，更多更好地帮助其他品牌。这是一个非常正向的循环。

小结

韩都衣舍是淘品牌的代表，其中低端设计师风格十分适合在线上打造品牌。配以自由灵活的小组制，韩都衣舍能以天为单位上新，不断追赶甚至定义潮流。

提到韩都衣舍，就不得不提到他们的阿米巴模式。这是一种以用户为中心，根据用户需求来设计生产的模式。三人一组的编制，使每个员工都参与到企业经营当中，积极性大大提升。多个小组并行开发单品的模式，使得他们可以快速试错，快速迭代。

现在，韩都衣舍把自己多年来积累的经验和运营能力共享出来，培育更多的新电商企业。这正是我们讲到的"现在的冠军培养未来的冠军"的最佳实例。

华泽集团：酒业联盟，助力分销商成功

吴向东先生自 1996 年开始深耕酒业，创立了金六福酒业，并在 2006 年将公司组建为华泽集团，历经 20 年的持续发展，形成了"酒业＋投资"的架构。华泽集团旗下拥有包括金六福、珍酒、湘窖在内的多个白酒品牌，其中金六福的品牌价值已经超过 200 亿元。

中国酒行业的批发门槛很低，有 5 万元资金就可以开始起步，很多批发商都是以 5 万元起家的，所以导致整个行业内的渠道商数量特别多。而在目前的形势下，由于利润空间受到挤压，很多酒业渠道商过得并不好。

为了整合酒行业渠道内部的资金、资源，寻求新的业绩增长点，华泽集团成立了"酒业英雄联盟"，打造"酒业第一生态圈"。其中，盟友约有 7900 户，全都是酒水行业的大批发商、渠道商。这个联盟

整合了渠道资源，大家抱团取暖，一起向上游企业争取更多话语权。

走出误区

过去我们常常觉得，传统的供货渠道效率太低，中间商的存在严重摊薄了产业上下游的利润，如果能建立起一个 B2B 平台，颠覆掉中间商，用互联网的手段直接对接上下游，就能极大提升供应链效能。

华泽集团认为，互联网只能取代中间商的部分作用，完全颠覆传统渠道尚不可能（有无中间商的区别如图 4-4 所示）。供应商和零售商遍布全国各地，常常远隔万里，它们之间不仅存在信息上的不对称，还存在地理上的阻隔。从这个意义上来说，互联网平台很难做到大而全，在很多时候仍然需要中间商去提供地理和信息上的枢纽作用。

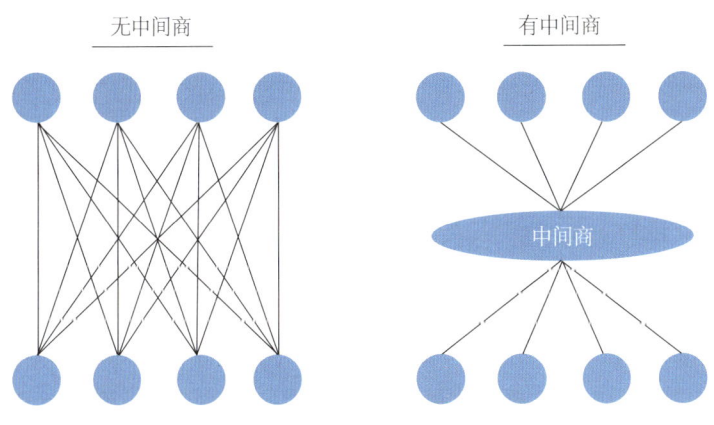

图 4-4　有无中间商的区别

从另一个角度来看，如果一家 B2B 平台的目标是一定要"干掉"行业内所有中间商，那么也必然会受到中间商的抵制，面对巨大的竞争压力。很多平台恨不能实现厂家直接卖到零售终端，甚至厂家直接到消费者的情景。那只是理想，实现起来难度很大，尤其是对酒业来说。

举个例子，茅台是中国最知名的酒品牌，他们曾经尝试自己开店做零售，前店后厂，一连开了20多家直营店，但是后来全都亏本了。他们后来明白了，这是触碰到了客户的利益。如果把几千个卖茅台的客户得罪了，那他们天天说茅台不好喝，那就麻烦了，于是紧急叫停了所有直营店。

因此，"酒业英雄联盟"的做法不是要取代中间商，而是通过结盟去谋求整个产业链上下游更好地协作。

只结盟，不竞争

吴向东先生认为，互联网是要把上下游打通，大家团结起来，实现多方共赢，而并不一定要"灭掉"谁。他提出，一不为难上游企业，二要跟下游企业紧密合作。无论是做传统中间商，还是搞B2B平台，都不能和上游企业作对，尤其不能和知名酒厂作对。如果品牌商不高兴了，卡住我们的脖子，那我们就"死"定了，这是显而易见的。

酒业的下游零售商非常多，以华泽集团为例，下游有大约1200万家零售终端和餐饮终端，其中餐饮占一半，零售超市和小卖店占另一半。拥有这样庞大的终端零售商体系，"酒业英雄联盟"的做法是和它们紧密合作。

小结

总结来说,就是做互联网并不一定要去"消灭"别人,而是应该共享利益。华泽集团主导的"酒业英雄联盟"的原则是不竞争,只结盟,不管是和上下游企业,还是和横向的竞争对手。

新电商加速篇

——实体企业践行新电商,实现弯道超车

实体企业是践行新电商思路的主力军。酣客公社、三只松鼠等企业成立时间不长,它们依靠敏锐的洞察力,摸索出了独特的新电商打法,并在本行业内牢牢占据了一席之地,实现了弯道超车。

酣客公社:"敦厚"酒精神凝聚粉丝力量

酣客公社是创办于 2014 年的白酒粉丝社群。短短三年时间,酣客公社的粉丝已经遍布全国,白酒销量从 1000 万元增长到 3 亿元,三年实现 30 倍增长,成为茅台镇第二大酒企。酣客公社还独创了"心联网"理论和 FFC(厂商—粉丝—消费者)模式,是粉丝经济的代表企业。

选择高频刚需的白酒品类

酣客公社的创始人王为先生是易观天马帮的元老级帮亲。同时,他也是个名副其实的"酒鬼",为了找好酒,他的越野车跑坏了七八条轮胎。2014 年,他创办了酣客公社,开始做自己的好酒。

选择白酒品类不仅仅是出于个人爱好。王为认为,一切生意的关键都是频次之争,要做就做高频次、高黏性、正确客单价的生意。白酒品类正好符合这个标准。

高频:酣客公社的目标人群是有财力、有思想的中年人,这类人群消费白酒的频次可以高到每个月10次,一年120次,远高于服装、电子产品等其他大众消费品。

高黏性:白酒消费者认准一个牌子之后,通常就会持续消费下去,不会轻易更改。

正确的客单价:消费者对商品价格有一定的心理门槛,如果价格太高,顾客消费的时候就会做权衡。一般来说,200~500元是一个消费甜区(即最佳消费区间)。价格在这个区间范围内,消费者只要喜欢,不会多想就会下单。而酣客公社很多款产品都处在这个区间之中。

叫板茅台,占领消费者心智

在创立之初,酣客公社的知名度并不高。王为选择了一种颠覆常规的营销玩法,剑锋直指行业领先者——茅台(如图5-1所示),通

每个草根都能随便喝"超茅台"好酒

图5-1 酣客PK茅台

过对茅台酒和酣客酒的多维度 PK，很多人记住了酣客这个初创品牌。和行业领军者 PK 至少有两个好处：一来这种勇气可以博取眼球；二来即使败了也情有可原，毕竟人家是领军者。

王为后续在网上发表的《酣客公社王为致茅台董事长的一封信》让酣客知名度进一步攀升。他在信中阐述了自己的"白酒观"，以及对酱香型白酒的深刻理解，占领了不少读者心中的高地。

打造品牌人格

前文提到，新电商的一大特征是企业拥有了人格，可以通过人格来聚粉，并把人格注入产品中。酣客公社很好地做到了这一点，并进一步发展出了酣客的"心联网"方法论，即"心联网"的方法树（见图 5-2）。下面是王为对于这套方法论的阐述。

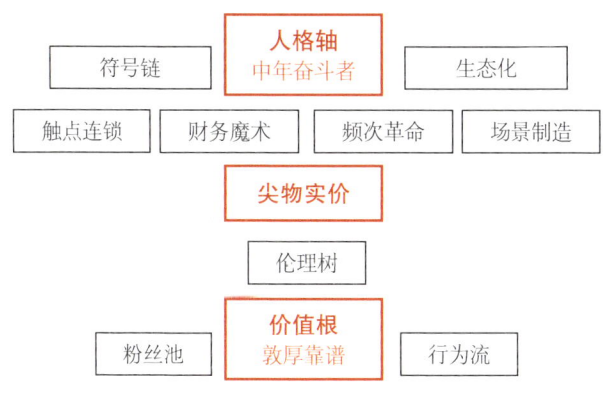

图 5-2　酣客公社"心联网"的方法树

我们重点要找到人格轴，即你为谁代言（酣客公社为中年奋斗者代言）。互联网没有品牌，只有人格，一切品牌在人格和性价比面前不堪一击。找到人格以后，要找到企业的立司之本——价值根。酣客公社的价值根是"敦厚靠谱"，以此为根，我们像树一样养它。人到中年要重新剽悍，要重新年轻，这叫伦理树。

产品竞争力一定不如伦理竞争力。今天，互联网是名人的地狱，草根的天堂。为什么有些名人会在一夜之间"上头条"？因为他们是名人，他们的一举一动会引起很多人的注意，如果他们做了一些影响名誉的事情，很快就会传播开来。这说明，每个人心里都有一个道理。什么是新电商精神？就是你一枪能打中多少人心里的道理。打中了，他就是你的粉丝。过去是为需求，今天是为追求；过去是生存，今天是生活。用你的人格做产品，用价格去诠释他的人格，这样的链接才是最深的。

传统电商就是"商品+技术+数据"，而我们的"心联网"新电商是"互联网+心因+伦理+行为"，易观的方法论"卖货、聚粉、建平台"之中，我觉得对企业来讲最有作为、最有价值的，是"聚粉"这件事情。

主张尖物实价，做极致产品

新电商"三好四要"方法论中，"好产品"是第一位的，足见品质的重要性。酣客公社的理念是"尖物实价"，就是做奢侈品的品质，然后卖便宜合理的价格。这顺应了消费升级对高品质和高性价比的追求。

尖物

市面上不少白酒都是勾兑品，这固然可以降低成本，但却牺牲了口感、品质和消费者的信任。酣客公社坚持古法纯粮酿造，五斤粮食酿一斤酒，安全无添加，不仅是酣客酒定量化、透明化标准的体现，更是敦厚靠谱精神在产品中的体现。依靠这种认真靠谱的酿造方法，酣客酒在品质上已经战胜了大多数竞争对手。

品质不仅要做出来，还要传播出去。酣客公社的做法，是宣传拉酒线、赏酒花、烧裸体酒等标准化的验酒方法，让消费者更确信买到的产品是有品质的，喝着更加放心。

为了确保品质，宣传品质，酣客公社推出了封测制度。封测就是封闭测试，在产品正式上市前的有限范围内，由特定人群先行先试。封测有特定流程，酣客酒一般要经过三轮封测才可以上市。

这种品质感还体现在产品包装上。酣客二号酒坛是不上釉的，在不上釉的情况下，经过烧制的中国高黏土像宣纸一样适合作画。酣客公社与100多位书画家签约，请他们在酒坛上画水墨画或山水画，留下书法作品，可谓一绝。消费者喝过酒之后，还可以留下酒坛，当作艺术品摆放于家中。

实价

消费升级虽然不等于故意卖高价，但也不等于卖便宜货，而是用相对合理的价格，去销售拥有奢侈品品质的商品。酣客二号酒每坛2500毫升，京东售价3999元，销量还不错。这表示消费者是愿意为高档品质付出更多一些资金的，而且这个价格毕竟还没有"上天"。

酣客公社还有一款入门级产品，是100毫升一瓶的，纯粮固态大曲酱香酒，售价9.9元，还包邮。这款酒是京东上的爆品，也是酣客公社的引流品。

除了白酒，酣客公社还与其他供货商合作，推出各类粉丝用品，比如酣客公社的行李箱、T恤等。在定制这些周边商品时，王为也十分强调品质，把尖物实价和敦厚靠谱的价值注入这些商品当中。

为此，王为还闹过一场笑话。他要求酣客的T恤不可以添加甲醛，而甲醛的一大作用是防止衣服掉色。于是，第一批酣客T恤衫褪色严重。结果，粉丝们不但没有要求退货，反而是把褪色的T恤收藏起来，当作纪念。

首创FFC模式，粉丝变经销商

酣客公社有一句口号，叫作"我只跟靠谱的人喝靠谱的酒"。刚才谈过了靠谱的酒，下面我们来看靠谱的人。

靠谱的人指的是酣客公社的粉丝社群。前面提到，酣客公社有自己的价值观，有自己的"心联网"，并有人格化的产品。依靠这些人格特质，酣客公社在全国范围内聚集了大量的粉丝，并形成了很多区域性的社群。

酣客公社在社群运营上有很多值得学习的地方。为了提升社群整体的活跃度，酣客公社组织了大大小小的社群活动，包括酣客节、酣客生态大学、酣客十人会、一年一度粉丝代表大会等。

酣客社群也有很多仪式感上的东西，比如他们的上衣基本都是一样的酣客圆领Polo衫，出门拿的行李箱也是一样的，酣客粉丝也有共同的口号和行事态度。

依托粉丝和社群的力量，酣客公社在渠道方面大胆创新，首创了 FFC 模式（如图 5-3 所示）。

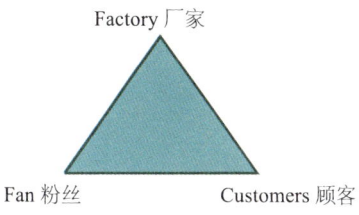

图 5-3　酣客公社首创的 FFC 模式

传统酒企是多级分销制的，通过层层代理，把货铺到商超、酒店、便利店。各级分销商通常同时代理多个品牌，而且会"吃掉"很多中间利润。

酣客公社的模式略有不同，把传统经销商替换成粉丝，由各地的粉丝代理销售，面向终端消费者。这样做的好处，不仅仅是缩减了分销层级。粉丝做经销商和招商来的经销商最大的区别，就是粉丝是热爱第一，而传统的经销商是利益第一，甚至有可能不谈热爱。有热爱，所以更有凝聚力，积极性也更高。

每个有酣客粉丝的城市，都会有一个德高望重的粉丝站出来，成立一个分社，管理当地的粉丝社群。很多粉丝都是企业家，他们会拿出自己的一间房，打造成酣客酒窖。这些酒窖有的是临街铺面，有的是食堂中的隔间，有的甚至就在写字楼里。这样的酒窖完全由粉丝经营，里面能吃饭、能喝酒，还能聚会、喝茶，是粉丝们互相交流的心灵家园，也是拓展新粉丝的好场所。

小结

综上，我们可以看到酣客公社的新电商玩法：靠敦厚靠谱的人格来聚深粉，卖纯粮酿造、安全无添加的好货。这套玩法帮助酣客公社在三年内迅速发展壮大，成为白酒行业里的破局者。

三个爸爸：1000万众筹源于"好产品＋好故事"

三个爸爸是空气净化器品牌，由戴赛鹰于2014年创立。创立之初，三个爸爸深度聚焦，定义了"儿童专业空气净化器"这个细分市场，在市场上占据了一席之地。同年，三个爸爸发起京东众筹，30天内筹得1100余万元，创造了当时中国互联网众筹额度纪录，三个爸爸空气净化器也一举成名，不久后即拿到了高榕资本领投的1000万美元。

日前，三个爸爸位列互联网空气净化器品牌前三名，并正在积极拓展、开发儿童陪伴机器人和智能无管道新风机等新领域。

真实的品牌故事

三个爸爸创始人戴赛鹰曾经是婷美集团的营销总监，有着丰富的品牌策划经验。2013年下半年，戴赛鹰妻子怀孕，将为人父的他十分关注妻子和即将降生的宝宝的健康。当时，他的妻子听说PM2.5可能会导致流产，儿科医生也表示说PM2.5对新生儿的呼吸道会造成伤害，而且甲醛吸入过多的话，还可能会造成新生儿患上白血病。这些信息让他十分不安。戴赛鹰立即开始挑选空气净化器，但当时没有一款净化器能同时解决PM2.5和甲醛的危害，而且很多品牌的空气过滤效果都难以保证。

后来，戴赛鹰找到了和自己有类似经历的宋亚南与陈海滨，三位一拍即合，打算一起制造一款给孩子使用的专业级空气净化器。

带着这个梦想，戴赛鹰去见了高榕资本的创始合伙人张震先生。那几天北京持续雾霾，恰巧张震也是孩子的父亲，他把妻子和孩子送到了三亚，躲避雾霾。一群父亲和准父亲为亲人健康而创业的精神打动了张震，于是三个爸爸就有了创始资金。

从这点我们可以看出，三个爸爸的人格特质从一开始就帮助了他们，这是他们的立身之本。

定义细分市场

创业品牌如果一开始就瞄准大市场，很容易"死"得快。戴赛鹰认为，开始的时候应该聚焦一个特定人群，设计出这个人群在市场上买不到的产品。

其实，拿到融资之后，三个爸爸也在想，儿童专业空气净化器这个市场是不是太窄了。他们开始重新计划，想做一款针对所有人的净化器，还起了一个好听的名字——新蜜蜂，翻成英文就是"New Bee"，就是牛×牌净化器。

有了这个想法之后，三个爸爸找到了微播易创始人徐扬做品牌宣传。徐扬就劝他们回归初心，并给出了三条理由：

第一，一开始就针对所有人做产品，难度会比较大；

第二，移动互联网时代，很难用广告一下子就"砸"成功；

第三，小品牌要"冷启动、热传播"，先聚焦一个人群再说。

最终，三个爸爸听从了徐扬的建议，重新回到儿童专业净化器这条路上。当时，空气净化器品牌有上千家，但针对儿童的只有三个爸爸一家。虽然市场不大，但只要抓住用户，抓住儿童家庭，三个爸爸就能站稳脚跟。小米太强大了，有足够的实力碾压一个还没多大名气的初创品牌。如果三个爸爸真的像小米那样，做一款针对大众市场的、利润率很低的净化器，那样可能会"死"得很快。

和用户"滚"在一起，了解真实痛点

很多品牌都做用户调研，他们用的是比较传统的调研方法，即找大的调研公司给用户发问卷，然后找一些人到公司做一些访谈。但这样得到的信息并不是那么真实的，因为用户在短时间内可能根本想不到自己真实的需求或痛点。

那么，三个爸爸是怎么做的呢？

三个爸爸本身就是真实用户，他们对儿童空气净化器有强需求，因此他们对产品痛点已经有一定的了解，而且很容易和目标用户产生共鸣。

更重要的是，三个爸爸找对了方法。在这个移动互联网时代，有了跟用户连接特别简单的方式，那就是微信群（工业时代和移动互联网时代调研做法的异同如图5-4所示）。三个爸爸初期为700多个用户拉了8个群，运营了大概有3个星期的时间。他们在群里发问卷，提问题，也发起话题让用户互相聊，还经常发红包活跃气氛。

工业时代的做法	移动互联网时代的做法
• 找大的调研公司发问卷 • 调研公司线下邀约用户，在玻璃房子里访谈一个小时，然后出调研报告	• 建多个天使用户群 • 在群里发红包，并像日常聊天一样，每天和用户"滚"在一起，深度了解每个用户的痛点 • 给种子用户发放使用产品

图 5-4　工业时代 PK 移动互联网时代调研做法

这些用户一开始的时候，可能说不上来太多，但我们要在群里面不断地跟他聊。他今天想起来一个，明天想起来一个，然后他就会讲出一些故事，这些故事对我们来说就有价值了。企业要贴近用户群，要跟用户发生连接，这样需求也会挖掘得更准确一些。

通过这种和用户"滚"在一起的方式，三个爸爸整理出了空气净化器的12大痛点。这12大痛点包括用户买了净化器不知道有没有效果，用户希望净化器能除甲醛，用户希望净化器不能伤到孩子等。通过对这些痛点的分析，三个爸爸设计出了十分符合市场需求的净化器。

创造现象级众筹纪录

对于企业来说，众筹的意义不仅仅是获得项目资金的来源，还在于验证自己的产品是否受欢迎，是否能帮自己获取第一批种子用户。实际上，这也是一次公关宣传。

三个爸爸在创业之初就上线了京东众筹，并在一个月内筹到1122.6万元的项目资金，创造了中国第一个千万级互联网众筹纪录。通过众筹，三个爸爸不但获得了资金，还快速打响了自己的品牌，成了初创品牌学习的榜样。

戴赛鹰认为，三个爸爸众筹成功，主要是做对了以下几件事情：

定位独特，走差异化路线

定位独特，走差异化路线，这是最为基础的一点。想要做众筹，产品必须有差异化，必须和市场上其他产品不一样。如果市场上都能买到，为什么其他人要花钱，而且花时间去等我们的产品出来呢？

在2014年，上百家空气净化器品牌"死"掉了，因为小米净化器出来了。虽然小米净化器本身有很多缺点，但是小米本身实力较强，可以按成本价去卖，于是迅速抢占了市场。很多其他品牌就是这样被小米"打死"的。

但是，为什么小米没有"打死"三个爸爸呢？就是因为，三个爸爸坚持了独特的定位。为了给孩子们提供最清洁的空气，他们没有选择一个特别低的价格，而是选择用最好的材料。正因为产品定位和小米不一样，三个爸爸赢得了早期的生存空间，也赢得了众多支持者。

不忘初心，积累天使用户

很多发起众筹的产品都有初心，都有背后的故事。三个爸爸的初心，是为家里刚降生的宝宝们做一款专业的空气净化器。他们希望，孩子呼吸的地方，空气都是健康的。正是这个真实而简单的初心，帮他们吸引到了很多天使用户。

众筹其实是调动别人去支持我们的梦想。如果我们没有初心，没有情怀故事，只靠京东平台的流量，很可能不会有太好的结果，也很难聚集到忠实的支持者。

选好团队

三个爸爸众筹成功的另一个关键点，是他们有一支很优秀的创始团队。戴赛鹰和另外几位创始人，本身就是做营销出身的。虽然他们过去做的是传统营销，但是与时俱进的爸爸们快速学习，快速转型，在线上营销方面也做得风生水起。

人脉关系也很重要

在众筹前期，企业必须要依托于强关系，去向弱关系延伸。

三个爸爸跟创业家有深度合作，他们在创业黑马这个体系里，有很强的人脉关系。通过人脉关系，通过独特的定位，再通过情怀和创始人代言的传播，三个爸爸就把创业家这个社群"搅动"起来了。之后，再通过这个社群辐射其他社群，然后再辐射到整个社会。这样，他们就获得了强曝光度。

寻求平台和服务商的帮助

在京东申请众筹的时候，如果项目不错，京东的项目经理就会来跟我们沟通。这时候，一定要多向他咨询一些细节，包括众筹应该怎么布局，怎么定价，项目怎么设计，等等。或者，我们还可以找一些众筹服务公司，去把页面做好，再考虑做一些小的投放，然后做一些引流，基本上就会有很好的效果。

另外，戴赛鹰表示，三个爸爸是赶上了众筹的红利期。现在再去做众筹，可能很难达到当年的效果。他的建议是，初创品牌应该多去尝试新的东西。现在的新东西很多，比如直播，这就是一个风口。

戴赛鹰认为，现在把直播做好是有可能的。因为直播现在处于一个从无序到有序的过渡期，投入成本低，但宣传效果明显。比如，淘宝直播现在卖货能力也开始越来越强。我们可以在直播中展现自己的产品，如果产品适合直播演示，可以再寻找一些自带流量的IP，并与相关人士合作。这样可能会带来想象不到的收获。

小品牌也能建生态

三个爸爸在创业之初，选择聚焦于儿童专业空气净化器这个细分市场，这让他们在一片红海中站稳了脚跟。但这个市场毕竟体量很小，于是在聚焦之后，戴赛鹰开始着手产品线的延伸。

产品延伸两条策略

戴赛鹰认为，做产品延伸主要有两条路可以走：一条路就是，从细分市场逐渐延伸到全行业的市场，这条路比较适合像小米这样体量的大公司；另外一条路就是，顺着客户去延伸，我们有一批忠实用户,去研究这批用户有没有什么其他的需求,再根据这些需求去做新产品,这是一条适合中小企业的路。

三个爸爸走的就是第二条路。戴赛鹰在创业之初,就提到要和用户"滚"在一起,不断地倾听用户的想法。所以,他们和用户的连接一直是非常紧密的,有很多忠实粉丝。三个爸爸出了空气净化器,这些粉丝会买;三个爸爸出其他产品了,这些粉丝也会买。这个延伸就很顺利。

如何选择产品延伸的时机

做产品延伸,时机是很有讲究的。如果延伸得太早,可能每样产品都卖不好。

戴赛鹰认为,在两种情况下就可以考虑做延伸了。第一种情况,企业在细分市场已经做到了一个很主流的位置,市场占有率也足够高,那么做延伸是肯定没有问题的;第二种情况,企业有了足够量的用户,然后企业跟用户之间黏性非常强,企业也善于跟他们去做沟通、做连接,这时候也是没有问题的。

如何顺着用户去延伸

顺着用户做延伸,就是指根据主要用户的需要,推出能满足这些用户的产品。

一是找到用户的需求。

以三个爸爸为例,他们的主要用户是有孩子的家庭,或者说儿童家庭。对于这些儿童家庭,净化器解决的是健康方面的问题。而顺着儿童家庭去思考,他们还有孩子的抚养需求、娱乐需求、教育需求和陪伴需求等。

二是找到自己的优势。

找到用户的需求之后，我们还得考虑自己能不能满足得好这些需求。比如，跟孩子相关的产品，其实有很多品类都已经被别人捷足先登了。三个爸爸如果去做奶粉，估计买的人会很少。三个爸爸的优势是在智能硬件领域，所以产品延伸的时候，也该优先从这个领域出发。

三是用自己的优势去满足用户的需求。

刚才提到，儿童家庭有一个陪伴需求，就拿这点举例。现在很多年轻家长工作都很忙，没时间陪伴孩子，这一点戴总自己就深有体会。他因为创业很忙，每天早出晚归，有时候孩子甚至会赌气不理他。

那么，顺着三个爸爸在智能硬件领域的积累，他们就开发出了一款机器人。这是一款主打感情沟通的产品。家长可以把它作为一个沟通的媒介。孩子可以通过这个机器人呼唤父母，增加了家长跟孩子互动的时间。

形成品牌小生态

戴赛鹰认为，这个时代最关键的是建立和用户的链接。空气净化器客单价太高，复购率太低，所以跟用户建立连接的机会肯定还是小。所以，做一款一二百元的全新产品，就更容易跟用户形成链接。用户买了这款产品之后，他觉得好用，就会接着买空气净化器。这就是一个小生态的打通。

小结

当下的市场看似处处是红海,竞争十分激烈,但三个爸爸依靠自己的人格特质,在红海中定义了一片新的蓝海,即儿童专业空气净化器这个细分市场。这说明,市场还远远没有饱和,只要我们有心,总会发现新的蓝海。

自创立之初,三个爸爸就在依靠人格聚粉。无论是建立天使粉丝群、融资、众筹,还是产品延伸,都带着爸爸的人格,带着爸爸对家人健康的殷切关注。这就是我们主张的"心聚粉"。

三只松鼠：从 5 个人到 50 个亿的秘密

在休闲零食领域，三只松鼠是一家不断创造奇迹的明星级企业。

我们先简单看一下这家公司的创业历程：

一个草根创业团队，最初只有 5 个人，在三线城市，用不到 5 年的时间，从 0 做到 50 亿，成为当之无愧的互联网坚果第一品牌。

简单列举一下三只松鼠过往的业绩，我们就能发现一个又一个奇迹：

2012 年 2 月，公司成立；

2012 年 3 月，获得美国 IDG 资本 150 万美元的天使投资；

2012 年 5 月，总部及工厂建设完成；

2012 年 6 月，天猫店上线 7 天完成 1000 单的销售；

2012 年 8 月，天猫店上线第 65 天，坚果类目排名第一；

2012年11月，首次参加"双11"，销售额达766万元，名列食品电商销售第一名；

2013年12月，全网年销售突破3.26亿元；

2014年4月，全资子公司松鼠萌工场动漫文化有限公司成立；

2015年2月，三只松鼠年货销售额达7.35亿元；

2016年11月，"双11"当天销售额达5.08亿元；

2016年12月，全年全渠道销售额突破50亿元；

……

这样一份列表让我们看到了一家成长速度惊人、十分有冲劲，而且十分有执行力的企业。

三只松鼠的成长过程中有很多新电商的影子。虽然以传统电商起家，但是它一直十分重视企业人格塑造，用"萌"的风格聚起了大量的粉丝。而且，三只松鼠从一开始就很重视新技术的应用，实现对用户的触及、洞察和贴身服务。现在，三只松鼠又提出了"去电商化"的战略，大力开拓线下体验店。那么，这样一路走来，三只松鼠是怎样实现新电商加速的呢？下面我们就来一探究竟。

"松鼠老爹"创立三只松鼠

三只松鼠的品牌创始人章燎原出生于1976年，他很小的时候就有创业的梦想，但是早期的几次创业都以失败告终。2003年，他决定从基层干起，加入了安徽詹氏集团，成了这家坚果企业的业务员。凭借自己的聪明和努力，他在7年之后当上了詹氏集团的副总经理。

这 7 年，他积累了不少坚果领域的销售经验，创业的心又不安分起来。随着网购开始大规模普及，章燎原看准了电子商务的大机会，并依托詹氏集团，在网上开了一家坚果店——壳壳果，并在 2011 年实现了 2000 万元的销售额。虽然这家店铺没有得到詹氏集团的支持，却得到了 IDG 的认可。IDG 合伙人李丰联系到章燎原，表示如果章燎原愿意出来做坚果电商，IDG 愿意投资他。

于是，章燎原毅然决定辞职，并于 2012 年 2 月创立了三只松鼠。几个月后，IDG 也如约给了三只松鼠 150 万美元的 A 轮投资。三只松鼠的创始团队只有 5 个人。虽然章燎原在坚果行业打拼多年，但他的经验主要在传统销售方面，开创一个全新的 B2C 电商品牌对他来说极具挑战性。在拿到 IDG 融资之后，章燎原一边建设总部和工厂，一边就开始招揽各类电商人才。按他的话来说，再好的战略设想，没有靠谱的人去实施也是空气。

65 天冲到类目第一

在完成品牌基础设施构建之后，三只松鼠天猫旗舰店在 2012 年 6 月正式上线，在 7 天内卖出了 1000 单，并在 65 天的时间冲到了天猫坚果类目第一名。这样惊人的速度与多个因素有关。

打造碧根果单品爆款

2012 年，碧根果还属于坚果领域里的蓝海市场，并没有太多品牌生产碧根果相关产品，所以市场竞争并不激烈。三只松鼠就以这种吃起来有奶油味的坚果起家，打造出了一款爆品。

虽然碧根果很好吃，但还是有很多痛点，比如坏果率高、外壳太硬、吃完手脏、壳没处扔等。三只松鼠就从这些痛点出发，一条一条地解决。首先，通过严格的质检环节，降低坏果率。其次，设计出精美的产品包装，让产品更有品质感。包装里面不仅仅有碧根果，还有用来开果壳的开壳器，用来擦手的湿巾，以及收纳果壳的垃圾袋。这样用心包装出来的一款产品让用户很是喜爱（如图5-5所示）。

图5-5　三只松鼠的碧根果产品

"烧钱"砸传统流量入口

光有好的产品还不够，要想快速占领市场，还得靠营销手段。

2012年还是传统电商的黄金时代，那个时代的流量入口在平台上。三只松鼠在天猫上报名聚划算活动，并花钱砸钻展，再用低价促销来提升转化率。这一套"组合拳"下来，虽然很"烧钱"，但是也迅速占领了消费者的认知，并快速提升了销量。在天猫这样的平台上，销量上去了，搜索排名自然就会上升。三只松鼠因此快速占据了流量入口，越做越顺。

激发粉丝自传播

还有一点很重要，那就是创始人章燎原对销售的洞察理解。他明白，要让一个品牌迅速火起来，就要激发用户的自发传播和转介绍。

在詹氏集团的时候，很多同事主张做企事业单位采购，但章燎原主张用低价吸引小区里的大爷大妈，理由是大爷大妈得到了便宜，都互相传播，詹氏集团的销路自然就好了。创立三只松鼠之后，章燎原继续玩这一招。他分析，在互联网上愿意为小恩小惠到处传播的，是学生和年轻白领为主的18~24岁人群。他用品质和低价先打动这群年轻人。这群年轻人买到便宜又好吃的坚果，都开开心心地去发微博。于是，三只松鼠在网上就快速传开了。

通过低价吸引了大量粉丝之后，三只松鼠从价格上逐渐回归理性。因为新用户的获取可以靠低价，老用户的维系则更多靠感情，长期低价对企业和粉丝都不好。

萌式营销

三只松鼠的 logo 是三只可爱的小松鼠，它们分别是松鼠小贱、松鼠小美和松鼠小酷，无论它们出现在哪儿，都透着一股萌系的气息。而且从品牌创立之初，"萌"就已经成了这个品牌的性格。从章燎原开始，每位员工都有以"鼠"命名的花名，章燎原自己的花名就叫"松鼠老爹"。

这种萌系的风格一以贯之，体现在品牌的每个环节。其最直接的体现，就是客服沟通。

品牌刚创立时，章燎原登录客服账号，与客户聊天，他冒出来一句"主人记得表扬一下，么么哒"。顾客回复说"松鼠好乖"，并发了一张摸头的表情。章燎原把这段对话的截屏发到公司群里。此后，三只松鼠所有客服都开始称顾客为主人，并以萌系的风格服务顾客。

萌系性格的形成，给三只松鼠品牌注入了温度。顾客会把三只松鼠当成一个可以对话的对象，而不是一个冷冰冰的食品生产商，这是"心联网"形成的开端。

除了客户服务，松鼠的形象还出现在店铺装修、产品包装、周边用品等各种地方（如图 5-6 所示），不断提醒顾客，这是一家有性格的企业。为了强调这种性格，他们还开通了"松鼠树洞"电台，拍了品牌动画片《贱萌三国》。

图 5-6　三只松鼠的萌系周边产品、电台和品牌动画片

聚集粉丝有妙招

三只松鼠十分擅长聚粉和老客户运营。据说，它的客服团队和客户关系管理团队有数百人，他们不仅"人多势众"，而且有先进武器——大数据工具。

比如，他们使用了一款 BI 工具，这个工具可以帮三只松鼠在微博上精准定位潜在的粉丝，并对指定的微博账号精准投放广告，还可以通过账号互动排名，持续优化投放策略。与粉丝的互动包括抽奖、发优惠券、发福利等，通过互动可以转化出很多粉丝。

三只松鼠的聚粉活动有四大特点：频率高、花样多、强互动、重维护。

频率高 & 花样多

三只松鼠的粉丝活动频率非常高（如图 5-7 所示），而且每个活动不重样。打开它的公众号历史消息，我们可以看到，它基本每周都在组织各种花样的活动。这样的活动不但能活跃现有粉丝，而且可以通过现有粉丝的转发，吸引新的粉丝。

公众号每周一次小型吸粉活动，小步快走聚粉丝：
吸收新粉丝，活跃现有粉丝

12-1	12-5	12-16	12-26	12-30
帮你设计松鼠微信头像	分享品牌动画赢抱枕	松鼠贴图"骗"礼物	点赞送零食	免费送电影票
1-13	1-16	1-22	1-26	1-29
投稿送年货	转发送车贴	关注送红包	腊八倒计时（活动预告）	换购卖萌手套

……

图 5-7 三只松鼠公众号发起的粉丝活动

强互动

三只松鼠的品牌活动不是简单地发福利，或者简单地转发有礼，一般都很强调参与感。比如，2015年的年货活动（如图5-8所示），要求粉丝选好心仪的年货之后，写下自己想要这份年货的理由，并把理由分享到微博上。分享之后，粉丝就有机会免费获得这份年货。

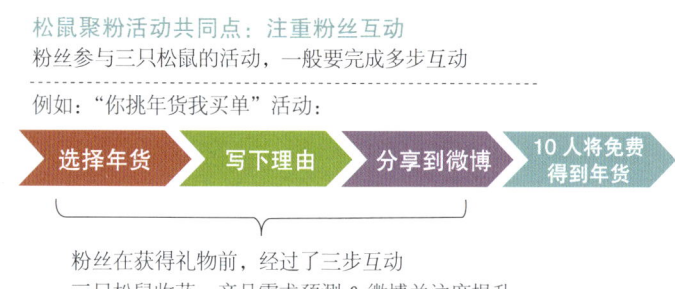

图5-8 三只松鼠的年货活动

这个活动的互动性、参与感特别强，可让粉丝参与其中，提高其积极性。而且这个活动至少有两重好处：首先，三只松鼠可以通过粉丝的选择，对新产品的需求度做一次预测；其次，免费年货激发大量粉丝积极转发微博，迅速提升了三只松鼠在微博上的知名度。

虽然这个活动礼品是免费的，但是大量新用户从微博上了解到了三只松鼠的年货节，给三只松鼠带来了年货节的销量小高峰。在其他品牌销量低靡的春节前后，三只松鼠硬是卖出去了价值7.35亿元的年货。

重维护

作为快消品，三只松鼠十分重视老客户的维护，经常给老顾客发各种福利。

"松鼠星球"是三只松鼠会员的聚集地,有App和公众号两个版本。会员在天猫、京东、官网、微店等各个渠道的订单记录,都可以在松鼠星球上显示。具体信息包括订单详细内容、物流信息、售后信息、会员积分等。无论会员在哪个平台上购买三只松鼠的产品,都会累计积分,积分达到一定等级,就会有相应奖励。

前面我们提到,三只松鼠有各种花样的活动,有些活动礼品还很丰富,比如澳洲双人游机票。作为三只松鼠的会员,这些活动信息都可以提前通过公众号、短信等渠道获得,确保会员不错过自己想要的福利,也确保活动有足够的参与率。

三只松鼠时不时还会给粉丝发放免费福利,比如冬天的松鼠围巾、松鼠耳包,还有小长假送两张免费电影票之类的。有这样的好处,粉丝哪还会轻易取关松鼠公众号呢?

打造供应链

章燎原认为,打造互联网品牌最重要的一点就是快。只要快,就有活的机会。当三只松鼠一路高歌前进、效率迅速攀升时,供应链却出现了问题,爆发了两次"松鼠危机"。

第一次"松鼠危机"出现在2012年的"双11"。当时三只松鼠的日销量是3000单左右,但"双11"当天一下子来了10万单,发货速度就跟不上了。章燎原亲自上阵,并雇了200多名大学生一起打包发货。大伙没日没夜地干了9天,总算把积压的快递都发完了。次年春节年货季,"松鼠危机"再度爆发,大量快递积压,发货延迟。为此,三只松鼠支付了 80 万元的延迟发货罚款。

两次危机让章燎原意识到供应链的重要性,他开始着力提升发货效率。

"军事化"管理流水线

为了提升打包发货的效率,三只松鼠把产品包装分为红、黄、蓝、绿四种颜色,其中红色包装表示产品最畅销,绿色包装表示产品效率较低。区分包装颜色,可以让工人在分装包裹的时候,以更快的速度找到相应货品。各个流水线分别组成小队,取名为"海军陆战队""铁鹰突击队""神马突击队"等,大家比着干,再加上运用了一些军事化管理手段,让打包发货效率快速提升。

构建 ERP[①] 系统

两次"松鼠危机"都是因为信息流通不通畅,前端销售和后段发货协同不及时。于是,三只松鼠自建了一套 ERP 系统。前台订单产生之后,工厂就会实时接到信息,各个"突击队"拿到订单之后,按照订单拣货、封箱、贴面单,还会有二维码扫描、称重等流程,确保订单商品拣货无误。而且,三只松鼠还与物流公司达成合作。物流公司入驻松鼠工厂,驻厂提供物流服务。

建立分仓

由于坚果单位重量的价格较高,所以物流成为坚果电商的一大成本。为了提升坚果物流速度,并且降低物流成本,三只松鼠在

---

① 全称 Enterprise Resource Planning,即企业资源计划。ERP 系统的核心思想是供应链管理。

2013—2014年期间，分别在北京、广州、成都等区域物流中心建立了物流分仓。

经过了这"三板斧"，三只松鼠即使遇到单日销售额突破5亿元的情况，也再没有爆发过发货危机。

去电商化

过去三只松鼠十分依赖天猫平台，绝大部分的货都是通过天猫平台销售出去的。章燎原曾经担心自己的品牌是虚的，离开了天猫就什么都不是了。于是，从2014年开始，三只松鼠十分重视品牌的打造。他们成立了松鼠萌工场动漫文化全资子公司，并与众多晚会、电视节目、影视剧合作，打造品牌IP。热播电视剧《锦绣未央》中还出现了三只松鼠的同款碧根果，让碧根果的销量又提升了一把。

新电商时代是线上、线下融合的时代，三只松鼠也看到了这股趋势，并提出了"去电商化"的战略。首先，他们在线下开设了体验店，名曰"投食店"。传统门店最头痛的是客人留不下来。投食店里面有大量的空间作为体验区，可以上网、听歌、买周边产品。虽然这样做看似浪费了很多空间，但是这种体验感让用户愿意留下来休息、体验，并一来再来。店铺月坪效[①]甚至达到了8000。

三只松鼠未来的去电商化有四大战略：

大健康

在消费升级的背景下，人们的追求从吃饱变成吃好，再变成吃出

[①] 即月均销售额与门店营业面积之比值。

健康。三只松鼠预测，未来的坚果市场，人们将越来越关注优质、优价，而且健康元素会变得十分重要。

大娱乐

章燎原认为，新电商时代是娱乐时代，一切都将娱乐化。所以，三只松鼠在 2016 年植入了很多热播电视剧，比如《欢乐颂》《锦绣未央》，从娱乐领域入手，打造品牌 IP。

大品类

三只松鼠起家的时候靠的是碧根果这个单品，后来他们不断拓宽品类，各种坚果和零食都有销售。当松鼠 IP 打造成功后，三只松鼠将继续向周边品类拓展。

大消费

2016 年，三只松鼠规划了松鼠城文化旅游项目。这是基于三只松鼠 IP 的城市公园，主打在"娱乐中消费，在消费中娱乐"。这种"产业＋文化"的布局是三只松鼠去电商化的一大方式。

小结

三只松鼠是"破局者"的典型代表。在四年多时间内，这个初创品牌从零开始，创造了一个又一个奇迹，成为休闲食品电商领域里的类目第一。

三只松鼠以快著称。创始人章燎原认为，对于互联网品牌，速度最重要，只要快就能活着。他带领三只松鼠从传统电商起家，依靠融资快速闯出了一片天地。在意识到传统电商红利已经过去之后，他又快速开始了各种新尝试。这些尝试包括打造人格化品牌；用新型数字化工具触达粉丝；打造品牌 IP，融入娱乐元素；以及拓展线下实体店，走线上、线下融合的道路。这些尝试让三只松鼠不断加速，勇往直前。

良品铺子：稳扎稳打，从本地生活到新电商

同三只松鼠一样，良品铺子也是休闲零食领域的新电商领军企业。

良品铺子从线下起家，在2006年建立了第一家实体门店。经过10年的稳扎稳打，良品铺子目前已经在5个省份拥有了2000余家连锁门店，并在淘宝、天猫、京东、当当、1号店、微店等多种线上渠道发力，在2016年实现了60亿元销售额的目标。目前，良品铺子正在从休闲零食品类向周边拓展，增加了早餐面食、盒饭糕点、烘焙点心、果盘果汁等多种品类。

下面，我们首先简单看一下这家企业的发展历程：

2006年8月，公司成立，第一家实体店在武汉开业。

2008年，引入门店信息化管理系统；进入湖南市场，在长沙开了第一家门店。

2009 年，进入江西市场，在南昌开设第一家门店。

2010 年，引入今日资本的战略投资；管理信息化系统全面启用。

2012 年，物流中心投入使用；入驻天猫。

2013 年，门店数量突破 1200 家。

2014 年，全年实现销售额 25 亿元；与 IBM、SAP 合作打造全渠道信息化平台。

2015 年，签约代言人黄晓明，与腾讯《有料好声音》和芒果 TV《爸爸去哪儿 3》合作；全年销售额突破 45 亿元。

2016 年，全年实现销售额 60 亿元，天猫销售额突破 15 亿元；创造"云货架"玩法，实现付款 11 分钟后到货。

靠坚果起家，打造精品门店

在创立良品铺子之前，创始人杨红春并没有多少食品领域的经营经验，但他的管理经验十分丰富。在创立良品铺子之前，他曾经在科龙电器工作多年，担任过科龙电器在多个地区分公司的总经理。由于这份工作需要经常调换工作地点，很难平衡工作和家庭，而且他心中有一个做食品的梦想，于是杨红春开始考虑加入久久鸭，并对食品行业进行了深入的调研。

最终，杨红春决定创立自己的品牌——良品铺子。2006 年 8 月，良品铺子第一家门店在武汉广场对面开业。创业初期，他手卜只有 4 名员工，人员紧张。杨红春不得不亲自站在柜台后面，为顾客服务。虽然很累，但这很有好处，因为他可以在第一线了解顾客的口味，并把顾客的喜好整理出来，反馈给供应商。

创业是一件很艰苦的事情。2007年夏天，武汉异常炎热，大家都在家里宅着，没有多少人出门逛街。良品铺子的销量也一落千丈，每天销售额都只有几百块，员工都十分沮丧。为了渡过危机，杨红春从海南进了不少椰子，在店门口边砍边卖，吸引了不少客流，一场危机总算得以化解。

重视品质和口味，研发极致产品

对于休闲零食这个品类，品牌固然重要，供应链固然重要，但最重要的还是食品的口味和质量。没有了口味和质量，其他一切就都没有了。因此，各大休闲零食品牌都十分重视品质的把控和口味的研发。良品铺子从创立之初就十分重视产品的品质。虽然他们是一家没有工厂的品牌，但100多家供应商都是经过精心挑选，并不断磨合的。

为了确保品质，良品铺子做了三件事：第一，详细制定每个品类的采购标准，精选优质的原料产地；第二，研发生产工艺，与供应商一起提升食品安全；第三，成立品控质检中心，严格把控出品质量。

值得一提的就是这个耗费1000多万元打造的品控质检中心，不但为良品铺子自身的产品提供品质和口味把关，而且因为其权威性，还为其他企业提供第三方质检服务。品控质检中心就设立在物流仓库旁边，这意味着，只有经过质检的产品才能送抵仓库，发往各门店及网店消费者的手中。

品控质检中心会对产品的多项指标做理化检验。此外，因为食品本身是一种感官产品，所以质检中心还会进行色香味的感性检验。质检部门对产品有一票否决权，如果产品检验不合格，质检员就会毫不犹豫地把货品退回厂区。据说，良品铺子对供货商的退货率达到了30%，而且这些供货商都已经是经过精挑细选的优质供货商了。

在打造极致产品方面，除了严把品质关，良品铺子还很重视研发生产工艺、定制口味，以及提升营养健康。

研发新的生产工艺流程

良品铺子有一千多款产品，很多产品都是通过对原有产品的不断组合而研发出来的，还有一些产品是通过对生产工艺的改进，让原本平庸的产品焕发出新光芒的。

比如，有一款脆冬枣产品，就是良品铺子研发三年才推出来的。这种枣原产于河北沧州，口感脆甜，十分好吃，在当地很有名气，但有一个很大的缺点，那就是保质期太短，两三周时间就会腐败，所以很多食品公司都不敢来收枣。后来，良品铺子看上了这种枣，开始研发提升脆冬枣保质期的方法。经过三年时间，他们研发出了"低温脱水"等流程，让脆冬枣的保质期极大延长，并且口感也基本保持了下来。

口味定制化

良品铺子很早就发现了人们口味的差异。即使是在同一个省份，不同城市的口味也略有不同，有的地方喜欢甜一点的，有的地方喜欢辣一点的，有的地方喜欢咸一点的。良品铺子是从线下门店起家的，去新的城市开拓之前，他们都会对当地的口味做一轮调研，并对产品做相应的调整。

打造健康概念

随着消费升级的到来,人们的需求慢慢从想吃饱变成想吃好,然后再到吃出健康。顺应这种需求,良品铺子决定打造健康概念,并成立了营养研究院。

营养研究院对产品的营养成分和营养搭配制定了多项标准。比如某一种坚果,每天吃 28 克是比较健康的,那么良品铺子就会做 28 克的小包装,并告诉顾客,每天吃一包就够了。

良品铺子还意识到,比研发营养搭配更重要的,是把营养和健康的理念传播出去。比如,我们做了 28 克的小包装,但是顾客不知道每天吃一包最好,那也没用。更重要的是,在其他品牌都没有十分强调健康概念的时候,如果良品铺子能抢先打造自己对营养和健康的专业度,就可以抢占消费者心智,这对提升品牌影响力是十分有帮助的。

入驻天猫,实现触网

2012 年,良品铺子在线下门店领域已经积累了成熟的经验,门店数量突破 360 家。当年,良品铺子布局了天猫旗舰店,并参加了天猫"双 11"狂欢节,在大促当中实现了 500 万元的销售额,而天猫全网当天销售额达到了 191 亿元,超过了武汉市零售业一个月的销售额。这让良品铺子意识到,消费者的购物习惯在发生变化,线上渠道的潜力巨大。于是,良品铺子下定决心"触网",并设立了电商公司,开始布局各大电商平台。

此举让良品铺子从一个区域型的线下连锁品牌变成了全国性品牌，也让其利用互联网大数据，加深了对消费者画像的掌握，这些数据反过来又指导了线下门店的营销策略。到了 2015 年，经过三年的发展，良品铺子在线上的销售额达到 12 亿元，仅次于三只松鼠，成为类目第二，在全渠道 45 亿元销售额中占了不小的比例。

目前，良品铺子线上渠道遍及淘宝、天猫、京东、当当、1 号店、微店等，并与京东到家、支付宝口碑等平台合作，拓展 O2O 业务。

2016 年"双 11"，良品铺子还玩出了 O2O 的新花样——"云货架"。顾客可以在线下体验，并扫描二维码下单，然后在"双 11"当天支付尾款。有一位顾客在"双 11"凌晨支付尾款之后，11 分钟就收到了货。配送速度这么快，就是因为良品铺子对相关订单做了统计，提前调配好了货物，并由距离顾客最近的门店实施配送。

良品铺子线上的尝试和拓展并未影响门店扩张。有了线上的数据支持，线下门店一直以每年 30% 的速度在增长。

扎扎实实做好供应链

良品铺子的线上发展和线下扩张都离不开供应链的支持。良品铺子在各个城市设有中心门店，为各家门店提供货物。但如果面临更大的业务量，这样的模式也难以支撑。

2010 年，良品铺子拿到了今日资本的投资，并开始建设物流中心。2012 年，物流中心投入使用，强有力地支撑了良品铺子线下门店的拓展，并为网店物流提供了支持。到现在为止，良品铺子已经在湖北、浙江、北京、广东四省市设立了分仓。随着销售额的不断增加，2014年8月，良品铺子成立了物流分公司，统一管控各地分仓，承担门店和电商两大渠道的订单发货任务。

重视数字化工具

良品铺子自创立之初就很重视数字化工具的应用。2008年，公司刚刚成立不到两年，良品铺子就上线了门店信息化管理系统，统一管理门店库存。后来，于2010年又建立了整个公司的管理信息化系统，将数据化工具应用到更广泛的领域。2014年，良品铺子联合IBM、SAP，投资上亿元，打造了全渠道信息化平台。

从这一系列动作可以看出，良品铺子从数字化管理中尝到了甜头，并稳扎稳打，不断投入更大的精力，打造了更先进的数字化平台。

门店信息化管理系统

良品铺子线下门店采取的是直营和加盟并行的模式，以直营为主。但加盟商各自为政，标准化缺失，管理起来容易出现混乱。于是，良品铺子在只有百余家门店的时候，就前瞻性地上线了门店信息化管理系统。这使得良品铺子在有了2000家门店之后依然能够调配自如，管理得当。

无论是加盟店还是直营店，都由良品铺子的信息化系统制定品类清单，并定期分析各个门店的销售大数据，每半个月出一份数据分析报告，告诉门店掌柜哪些货需要多多准备，哪些货需要替换掉。这样的数据化管理让良品铺子各个门店的供应链能力大大提升，而且也确保门店不会因为掌柜能力的差异而造成运营水平的巨大差别。

投资亿元，打造全渠道信息化平台

随着良品铺子渠道越拓越宽，原有的信息化管理系统已经不能满足需求。从 2014 年开始，良品铺子与 IBM 和 SAP 合作，打造全新的全渠道信息化平台。这个平台可以管控商品、会员、营销、订单、库存、财务管控等 10 多类业务，汇聚天猫、京东、1 号店等 33 个渠道的数据，实现了商品中心、价格中心、营销中心、会员中心、订单中心和库存中心的整合。

依靠这个平台，良品铺子得以整合全渠道 2000 万会员的数据，并能获得更清晰的客户画像。此后，良品铺子就可以根据顾客的职业和生活习惯标签，灵活定制产品，并推送个性化的促销信息。而且，会员无论从哪个平台登录，都可以累计积分信息，获得个性化的购物推荐，享受个性化的会员折扣。

从供应链角度来看，这个信息化平台也是十分有价值的。不管用户从哪个渠道下单，订单都可以同步到数据后台，系统会自动选出合适的仓库进行配送。如果附近仓库缺货，也可自动通知临近仓库及时补货。这有效地提升了供应链管理，降低了物流成本。

面向未来的门店

马云的"新零售"概念中提到，新零售是线上、线下和现代物流的深度融合。良品铺子这个信息化平台则是线上、线下、物流融合的基石。前文已经提到，物流和网店在数据化平台的支撑下，有了新的景象，线下门店也因此获益良多。

过去，门店更多采用的是叫货模式，经理有很大的自主权，可以决定店面商品的摆放，这样做的弊端就是过于依靠经理的经验。在数据的驱动下，门店的商品品类、陈列位置、库存补货等都有了智能化的指导，数据后台甚至能预测不同季节的热销产品，并为打折促销活动给出建议。

未来的人工智能技术给门店带来了更大的想象空间。比如，未来可以把气象数据也考虑在内，让店铺在雨天补充热饮和雨伞等热销商品。再比如，可以在会员的社交账户上抓取关键词，并为顾客精准推荐他想买的东西。

打造全国品牌

2015年是良品铺子品牌创立的第九年，在战略规划上，这一年被定义为良品铺子的"品牌爆破年"。因为良品铺子正在从一个区域性的线下品牌，走向全国的线上、线下共进的品牌，所以急需在全国范围内提升品牌知名度。

良品铺子线下门店主要在湖北、湖南、江西、河南、四川诸省，主要是中部地区，在其他地区的传播相对较弱。于是，2015年，良品铺子在品牌上发力，签约了明星黄晓明，并与湖南卫视实现战略合作，还购买了高铁上的广告位。他们赞助了《爸爸去哪儿3》，想借助该节目在全国构建影响力，让品牌摆脱区域的限制。之所以选择《爸爸去哪儿3》，是因为良品铺子的主流用户群是18～39岁的年轻女性，而《爸爸去哪儿3》这样的综艺节目，通常是以家庭为单位收视的，容易触及核心用户，并引发他们的共鸣。未来，良品铺子还将在品牌上继续发力，持续强化品牌力。

小结

  良品铺子同三只松鼠都属于休闲零食品类，从案例描述中可以看出，这两家品牌在很多方面的玩法都有共通点。

  总体看来，这是一家稳扎稳打、在新电商道路上加速前进的品牌。不断拓展渠道，不断引入新技术、新玩法，并十分重视用户触及。

  作为零食品牌，良品铺子从一开始就很重视品质和口味，这是品牌的根本。同时，顺应消费升级的潮流，良品铺子也在打造吃出品质、吃出营养、吃出健康的概念。

  因为坚果零食单位重量的价格较高，所以物流和供应链是十分重要的，良品铺子不断升级的管理系统，以及在全国各地创立的物流中心都是为了提升供应链效率。

  为了冲破区域限制，良品铺子花了一年时间做品牌突破。同三只松鼠一样，良品铺子的品牌打造引入了娱乐化、IP化的新玩法。

  作为新电商企业，良品铺了十分重视数据化工具的应用，投资1亿多元建立的数据化平台让良品铺子可以触及每个用户，实现多场景下的零距离用户洞察和个性化的营销。他们面向未来的新门店和新网店十分值得期待。

百草味：借助新电商，打开新局面

百草味2003年诞生于杭州，历经十几年的发展，现在已经成长为休闲零食行业中的优秀企业。2003年—2016年这13年间，百草味历经了几个阶段的发展：

1.0时代：线下连锁、创新求变（2003—2009）。

百草味线下店铺风靡全国，一度拥有多达140多家连锁店。

• 2003年，百草味第一家线下零食店开业。

• 2008年，杭州百草味食品有限公司成立，杭州为总部。全国范围内共有门店42家。

• 2009年，杭州百草味食品有限公司更名为杭州百草味企业管理咨询有限公司，负责百草味的品牌管理、连锁经营。同时，新增门店62家，门店总数达100多家。

2.0 时代：转型线上、行业领先（2010—2011）。

• 2010 年，百草味从传统企业转型电商，全面入驻天猫、京东、1 号店等主流电商平台。

• 2011 年，电商日销售额突破 50 万元，日订单达到 15000 单。开店 4 个月，在食品类目就排名第一。同年 5 月，获得风险投资 1000 万元。

2.5 时代：沉淀内力、品质升级（2012—2013）。

• 2012 年，百草味"双 11"单日销售额突破 500 万元。

• 2013 年，在品牌 10 周年之际，与申通快递达成战略合作，成为首家入仓申通的商家，并全面启动全国仓储物流战略布局。

3.0 时代：品牌营销、蓄势待发（2014—2015）。

• 2014 年，线上年销售额突破 10 亿元。

• 2015 年，签约首位品牌代言人杨洋，品牌发展迈入新阶段。

• 2015 年，"双 11""双 12"两大电商狂欢节百草味销售额超过 2 亿元。

4.0 时代：零食新生态布局（2016 至今）。

• 2016 年至今，布局"全新食品生产标准、全新销售模式和渠道"和"高级品牌化时代"的零食新生态战略。

• 2016 年，百草味与中国枣业第一集团好想你达成并购协同战略，率行业之先成功上市。

• 2016 年，首款 IP 化代餐零食"抱抱果"发布。18 天销售额 1000 万元，宣告了产品 IP 化时代的来临。

历经 13 年发展，百草味从一个线下连锁品牌转型成长为互联网零食行业中的翘楚品牌。究其原因，一方面，得益于其战略敏锐度和对行业风口的把握；另一方面，也是搭上了新电商的快车。下面，我们看一下百草味的关键举措：

品牌再塑造

2014 年，百草味年销售额超过 10 亿元，正式步入电商"豪门企业"的行列。自此，百草味就开始在品牌营销上发力，先是打造出"517 吃货节"，后又签下全新偶像代言人杨洋，全方位开启与各大媒介合作的品牌传播。

打造"吃货节"

电商造节似乎成了一个传统，除了促销和买买买之外，很难再有新意。每年的电商节日成了商家欢呼雀跃的促销日子，而消费者到底需要什么，似乎没人关心。

百草味也打造出一个节日——"吃货节"。为了能和消费者深度链接，这个专门为消费者定制的节日，为"吃货"们深度定制了一个吃喝玩乐的生态。2014 年 5 月 17 日是百草味打造的第一个"吃货节"，此后每年的 5 月 17 日百草味都会针对用户链接做不同的升级。

2016 年的"吃货节"，百草味联合吃、喝、玩、乐四个不同维度的、电商平台上赫赫有名的品牌，比如香飘飘、好想你、阿卡、雀巢、阿芙、碧生源、老板电器、SKG、rio、AK-47、九阳、vivo、爱华仕、大朋 VR、美即面膜、巴拉巴拉、植美村、欧诗漫等 36 家品牌，共同为"吃货"们打造"吃货吃喝玩乐"的生活概念。

除了联合品牌商，百草味还进一步将"吃货节"的美食狂欢拓展到广受时尚年轻人喜爱的"草莓音乐节"上，让年轻男女在享受音乐的同时，还能利用"飞身坚果侠""坚果高尔夫""搭讪广场"等获得美食体验。

娱乐营销，打开年轻消费群体

百草味在 2015 年开启了娱乐营销之路，和电影《小王子》、国产影视剧《小门神》《万万没想到》等合作，不断地提升自身的品牌形象。

很多电商品牌都乐意借助娱乐营销提升品牌影响力，其实是因为电商流量红利逐渐消失之后，要想吸引消费者眼球，只能从提升品牌影响力入手。由于娱乐节目天然具有亲民和话题属性，其观众和电商品牌的消费者也有很大重合度，很多电商品牌在品牌化运营中首选的就是娱乐节目。

除了和娱乐节目合作，百草味还进一步在电视、互联网、户外等媒介进行品牌传播。在杨洋主演的火热大剧《微微一笑很倾城》中，抱抱果版 TVC 作为视频前贴露出，曝光量高达 17 亿次。

娱乐营销已经成为百草味非常重要的营销方式，成为品牌与年轻消费者沟通的重要方式。

营销创新：产品 IP 化

百草味在 2016 年推出一款新的产品——抱抱果（即枣夹核桃）。

他们在营销上进行了微创新，将产品 IP 化，结合热播网剧全面打造 IP 单品，实现 18 天销售额 1000 万元，稳居市场第一。

此外，百草味主打的"短保"概念也是梳理竞争优势的一大策略。一般休闲零食的保质期在 12～18 个月，而抱抱果的保质期只有 90 天，这对供应链和团队能力的要求很高，无形中也形成了百草味的优势。

休闲零食电商由于差异性小，价格战相对激烈，但抱抱果将产品 IP 化，打破了这一传统局面，树立起自己的品牌影响力，在枣夹核桃类目开辟出一片新天地。

百草味还为抱抱果设计了全新的产品形象，六款萌系插画动物"抱着"枣夹核桃，充分体现出产品的温暖治愈的特色。另外，百草味还研发了高科技 NFC 版的抱抱果包装，消费者手机贴近这款包装的时候能够自动推送两只熊抱着的画面。这种贴心的充满科技感的互动设计，赢得了更多年轻消费者的心。

抱抱果的好成绩验证了产品 IP 化的可行性，百草味又再接再厉，推出了新 IP 产品——仁仁果。在营销方式上，百草味采取了联合杨洋在天猫"明星家生活"栏目直播发布会，以真人秀直播形式的方式发布。直播持续了 1 个小时，共同在线的观众超过 10 万人，点赞数超过 3000 万。

借助资本加速：与好想你进行战略并购，渠道互补，资源协同

2016 年，百草味与"红枣大王"好想你实现战略合并，百草味配套募集资金 9.6 亿元，其中 85% 的交易资金为好想你股份。百草味由此成为好想你第二大股东，并借此进入资本市场，成为零食电商第一股。

百草味借助资本进行加速，与好想你形成了优势互补（如图 5-9 所示）。好想你在全国拥有 1400 多家门店，同时还进入了 2200 多家 KA 卖场①，而百草味在电商渠道上的优势，和好想你的线下资源进行协同，能够进一步提升百草味在行业内的竞争力。

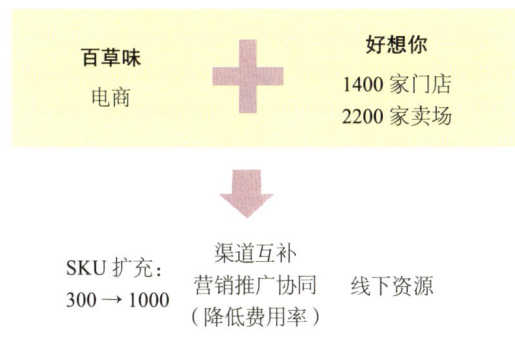

图 5-9　百草味与好想你战略合作框架

小结

百草味是一家典型的借助新电商实现跨越式发展的企业。历经 13 年发展，百草味从一个线下连锁品牌转型成长为互联网零食行业中的翘楚品牌。究其原因，一方面，得益于其战略敏锐度和对行业风口的

---

① KA 卖场即营业面积、客流量和发展潜力等方面都处于优势的大终端。

把握；另一方面，也是搭上了新电商的快车。

百草味的新电商实战打法值得有实力的公司借鉴：

主动制造节日，为吃货粉打造出"吃货节"，聚粉的同时也带来销量的增长；

娱乐化营销，广泛植入各种年轻人喜爱的电视剧、网剧等，全面打开了年轻消费群体；

在营销上进行微创新，将产品 IP 化，请到明星代言人，结合热播网剧全面打造 IP 单品，创造了 18 天销售额 1000 万元的佳绩。

乡土乡亲：新玩法层出不穷，靠信任赚用户60年的钱

不知道大家的QQ和微信朋友圈里是否有卖茶叶的微商？他们发着一些老套的图片，说着一些千年不变的卖货话术，让人既感受不到差异点，又感觉不到人情味，根本没有什么购买欲望。同样是茶叶微商，乡土乡亲的出现却让人耳目一新。

这是一家初创的、主张透明溯源的农产品品牌，主要经营的是无农药茶叶。品牌创始人赵翼先生曾经是湖畔大学第一期学员，他曾经提出"要赚用户60年的钱"，因此整个品牌都十分重视用户，重视忠诚度的建设。

除此之外，乡土乡亲在农产品差异化打造、品质和营销玩法上都有很多创新突破，值得借鉴。赵翼先生表示，乡土乡亲还在创业阶段，将来可能还会有更多新鲜玩法出炉。

农产品设计的常见误区

市面上很多茶品牌做得都不太好,获客成本特别高。这可能是因为陷入了两大误区。

误区1:做事不专注

赵翼先生认为,每个人都有他自己该赚的钱,这是社会的分工,不要想着把所有的事情都自己一个人做了。有的企业又做茶叶,又做蜂蜜,完全不是一回事。要想做得好,不如"砍掉"一些品类,只做其中一件事。

误区2:意图教育客户

很多人认为,做茶叶要想获取客户,就一定要去"教育"客户,告诉他们茶有多么好,多么健康。但是,赵翼先生认为,这不是必要的。比如,一个客户原来不喝茶,是喝可口可乐的,那么没必要去劝他不喝可乐改喝茶。

乡土乡亲从来不试图去服务所有的消费者,而是希望去锁定目标用户,那就是那些真的懂茶爱茶的用户,然后赚他们60年的钱。这是乡土乡亲的品牌愿景。

赚用户60年的钱

赵翼先生是湖畔大学第一期的学员。有一次,课堂讨论的话题让他心情沉重,大家讨论的是下一个千亿美元公司会是谁。讨论来讨论去,他发现都跟自己的行业没关系,行业内业绩最好的星巴克也就只有 800 多亿美元。那时候，他就说，不如换个跑道，"我不跟你们比大，我们比谁活得长"。乡土乡亲提出的公司愿景叫"赚用户 60 年的钱"。

因为它的典型用户是 27 岁到 45 岁的人，赚上 60 年的话，差不多可以服务用户到耄耋之年。所以，这也是一个蛮有野心的目标。与此相适应，公司的所有战略也都要跟这个目标做匹配，最终实现绝对的用户忠诚度。

"处女座检查团"

为了让顾客忠诚，顾客信任和产品品质是不可或缺的。

在一次电视节目中，主持人问赵翼："老赵，你说你的茶叶不用农药，你让别人怎么相信？"赵翼给出的答案让人眼前一亮。他说，乡土乡亲自己有严格的检测机制，建立了"农人档案""生产履历"，所有的生产数据都可以查询。当然，这并不是全部，他们还组建了一支神秘的力量——"处女座检查团"。

对于处女座，大家肯定不陌生，在世人印象中处女座追求完美、吹毛求疵。他觉得每个人应该善待自己的天赋，不能让这些处女座用户的天赋被埋没。于是，一个新奇的想法出现了："我们能不能出一笔钱，鼓励一些处女座用户参与到我们的社会化监管当中？"

于是，他通过全国海选组建了"处女座检查团"。乡土乡亲提供资金，让他们随时去乡土乡亲签约的茶叶产地进行"飞行检查"，代表所有消费者检查茶叶的安全性。如果检查团成员发现生产过程中使用了少量农药，乡土乡亲就会跟这位生产者沟通，看看他能不能用其他的方式替代农药。如果检测出来发现有多种农药,而且这些农药并没有在"生长履历"当中披露,这就属于欺骗了,乡土乡亲就会终止跟这位生产者合作。

比如,有一年,"处女座检查团"的两位成员去了乡土乡亲在安吉的白茶生产现场,他们比负责品质控制的员工还要认真负责,走遍了三四百亩茶园,并提交了风险评估报告。报告指出,这批茶的农药检测不过关。后来,乡土乡亲就真的停止了那款产品的发布。

想要用户忠诚,得让他们"没得选"

谈到用户忠诚度,乡土乡亲前不久刚拿了一个奖,是"中国客户忠诚度计划最佳客户体验奖"(此计划中客户和用户并无区别),一起获奖的还有平安银行、人保财险等规模比较大的知名品牌。为什么乡土乡亲作为一家非常小的公司,能拿到用户忠诚度的大奖呢?赵翼认为,原因有两个:

一是因为公司的愿景是希望去赚用户60年的钱,所以在很多的用户体验上是贯彻着这种愿景的。

二是产品的差异化也很重要。差异化就是用户买企业产品的原因。从本质上来说,乡土乡亲希望让用户没有选择,这体现在乡土乡亲对无农药的执着上。如果消费者想喝茶,但不想喝农药,乡土乡亲是唯一的选择。从这样的角度来说,产品的差异化带来了用户比较高的依赖度,或者说忠诚度。

"农作艺术家"带来品质感

因为乡土乡亲的差异点是"农药零容忍",所以乡土乡亲对生产流程十分看重。他们建立了"农人档案""生产履历"和"61项风险评估",并把检测数据第一时间公布在网上。很多消费者都是因为乡土乡亲的茶绝对没有农药残留,而在他家一买再买的。

乡土乡亲还提出了"农作艺术家"的概念。他们认为与自己品牌签的茶农,都是将种茶当作艺术一样的人,都是用心去耕耘的人,是有尊严、值得尊敬的。而这种尊严感让茶农更加注重生产品质。

因为禁止使用农药,"农作艺术家"们要亲手去除虫,十分辛苦。但辛苦也有回报,他们被很多消费者记在了心里。乡土乡亲为这些"农作艺术家"拍了微电影,把他们除虫的故事做成手机游戏,还会把生产者的姓名和头像印在包装上,让所有用户都看得到。

维系用户的撒手锏:用户专访

仅仅有产品的差异化还不够,乡土乡亲还设计了一些具体的商业产品,或者叫"内容产品",来辅助进行社会化运营。我们每一个人都是很多品牌的消费者,但是可能从来没有被品牌采访过的经历。赵翼先生本人是无印良品十多年的忠实粉丝,他猜想如果无印良品能来采访他,他将会更加热爱这个品牌,还会不遗余力地将这份热爱传递给其他人。

将心比心,既然要赚用户60年钱,那就应该比其他人更有耐心、更有热情去了解消费者，所以乡土乡亲做了一个产品叫"用户专访"。他们会选一些典型的消费者，一共采访八个问题，包括用户和乡土乡亲之间的故事，包括被访者对世界的主张，等等。这八个问题不但勾勒出了用户的面貌特征，更重要的是构建了消费者和品牌之间的关系，让消费者参与到品牌的建设中去。

从商业的角度而言，这个产品还有更大的价值。举个例子，某天下午，乡土乡亲的微信公众号上接到一个特别奇怪的订单。为什么奇怪呢？因为这个用户是第一天关注，他也没有咨询任何客服，直接下单买了30多万元的茶叶。即使客户再"土豪"，这样的做法也显得很奇怪。

后来，经过电话问询，乡土乡亲得知，这个用户是在朋友圈里看到了他的朋友在乡土乡亲做的专访，非常完整地了解了他的朋友为什么这么喜欢乡土乡亲，并且非常认同这种观点之后下的订单。每一个用户背后都站着三五个跟他有相同价值观、相同消费能力的用户。在他的那个小圈子当中，他讲的话说不定比马云还管用。所以，既然我们已经有了一群比较铁杆的用户，就该尝试通过他们去找到更多的用户。

这个东西靠单纯的奖励是很难做到的。比如说，推荐一个用户给多少钱，这种赤裸裸的方法是很难奏效的。但是，"用户专访"这种更有人情味，对品牌更有长远价值的方式就能做到。用户专访带来的不再是一个 UV[①]，也不再是一个统计数据，而是每一个活生生的人，

---

① 全称为 Unique Visitor，意为独立访客。

每一个人的故事，每一个人的家庭，以及他们从什么时候开始关心粮食和蔬菜。这是非常有战略意义的。

品牌营销新玩法——"情、趣、用、品"

无论是传统企业，还是互联网公司，都多多少少在营销和推广方面遇到过问题，经常是投入了巨大的推广费用，却收不到预期的效果，投进去的钱好似白白打了水漂。

好的营销方法会把消费者当成一个一个活生生的人，应该是有温度、有感情的，而不是冷冰冰的。在这方面，乡土乡亲的打法是"情、趣、用、品"——有情、有趣、有用、有品。

有情：和用户做男女朋友

小米创始人雷军曾经说过，是不是第一不重要，和用户做朋友最重要。这句话道出了营销过程中人的重要性。赵翼先生把这句话更进了一步，他说要和用户做"男女朋友"。

罗辑思维 CEO 脱不花女士收到乡土乡亲发货附赠的赵翼手书明信片时，惊呼："这么动人的句子竟然不是男朋友写来的，真是心酸的浪漫！"所以，这样的用心用情，自然营销效果差不到哪儿去。

有趣：调戏用户，其乐无穷

乡土乡亲特别喜欢"调戏"用户，最终的目的是为了鼓励用户和用户自我链接。这些事情都会让用户自己去传播，包括他们发布的中秋行囊那款产品，第一眼看到就很有乡土味道，会给大家非常大的惊喜，所以用户也乐意去做传播。

玩法一：火烤白纸密字现。

乡土乡亲曾经给第二期会员寄过一张明信片，卡片上没有写任何字。其实，赵总本人是谍战片的爱好者，谍战片里面有拿柠檬水写字的桥段，写出来之后看起来是空白的，用火烤之后才会出现字迹。卡片寄出去之后，用户就疯掉了，觉得这个太酷、太好玩了，很多人都玩得不亦乐乎，参与感超级棒。

玩法二：凑齐龙珠唤老赵。

乡土乡亲第三期还用到了"七龙珠"的玩法。他们在每单产品中都放了一颗"龙珠"，会员可以去凑齐其他的六颗，合到一起，就可以召唤老赵出现在任何地方。

玩法三：夜宿茶园萤火明。

有一次，赵总请了脱不花等40多个朋友去逛茶园。考虑住宿问题的时候，赵总觉得，即使请大家住五星级宾馆也没法做到差异化，价格又特别贵，所以就在茶园半山腰搭了很多帐篷，帐篷是40元一顶租的，摆成"一字长蛇阵"。

跋涉一天的朋友们看到帐篷，起初稍稍有点失望，不过后来看到帐篷里面有很多萤火虫，都是在香格里拉买的，那帮女文艺青年们全"疯掉"了。

有用：回归本质，达成商业目标

这些出奇制胜的玩法，只能是阶段性的，不能一直持续。营销回归到商业本质，是要帮助企业去降低获取新用户的成本，增强用户的终生价值。

想回归商业本质,要去撇开一些流行的热门的概念。比如说社群,比如说电商,这样看起来司空见惯的概念,其实是要重新思考的。商业零售的本质就是客流量 × 转化率 × 客单价,谈到提升客流量、转化率和客单价,每个人都可能会想到三五个或者更多的办法。

提升客流量:乡土乡亲在线下推了一个小产品,叫"冷泡茶"。夏天的时候天气特别热,冷泡茶就是用农夫山泉的水加上乡土乡亲的茶叶,在冰箱里面冷冻一下,口感很清凉。这个产品的成本大概是3元钱,乡土乡亲的门店是免费送的。送茶的时候,还有一个话术,说"我们里面有更多的口味,欢迎您坐下来品尝"。这种设计帮助乡土乡亲招揽了很多顾客。

提升转化率:听了这个话术,大部分人还是喝了茶就走掉了,比如说75%的人;但是,有25%的人听到这句话,不管是不好意思也好,还是出于其他原因也好,坐了下来。他一旦坐下来,就有65%以上的转化率。这样算下来,ROI(投资回报率)差不多能达到1400%或者1500%,每1元钱的投入能够带来14或15元钱的销售回报!

所以说,转化率其实有两个,一个是站立转化率,一个是坐下转化率。站立转化率大概百分之二十几,坐下转化率有百分之六十几。这样一来,对于一线同事而言,最核心的话术就是怎么让用户坐下来。坐下来之后,就有20分钟的时间去向用户宣导企业的品牌价值观;但如果用户站着,机会是不多的。

因此,营销动作都指向如何让用户坐下来,而不是如何让用户先买茶。因为如果太直接,就把客人都吓跑了;但如果只是想让他坐下来，相对比较容易。

提升客单价：提升客单价有很多方法，需要在后端做好设计。比如说，用比较常见的满减满赠，给会员限量版的礼品，等等。

有品：高格调产品带来高格调用户

乡土乡亲的产品包装朴实而精致，上面还会印有茶农的头像和名字，看上去很有爱，简直就是一件工艺品，给人印象深刻。

我们说，一方面，用户在选择产品；另一方面，产品也在选择用户。有品位的产品自然就会带来有品位的用户，其消费水平也自然配得起企业的投入。为了达到这样的品位，乡土乡亲死磕自己，吹毛求疵，让产品日臻完美。

小结

新电商提到了"心聚粉"和"新零售"两个概念，乡土乡亲都做到了。在新零售方面，乡土乡亲的数字化水平和三店融合都做得十分好，门店坪效很高。而在"心"的方面，乡土乡亲十分擅长占领用户的心智。无论是对"零农药"的执着，对用户的专访，还是产品精美的包装组合，或是"调戏"用户的多种玩法，都在构建与用户之间的心联网。这样层出不穷的玩法，能给我们很多启示。

结语
—— 新电商时代，实体企业将回归主场

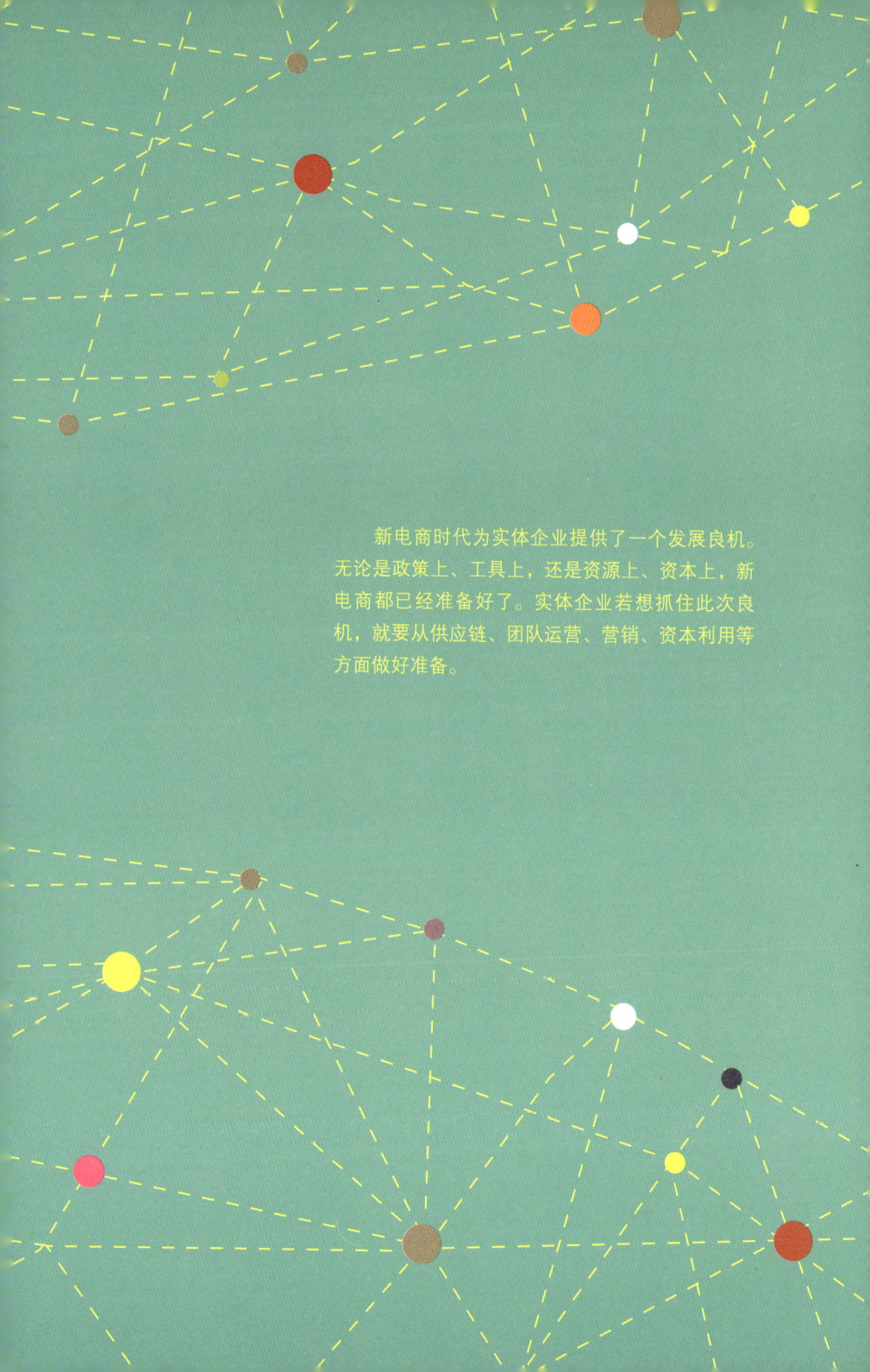

新电商时代为实体企业提供了一个发展良机。无论是政策上、工具上,还是资源上、资本上,新电商都已经准备好了。实体企业若想抓住此次良机,就要从供应链、团队运营、营销、资本利用等方面做好准备。

新电商已具备良好的土壤

目前来看,实体企业互联网转型"从 0 到 1"的阶段已经基本完成,而"从 1 到 10"的阶段已经开启。如果说"从 0 到 1"是艰苦的转型,那么"从 1 到 10"最重要的就是铆足劲实现加速。过去两年(2015 年和 2016 年),因为流量红利的枯竭,传统的流量思维已经被证实越来越难玩转。要真正实现加速倍增,就要抓住新的红利,掌握以粉丝、人格、品质、体验等为着眼点的,基于大数据、人工智能等新技术的新电商思维。

正如凯文·凯利所说,"未来已经到来,只是尚未流行"。我们已经深入分析了一些摸索出新电商玩法、实现弯道超车的创新企业,这些企业是新电商的先驱,已经抓住了第一波红利。但是,绝大多数开启了电商业务的实体企业还在努力探索加速路径。幸运的是,在当下这个时代，愿意学习愿意成长的企业机会还是很大的，因为适宜新电商生长的土壤已经具备。

政策

2015年，"互联网+"成了国家战略。随后，国务院又推出了《关于大力发展电子商务加快培育经济新动力的意见》等一系列优惠政策，扶持电子商务的发展。这对于新电商来说是一大利好。

另外，2015年开始的"供给侧改革"和"消费升级"大潮，以及"中国制造2025"行动纲领，也都在鼓励实体企业不断地提升商品品质，注重体验，满足消费者对消费品品质不断提升的预期。这与新电商的趋势不谋而合。

2016年全面开放的二孩政策也在为未来的新电商大潮积累新用户、新需求。

工具

新电商需要新的数字化工具，去触及用户、洞察用户、服务用户。幸运的是，这样的工具已经有很多，新的工具也在不断问世。比如，直播、VR（虚拟现实）、语音识别、语义理解、面部识别、大数据、SCRM等。

刚结束的2017年CES展[①]让我们看到工具方面的发展速度已经超乎想象。人工智能已经渐渐从纯理论研究层面走向产品化，成为自动

---

① 即国际消费类电子产品展览会。

驾驶、物联网、数据化营销的底层驱动力。而 5G 网络和新型芯片技术，让 VR 直播这样对数据处理速度和数据传输效率要求极高的玩法成为可能。

抛开这些前沿的科技和工具，我们现有的工具已经能让电商的玩法焕然一新。对于从事电商业务的企业来说，可以借用的数字化工具种类很多。比如，从"四要"的角度来看，我们可以应用的工具就有营销工具、管理工具、销售工具、分销工具。

在传统电商时代，这些工具基本都是割裂开的。比如，淘宝直通车和钻石展位是营销工具，淘宝客户关系管理是管理工具，淘小铺是销售工具，天猫供销平台是分销工具。这些工具虽然出自阿里巴巴，但相互配合起来还是不够顺畅。

而现在，市面上各类 SaaS（软件运营）、SCRM 工具都出来了，这些工具往往集多种功能于一身，给新电商企业提供一揽子解决方案。比如，乐在指尖这款 SCRM 工具，它在营销、管理、销售、分销等方面都有布局，能实现和企业的无缝对接，帮助企业打一套漂亮的"组合拳"。

未来几年，老的工具会不断迭代，新的工具也会推出。也许几年之后，每家企业都可以借助通用工具，做出 Amazon Go 那样的高科技门店。

资源

在新电商这个语言体系里，资源指的并不是石油、煤炭、铜矿这样的自然资源，而是像流量、渠道、传播这样的企业级资源。在新电商时代,加速崛起的企业很可能是以中小量级的企业为主,它们并不是大而全的企业,但是十分懂得对接外部资源,实现自身加速。近两年,随着企业服务行业的快速发展,这样的资源也变得越来越唾手可得。

以品牌传播资源为例。传统电商时代,品牌传播服务的提供商主要是传统公关公司,而它们服务的对象主要是量级很大、财力雄厚的企业。传统公关公司通常要用竞标的形式去赢得订单,然后提前一年时间做好下面一整年的品牌传播规划,再派一个专业的团队实施服务。这样的服务系统性很强,专业度很高,但是欠缺灵活度。尤其在即将到来的新电商时代,很多加速成长的企业都是中小企业,这些企业有着很灵活的、碎片化的传播需求。而且,它们的单子可能只有几万、十几万元。如果传统公关公司接了这样的小单,就很难收回成本。

顺应潮流的变化,近年来一些新兴的传播平台兴起了,比如传播管家、微播易等,它们主要为中小企业提供零碎化的传播服务。这些平台上汇聚了很多专业的撰稿人、网红、意见领袖。这些专业人士背景不同、风格各异,中小企业可以在平台上筛选出适合自己需求的专业人士,并就一个具体的传播需求达成合作。

而且,有些平台还提供各式各样的标准化传播解决方案,比如专门为企业上市设计的融资加速器产品包。这样的标准化产品让中心企业能用较低的成本获得专业的服务组合(传统公关公司与新兴传播平台的区别如表6-1所示)。

表 6-1　传统公关公司与新兴传播平台的服务类别

平台 服务类别	传统公关公司	新型传播平台
服务对象	大品牌，预算足	中小企业，预算少
服务特点	系统性强，一次性做全面的传播规划	需求比较碎片化
服务模式	参与竞标，雇用专业人员完成项目	建立平台，整合专业人员，提供碎片化服务

再比如渠道资源。传统电商时代，企业更多需要自己拓展渠道，建立分销体系。而现在，提供渠道服务的企业慢慢地多了起来。比如，前文韩束案例中提到的极享科技，就是专门为品牌商提供微商渠道服务的企业。品牌商需要提供产品介绍，并签订合作，极享科技即可负责后续的微商销售服务，包括用户画像研究、产品包装、上架、微信团队筛选和培训、发起活动等。这样的传播和渠道服务，对于体量较小的、快速加速中的新电商企业将十分有帮助。

资本

很多人说 2016 年是资本寒冬，但我们采访了多位投资人，他们都说并没有所谓的资本寒冬。他们在 2016 年投出去的钱和 2015 年差不多，只不过投的项目不太一样了。2016 年，资本趋于理性，像过去那样一个大学生做几页 PPT 就能拿到投资的时代已经不复存在了。他们以前投 100 个鼓吹概念的项目，花了 1 个亿；现在投 10 个真正能赚钱的项目，还是花 1 个亿。资本一直是有钱的，只不过现在理性地回归到价值了。

很多创业者爱炒作概念，用概念忽悠投资人，实际根本没有多少真货。有人曾经写过一个段子来讽刺他们：盖个公共厕所，就算环保和大健康；厕所里装个 Wi-Fi，就说是"互联网+"；上面装个太阳能，就是新能源了。在新电商窗口期，这样的事情将来会越来越少。投资人往往会刨根究底：这到底是一个什么样的生意？这是一个软件生意，还是一个卖货的生意，还是一个广告的生意？它的原型是什么，成长路径是怎样的？因为这才是生意的本质，决定着它的估值体系是怎样的。

投资者对企业的经营能力越来越在意了。互联网曾经发明了很多作弊的手段，刷流量、刷用户、刷 GMV（商品交易总额）……现在，投资人更关注的是拂去泡沫之后，真实沉淀下来的是什么，到底为多少客户真的创造了价值，特别是不可替代的价值；以及在创造价值的过程中，可能得到的回报是什么。

虽然资本变得十分谨慎，但他们不会放过有价值的企业。只要企业展现出经过验证的商业模式和良好的赢利能力，那么获得资本并不是难事。

对于想获得融资的新电商企业，与易观亚太合作的投资人们给出了建议。他们建议，已经在经营中的企业不要去盲目追风口，因为风口变化很快，投资人可能瞬间就对新的领域感兴趣了，这个风口就不在了，企业绝对赶不上投资者转换的速度。与其如此，还不如务实一点，想想自己生意上有没有什么跳跃式发展的机会。新电商企业的一个大机会就是寻求新技术在各个商业环境的应用,并做好消费升级,产出更高品质的商品。

比如,原麦山丘,虽然是十分传统的面包烘焙企业,但他们的门店运营能力优秀,商业模式扎实,现在借助发达的配送到家服务、互联网营销手段,以及优质的供应链,可以快速把规模做得很大,足够创造一个高质量的上市公司。

小结

从大环境上来看,新电商的发展已经具备了良好的土壤。

政策层面,我国对电商发展保持扶持和鼓励的态度,而且供给侧改革和消费升级也在呼唤新电商,呼唤更高品质的商品和更好的服务。

工具层面,以大数据和人工智能为代表的新技术,正催生出各类帮助企业高效运营的工具。这些工具不仅停留在营销层,还会下沉到产业链的各个环节,提升整个产业的效率。

资源方面,适应中小企业加速的各类企业服务正在兴起,包括渠道服务、传播服务等。这些服务让企业可以保持很小的量级,做好最核心的业务,快速成长。

资本方面,并没有所谓的寒冬,而是投资人更加看重企业的商业模式和赢利能力。新电商企业要凸显自身的价值,就不愁融不到资。

易观亚太为广大新电商加速企业提供服务,汇聚了优质的工具

（如乐在指尖 SCRM 工具）、资源（如传播管家、微播易、极享平台），以及投资人（如晨晖资本、葡萄创投），并形成了完整的服务商体系，为企业客户对接适宜的工具、资源和资本，帮助企业实现加速和倍增。

企业需要做好内部准备

新电商的良好土壤已经具备,企业能够做的就是在风口到来的时候做好准备,并且抓住机会。总体来说,企业的内部准备主要体现在以下四个方面:

供应链调整

新电商环境下消费的特征会更加偏向个性化、定制化,这就要求企业的供应链要更加柔性化,能够根据消费者的前沿需求,快速调整自己的供应。

此外,在满足用户需求的基础上,企业还应该进一步树立自己的供应链优势。例如,百草味就投入4000万元建立生产线,并在全球布局了10多个原产地种植基地,在全国建立了10个仓储物流中心。

2015 年，百草味实现了 90% 的订单 24 小时内发货，大幅提升了用户的购物体验。

团队运营

经过过去 10 年的发展，电商已经过了依赖"烧"流量获得业绩增长的时期，用户数据也已经积累得比较充分。未来新电商的发展要求企业必须具备精细化运营的能力，将用户进行细分，有针对性地运营，这对企业的团队精细化运营能力有了进一步的要求。

营销升级

新电商环境下的营销应该和消费者深度链接，让产品和用户的距离更近。过去，营销的重点是企业想表达什么、品牌要传递什么，而未来新电商环境下的营销更关注的是消费者关心什么、想要什么。

资本

企业加速不应只停留在业务层面，更应持续创新、利用好资本，让企业更上一层楼。许多企业选择挂牌新三板，为企业加速成长更添动力：

• 2015 年，1919 挂牌新三板，成为新三板酒类流通企业第一股。

• 2016 年 7 月，休闲零食品牌百草味和好想你进行战略并购，在渠道和资源上进行共享、协同。

• 2016年7月,韩都衣舍成功挂牌新三板,成为"互联网服饰第一股"。

企业迈上新台阶,资本是助推创新的重要利器。甚至可以说,对于新电商领域的领先者,资本加速是企业的标配。

后 记

经过易观团队几个月的深度思考与反复修改，这本书终于得以和读者见面。

感谢易观国际创始人、易观亚太总裁杨彬先生，基于自身数十年的行业经验和对未来发展趋势的高瞻远瞩，提出了"新电商"的概念，并且明确指出了企业应该如何把握住红利期，借势加速。

感谢易观高管和其带领的团队，不断打磨优化新电商方法论，充实和完善了新电商加速的理论基础和实践指导。

感谢易观资源拓展部的同事李颖、陆颖，历经几个月采访了各行各业内的领军企业和业内大咖，汇集了第一手的行业及企业案例素材，为本书的方法论提供了强有力的支撑。

感谢北京时代光华图书有限公司的编辑们，从选题策划、内容采集、成文编辑到营销流程等相关事宜的推进，充分展现了精细严谨的专业水准和敬业态度。

感谢书中提到的案例企业，无私地将本企业新电商加速的方法、实践历程、遇到的困难与深刻思考分享出来，供读者参考。

想要额外强调的一点是，对于企业加速来说，仅仅理解了方法还不够，关键是方向正确、落地执行。每个红利期都是很短暂的，抓住风口就可能借势而起，而错过了往往要等好几年。

最后，想和读者分享，我们还将推出下一本关于新电商的指导手册，会将行业内领先者的成功路径剖析解读出来，供各位读者进一步理解，指导企业加速！

贰阅心理

* 如上心理方法多属于心灵保健和心理疾病预防范畴,有益无害,日常可放心操作。但请注意:不要随意对方法进行延展或深化,以免错误应用,产生反效。
* 如上心理方法源于朱建军教授创立的"意象对话"心理治疗技术。可扫描二维码进入意象对话微信公众号,在公众号后台点击"新书推介"选择"滋养和安顿心灵",即可获得上述技术与方法的专业心理咨询师语音引导版。
* 专业技术指导:周烁方(水晶级意象对话心理师、中国社工联合会心理健康工作委员会意象对话学部秘书长、中国传统文化探索者与践行者)。

静静地看着这海，一束月光投向海面，任由这海翻起巨大的波浪，月光始终静静地照着、照着……

4. 让自己停留片刻，体会那种静静的、安宁的感觉。待心情平复后，慢慢睁开眼睛。

说明：

1. 人人都可能因人际矛盾而产生愤怒情绪，如何在情绪中保持冷静是最重要的。此方法会帮助你在情绪即将失控时，及时调整自己，让自己不被情绪左右。

2. 它的心理学原理是，通过对汹涌大海的想象，你会知道自己正在生气或者即将生气，当你知道自己在生气或者即将生气时，实际上就拥有了一份定力。在对静月的想象中，你会强化这份定力，从而平复心情。

事情被我们搞糟，往往是因为我们被情绪带着走。当看到自己的情绪并拥有一份定力时，就不会轻易被左右。

具体内容请参见《"相互掷刀"的游戏——拥有情绪定力，才不会在夫妻吵架中恶语伤人》

NO.12

分类：
情绪管理 / 人际交往 / 两性情感

现状描述：
当你和别人，尤其是和自己的伴侣发生矛盾时会愤怒和情绪失控，说出伤人的话和做出不当行为，过后懊悔，却无力改变

解决方法：
"月光静心法"

操作步骤：
1. 当与他人发生矛盾时，请找一个合适的姿势，坐下或躺下均可，只要你觉得是放松的姿势就可以，闭上眼睛，让自己静一下。
2. 想象：一个无边无际的、蓝色的大海，海上波涛汹涌，狂风大作，好像一切都被海吞没了。
3. 此时，想象有一个月亮挂在天边，一个圆圆的、亮亮的月亮，它

具体内容请参见《拒绝的艺术——不会拒绝别人,就没有好社交》

推销员：你妻子会想让孩子有这样的书的。
你：也许，可是我不想买这本书。
推销员：这本书很好，也并不贵。
你：我知道，可是我不想买这本书。
……

不要去争辩，不要去说这本书的缺点及解释不买的理由。因为一旦你开始争辩，对方就有可能辩倒你，而你不争辩只是坚持，对方就没办法。

2. **雾障法**：当别人批评你时，你可以不加反驳，含糊其辞地附和他人所批评的事实，却自信而温和地坚持己见。例如：

批评者：你总是这么邋遢。
应对者：是呀，我总是这样。
批评者：瞧你这裤子，就像是从洗衣房里偷来的，也没熨过。
应对者：是有点皱。
批评者：还有衬衫，你的审美趣味真差。
应对者：也许，我对此不擅长。

最锋利的剑也砍不破雾障，这种方法就是让你变成一团雾，从而使无理的批评无法奏效。

说明：

做一个不懂得拒绝别人的"老好人"，是不会有好社交的。这些方法可以帮你应对不合理的要求和批评，从而更好地保护你的权利，使你在人际中更快乐，更自信。

№.11

分类:
个人成长/人际交往

现状描述:
在和别人交往的过程中,明知对方的要求不合理或对自己进行恶意批评,却无法拒绝或反驳,内心很委屈、压抑和沮丧

解决方法:
"破唱片法""雾障法"

操作步骤:
1.破唱片法:不断坚持自己的意见,不和别人进行复杂的争辩,而只是反复地重复自己的意见或要求。
例如,当一个推销员想把一本书推销给你,而你不想买的时候——
推销员:你想不想让你的孩子学习得更快?
你:我想,可是我不想买这本书。

的关系好坏,猜测每个人对另外的人的看法,等等(但是一定不要去判断别人对自己的看法)。

认识的任务不限,但是完成任务时必须专心,不要让自己走神。

◆ 说明:

交往中的紧张和不自然,主要是由于自我意识过强和内在自我批评过多,如同我们头脑中有一位严格的"监工"。此方法可以很好地把"监工"原来对内的注意力引向外界,让他注意别人,无暇关注自己,从而减少干扰,使自己的言行举止变得更自然。

具体内容请参见《头脑里的监工——克服自我意识的干扰,才能战胜社交紧张》

№.10

分类：

个人成长／人际交往

现状描述：

在和别人交往的过程中，总会听到一个内在声音不断地对自己提要求和批评自己，害自己心神不宁，更加紧张焦虑

解决方法：

"外向任务法"

操作步骤：

在人际交往场合中，当听到自己内心里的批评、指责和提要求的声音不断冒出来时，可以为自己找一个和别人有关的"认识任务"。

例如，让自己关注一下别人的言谈，尝试着去判断这个人的性格，猜测他形成这种性格的原因。或者让自己判断在场人们之间

是怎么和别人交往的。

3. 当你陷入强烈的愤怒、沮丧之中而难以自拔时,想象另一个你分身出来,静静地看着原来的处于情绪中的你,不必做任何判断。

说明:

1. 这个置身于身体之外的你是一个旁观者,一个"局外人",所以会更清楚地看到事实,也会使你更加冷静地分析事实而不受情绪干扰。

2. 学会如何做自己的局外人,你会更善于客观冷静地处理矛盾。

具体内容请参见《做自己的局外人——从局外人角度看问题,就会客观处理人际矛盾》

*NO.*9

分类:

个人成长 / 人际交往

现状描述:

在遇到人际矛盾或其他方面问题时,会陷入"当局者迷",不能发现自己的错误,无法客观和真实面对问题,导致问题越来越严重

解决方法:

"分身术"——"旁观者清"技术

操作步骤:

1. 想象:另一个你分身出来,站到与你有一定距离的地方看着你的举动。想一想另一个你会看到些什么,会有什么样的看法。
2. 当你和朋友争论不休,和父母吵架,或有什么事想不通时,你都可以试一试分身出另一个你,站在身外观察你,或者想象你自己站在局外,观察那个也许正在吵架生气忧伤的你,观察那个人

时的语气、态度。

说明：

1. 此方法的原理是：当你准确地做出某种情绪带来的身体变化后，你就会产生相应的情绪。

如果你像一个真正快乐的人一样，大声地笑，轻松地向上弹跳着走路，两眼灵活地东张西望，你就会快乐起来。如果你像一个真正悲伤的人一样，哭、皱眉、呻吟、收缩身体，用手扶着头，你就会感受到伤心。因此当你模仿一个人的姿势时，就会有与他相同的情绪，由此可知道他真正的情绪。

2. 适当运用此方法，可提高你对别人情绪的敏感度和人际直觉。

具体内容请参见《了解"身体语言"——"猴子技术"，使你对别人的心思洞察秋毫》

NO.8

分类：

人际交往

现状描述：

渴望更好地了解别人，更准确地感受对方情绪的变化，却始终摸不到头绪，挫败感十足

解决方法：

"猴子技术"

操作步骤：

此方法也叫"体察技术"，关键是模仿。

当你难以判断对方的情绪时，就仔细观察并尽可能形象地模仿他的身体姿势，然后体会你自己内心的情绪。此时你心里的情绪就是对方的情绪。

此方法也可以同时加上语言的模仿，即重复他的某些话和他说话

说明：

许多人有误解，即朋友找他们是为了让他们出主意的，实际上几乎没有谁真的需要别人出主意，他真正需要的不过是别人的理解。你如果用你的话重复了他的意思，并且准确地表达出了自己的情感，他就知道你理解了他，这种理解就是最大的劝慰。

具体内容请参见《不劝而劝——理解是最大的劝慰，用"意译法"劝人才见效》

NO.7

分类：

人际交往

现状描述：

当朋友来倾诉烦恼或痛苦时，劝慰很不到位，让彼此都不满意，很内疚或沮丧

解决方法：

"意译法"

操作步骤：

意译法即"不劝而劝"，具体操作是：

不论朋友是倾诉失恋的痛苦还是请你帮他决定是否离婚，或是谈到工作的挫折和烦恼，不论他说什么，你都只做一件事：不断地用你自己的话把他所说的重复说出来，也就是说，把他的意思翻译成你的话。不劝告他做任何事，不出任何主意。

的花,是正在开放还是其他?什么颜色?有多少花瓣?花瓣的大小、花的状态,以及花的周围是什么样子。

4. 想象:如果有昆虫飞向这朵花,会是什么样的昆虫?昆虫对花的态度是怎样的?花对昆虫又是怎样的?花和昆虫会有什么样的故事?

5. 充分想象,越生动越好。停留片刻,慢慢地睁开眼睛。

说明:

1. 此方法的目的是探测自己内心深处的两性关系和互动模式。
2. 每一类花、昆虫都有基本的代表意义。"花"象征女性,而"昆虫"则象征男性,想象中看到不同的花(或昆虫),象征着这个人女性部分(或男性部分)不同的人格特点。
3. 想象出来的花和昆虫之间的故事,是我们潜意识里对两性关系的观念与态度。

具体内容请参见《一边美丽,一边等待——学会独自快乐的女人,更易得到爱的眷顾》

№.6

分类：

两性情感

现状描述：

在爱情、婚姻的互动关系中频繁碰壁或失败，隐约感到自己是有问题的，却苦恼于不知问题出在哪里

解决方法：

"花与昆虫"技术

操作步骤：

1. 放松身体，让自己从外部到内部都感觉很放松，闭上眼睛。
2. 想象：在你眼前出现一条路。你走在这条路上，路的尽头是一个花园。
3. 花园里有很多花，但你只对其中的一朵花很有感觉。像镜头一样慢慢拉近，你的视野里只看见这朵花，仔细看一看是什么样

问题 4：为了适应他（她），自己需要改变或掩饰的地方有多少？

说明：

1. 通过目标一致性、包容度、心理需求满足度和真实接纳度这四个维度来帮你客观分析并预测出与对方在未来情感生活中的默契和相容性，从而使你做出更有利于自己的决定。
2. 如果你正面临恋爱与否、结婚与否的抉择，希望你能顺利通过这一心理检查。如果你有 1~2 题答案不理想，或许你仍可以继续，但一定要有日后会遇到严重冲突的心理准备；如果你有 3~4 题答案不理想，请慎重地再考虑一下。

....
....
....
....
....
....
....
....

具体内容请参见《热恋勿忘心理检查——用四个问题来检测感情的相容度》

NO.5

分类：

两性情感

现状描述：

面临情感方面的重大决定（比如：是否确认恋爱关系，是否结婚，等等），犹豫不决，内心彷徨无助

解决方法：

"情感相容度"四问法

操作步骤：

用如下四个问题帮助自己看清与对方在未来关系中的相容度：

问题1：你与他（她）所希望有的生活方式一样吗？

问题2：假如他（她）现在的缺点加强了三倍，你能忍耐多久？

问题3：他（她）需要的你能给予吗？你需要的他（她）能给予吗？

问，让他们分别表示态度。

4. 充分地倾听他们说话并感受他们真实的态度，停留片刻，睁开眼睛。

说明：

1. 让想象越具体越好，允许三个小人儿自由发言，不随意打断，倾听他们说话。

2. 三个小人儿分别代表：头部，"头中心"，重视理性；胸部，"心中心"，重视情感，忠实的是情感需要；腹部，"性中心"，重视性爱，最少社会性，最具生物性。

3. 对情侣或配偶产生进退为难的矛盾心理，均是因为理智、情感、性爱三点中既有联结点，也有排斥点。分别弄清这三点——换句话说，三个不同的自我对同一个人的态度，是解决矛盾的关键。用小人儿的意象开个"三方会谈"，会帮你弄清你们在哪一点上联系在一起，在哪一点上还需建立新的联系，从而理出解决问题的头绪。

··

··

··

··

··

具体内容请参见《爱情的三个中心——用"三点式"分析法，可厘清所有爱恨情仇》

*NO.*4

分类：

两性情感

现状描述：

与情侣、配偶的感情出现问题，却没有解决的头绪。在这段关系的去留上很矛盾，无从选择，烦恼且纠结

解决方法：

"三点式"探测法——三我会议

操作步骤：

1. 在一个安静不被打扰的地方，让自己放松下来，闭上眼睛。
2. 想象：在自己的头部、胸部、腹部，分别有一个小人儿，他们能说话。
3. 针对自己内心正在纠结的具体问题（比如：我是否应该继续和他在一起，我是否应该原谅她，等等）逐一对三个小人儿进行提

具体内容请参见《先学会爱自己——只有喜欢自己的人，才会被别人喜欢》

变得均匀，感觉自己的身体。

请先想象自己是婴儿时期的自己，想象自己的两只小小脚丫，又白又嫩，想象自己的两只小手，想象自己天真的笑容，仿佛你就是婴儿。让这种想象保持一会儿，直到你有一些婴儿的感觉。

然后，想象自己六七岁的样子，按如上步骤想象那时的身体。

想象十二三岁的身体，静静地感觉它。

最后，想象自己仿佛是一位慈爱的父亲或母亲，在用赞赏的目光看着心爱的孩子一样，去看镜子里现在的身体，并赞美它。

2. 爱自己的性格和心灵。

回忆自己六七岁时的心理，那时关心什么？喜欢什么？想些什么？再回忆自己十二三岁时的心理。试着赞扬自己在性格上、心理上的成长和优点。如果想到了缺点，告诉自己："我还年轻，我一直在成长，今后还会成长变化，我会越来越优秀。"

随后想想现在的自己是什么样的人，有哪些信念，有哪些特点。再次赞扬自己，仿佛自己是自己的一个最好的朋友，告诉自己："他虽然知道我不是完美的，但是仍然喜欢我。"

说明：

爱自己是每个人，尤其是年轻人必修的一课。只有爱自己的人才能在婚恋交友中赢得别人的爱，才能在生活事业上更加顺利。多做爱自己的训练，会帮你将心理能量投注到自己的优点和长处上，从而更爱自己，更具自信。

NO.3

分类：

个人成长

现状描述：

不喜欢自己，感到没有自信，没有希望，沮丧而压抑

解决方法：

"自爱训练"

操作步骤：

1. 爱自己的身体和外貌。

面对一面镜子，寻找你外貌的优点，用种种好听的话赞美自己。仿佛镜中的人是你的恋人，你在尽力恭维他，告诉自己："我是独一无二的，世界上过去没有、现在没有、将来也没有一个和我一样的人。我喜欢这个世界上独一无二的我。"

随后在无人干扰的地方躺下，先把注意力集中在呼吸上，让呼吸

起来。

4.让自己仔细看清楚,镜子里面的人到底是什么样子。看到他时,自己的身体有什么感受,心情会是怎样的。

5.充分地感受并停留片刻后,沿着楼梯往上走,回到出发点,慢慢地睁开眼睛。

说明:

1.镜子的象征意义是潜意识深处的东西。

2.在想象中,你在镜子中看到的不是现实中的自己,而是另一个面目,另一种形态,代表着你内心的真实状态和那个你不太了解的自己。

3.当镜子中呈现的是现实中的样子或是无法呈现时,不必着急,静静等候即可。

4.请注意:普通读者在使用"照镜子"时,仅需把它当作探究自己的辅助工具,不具有治疗性(如同体检时的抽血化验)。当镜子中浮现的样子令自己产生困惑和无法面对时,需向专业心理咨询师咨询。

具体内容请参见《洋娃娃的故事——把赢得别人喜爱当作生活中心,会成为没生命的"洋娃娃"》

NO.2

分类：
个人成长

现状描述：
为无法理解自己的想法和行为而困惑烦恼，渴望探究并了解真实的自己，却苦于无门

解决方法：
"照镜子"技术

操作步骤：
1. 先以最能放松的姿势坐好，闭上眼睛，深呼吸，放松身体。
2. 想象：自己沿着一个楼梯向下走。四周光线不是很亮，在楼梯的拐角处有一面大镜子。让自己停留在此，仔细地看镜子里的那个人。
3. 不要想应该是什么样子，只要等着这面镜子中的形象慢慢清晰

3. 这时有人走进了屋子,她给你盖上了暖暖的被子,掖了掖被角,用手摸摸你的额角,然后喂你喝了热汤,告诉你不要害怕……
4. 你看到了她的脸,看到她温和的脸上露出了温暖和鼓励的笑容。你拉着她的手,请她给你陪伴,静静地陪你待一会儿。
5. 全心停留在这一刻。待内心感觉舒适和温暖后,慢慢睁开眼睛。

说明:

1. 从心理层面上讲,你想象出来的人是你的心理母亲(不管在现实中她是谁),是你心灵的家和力量源泉。
2. 从对心理母亲的想象中,给自己有力的慰藉和陪伴,补充当下贫瘠的心理能量。

具体内容请参见《你知道谁是你的母亲吗——像母亲般关怀滋养我们的人,是心理母亲》

NO.1

分类：

个人成长

现状描述：

做什么事都提不起兴趣，没有动力和方向，感到疲惫不堪、无助迷茫

解决方法：

"内在母亲的滋养"

操作步骤：

1. 在一个安静不被打扰的地方，让自己放松下来，闭上眼睛。
2. 想象：你变得很小，大概只有不到1米高，你感到很疲倦、难受、饥渴，好像是经过长途跋涉，或者是有病在身；你蜷缩在一张寒冷的硬板床上，身上的被子也很破。你闭着眼睛，又难受又害怕。

向内看的 / 是觉醒者

向外看的 / 是梦中人

图书在版编目（CIP）数据

滋养和安顿我们的心灵 / 朱建军著． -- 北京：北京联合出版公司，2018.8
ISBN 978-7-5596-2236-5

Ⅰ．①滋… Ⅱ．①朱… Ⅲ．①心理学－通俗读物 Ⅳ．① B84-49

中国版本图书馆 CIP 数据核字（2018）第 118194 号

滋养和安顿我们的心灵
　作　　者：朱建军
　选题策划：北京时代光华图书有限公司
　责任编辑：宋延涛
　特约编辑：李艳玲
　封面设计：易　滨
　版式设计：易　滨

北京联合出版公司出版
（北京市西城区德外大街83号楼9层　100088）
北京晨旭印刷厂印刷　新华书店经销
字数226千字　787毫米×1092毫米　1/16　19.5印张
2018年8月第1版　2018年8月第1次印刷
ISBN 978-7-5596-2236-5
定价：68.00元

未经许可，不得以任何方式复制或抄袭本书部分或全部内容
版权所有，侵权必究
本书若有质量问题，请与本社图书销售中心联系调换。电话：010-82894445

子发了大财。

我说这个段子,不是为了证明商业天才中国古而有之,也不是为了讲财富之道什么的,我是想说,不要小看了传播中介的价值。

学习心理学,运用心理学,天天都会有一些小小的领悟。这些东西对我们的生活是有一些启发作用的。我也会在茶余饭后,和老婆偶尔聊上几句。这也是不皲手药的使用,但是范围很小。把它变成书籍印刷出来,发行出去,那一下子就多了几万人在听我讲这些,而可能的启发作用也就万倍地增长了。出版的作用,岂可小觑。

本来一本书出版后,一批人看过了,逐渐也就消失在书店了,但是因为有编辑的工作,有出版机构的工作,让这本书又增加了数以万计的销量,让数以万计乃至十万计的人去读这本书,这本书的价值就又陡然增加了这么多。这个意义,岂可小觑。

这本书中所讲的内容,当然也不过是一些心理的小知识小应用而已。但人生在世,其实很多人的不幸福,也未必是犯了多大的错误,而不过就是在一些小的心理方面,一时为情绪所遮蔽,为冲动所遮蔽,或者因无知而犯了一些小错误而已。

跋　我愿意说给更多人听

这本书是再版的。

内心中很感谢出版机构和编辑。

记得一个古老的故事，说有一个人发明了一种"不皲手的药"，冬天可以让人的手不生冻疮不皲裂。他把这种药卖给了农村妇女，让那些女人可以在冬天冰冷的溪水中（适用于南方，北方冬天溪水不能洗衣服）洗衣服时用，也还能赚一些钱。有个很有商业意识的人，想花大价钱收购他的这个药方。发明者很奇怪，你花这么多钱不会赔本吗？但他不知道那个优秀商人销售渠道不同，他转手就把这药卖给了国王的军队，军队很多人啊，一下子销量增加了上万倍，价格也高了——军需品和民用品价格能一样吗？结果这个商人一下大鱼回答:"我想送给你珍宝。"

他看到大量的珍宝。

他说:"晚了,我已经要死了。"

在我们的潜意识里,固然有危险,更有无尽的珍宝。如果那个人早进入潜意识,他也许已经是艺术大师了,他的心灵也可能更丰富了。

我们释梦,就是进入大海。不过,不是自己盲目闯进去,是在释梦技术这一指南针的指导下进入,我们可以规避一些风险,而得到极大收益。

精神疾病患者实际上就是进入了潜意识。精神疾病患者会听到我们听不到的声音，看到我们看不到的种种人物鬼怪。而他们把这当成真的存在，却不知道这只是一种象征形象而已。精神疾病患者就是"醒着做梦而又把梦当真的人"。

天才的艺术家也可以说是进入潜意识的人，正是在潜意识中他们才获得了那么多新奇的想象。所以天才艺术家很像精神疾病患者，他们和精神疾病患者的区别在于：精神疾病患者已经完全不会和一般人沟通了，艺术家还会；精神疾病患者在潜意识的世界里充满了恐惧，天才艺术家在潜意识世界里如鱼得水。

那个孩子看到别人看不见的鱼，让大家担心他。因为如果一个人能看见它大家看不见它，这是不祥的，这个人将因它而死。这种担心是有道理的。他可能成了精神疾病患者，也可能成了艺术家，即使成了艺术家，他也可能像许多艺术家一样饥寒交迫，像凡·高一样几乎饿死。

于是，"他不敢再到海上，不敢再乘船"。

"但他经常走到海边，每次他走过海边，都看见这条鱼在海里出现。有时他走在桥上，就看见这条鱼游向桥下。他渐渐习惯了看到这条鱼，但是他从不敢接近这条鱼。就这样他生活了一生。"也许他从此找了一份一般工作，像普通人一样生活，但是他经常走过海边，经常体验到潜意识和艺术的冲动，也许还玩票似的玩过艺术，但是他不敢让自己投入大海。

在他很年老，面临死亡的时候，他终于忍不住了，决定到鱼那里去看看到底会发生什么。没有人能永远逃避自己，既然他天生就可以看到潜意识，他总有一天会忍不住去探索它。

他问大鱼："你一直跟着我，到底想干什么？"

在他很年老，面临死亡的时候，他终于忍不住了，决定到鱼那里去看看到底会发生什么。他坐上一条小船，划向海里的大鱼。

他问大鱼："你一直跟着我，到底想干什么？"大鱼回答："我想送给你珍宝。"他看到大量的珍宝。

他说："晚了，我已经要死了。"

第二天，人们发现他死在海上。

小的时候，我读到这个故事，被深深地触动了。但是我当时完全不知道这个故事象征什么，我觉得它象征着什么东西，但是我不知道具体是什么。对当时的我来说，这个故事就像一个梦一样不可理解。

在我学会解梦后，我知道像这种让人感到神秘的小说，都是作家的较深层的潜意识的产物，我可以把它当作梦解释。

"他看见在船后有一条很大的鱼。他指给别人看那一条大鱼，但是没有人看得见这条鱼。"在中国古代也有类似的说法："察见渊鱼者不祥。"在这里的海是潜意识的象征，海像潜意识一样浩瀚无边又深不可测，隐藏着无数的奥秘。大鱼就是大海的奥秘，是潜意识中的精神的象征，直觉的象征，大鱼就是我们所谓的"原始人"。

有些人和一般人不同，他们更容易见到自己潜意识中的内容。天才的艺术家就是这样一种人。

如果一个人进入了自己的潜意识，就注定了不能过一般人的生活。进入潜意识中是有危险的。如果你的潜意识里存在着心理矛盾，你无力解决这样的矛盾，又贸然介入太深，你的心理平衡就会受到威胁。

一个神秘故事

潜意识中有无尽珍宝

有一位外国作家，写了一个神秘的故事，故事的梗概是这样的：

主人公是一个水手的儿子。在他很小的时候，他第一次随大人上船去玩。

他伏在甲板上看海，忽然看见在船后有一条很大的鱼。他指给别人看那条大鱼，但是没有人看得见。

大家想起来一个传说，说海里有一种怪物形状像鱼，一般人看不见。如果一个人能看见它，这就是不祥的，这个人将因它而死。

从此这个人不敢再到海上，不敢再乘船。

但他经常走到海边，每次他走过海边，都能看见这条鱼在海里出现。有时他走在桥上，就看见这条鱼游向桥下。他渐渐习惯了看到这条鱼，但是他从不敢接近这条鱼。就这样他生活了一生。

人可能各种智力都较高，我们称之为天才。或者各种智力都很低，我们称之为白痴。也可能某种智力很高却有另一种智力很低，席慕蓉、三毛和琼瑶就是这种人。她们的语言智力很高而逻辑数学智力却极低。所谓"数字盲"实际上应称为逻辑数学智力低下者。

当然，多数人的智力发展是比较均衡的，各种智力之间差距也不明显。智力发展不均衡的人，他们在学校学习中明显地表现为"偏科"，即有些科目学习成绩很好而有的科目成绩却偏差。比如有些学生各门主课成绩都很差，但在体育上（身体运动智力）或音乐上却很出色。"偏科"的原因虽然很多，但智力发展不均衡是其主要原因。

轻微的智力发展不均衡可通过教育弥补，但是如果某个人的某种智力严重落后，教育是行不通的。正如席慕蓉所说"数字盲是永远无药可救的"。这和我们无法教色盲画好水彩画是一个道理。

对这种人恰当的做法是因材施教，放弃弱项的学习而着重培养其强项，使之成为某一方面的专门人才。席慕蓉初中毕业后，就读了台北师范艺术科而不学数学；三毛自闭在家中一段时间后，去从师学画，然后又转而从事写作。她们都在无可奈何中，无意地走上了她们该走的道路。假如她们的父母硬逼着她们上普通高中，去努力学习数、理、化这些课程，那么她们必然会再次失败，会毁掉自信，不但学不好数理化，很可能会一事无成。

现在的学校中，一定仍有许多个"数字盲"无助地与天书一样的数理化课本搏斗，而且屡战屡败已灰心丧气。实际上，他们面前还是有一条出路的，那就是这三位"数字盲"走过的路。他们也许永远学不会数学，却可能会成为"席慕蓉、三毛或琼瑶"，或画家，或音乐家……

又请五个优秀同学教她,她仍旧不会:"干脆把四道题的标准答案写出来让我背,四道题之中,我背会了三题,在下午的补考试卷上得了七十五分……终于毕了业。"

三毛的故事不必细讲了,所有喜欢三毛作品的人都读到过她的故事。她也是怎么也学不会数学,每次考试都失败。但她比席慕蓉有毅力,把一本习题集每题的解答和答案都背了下来,结果在考试中靠这种纯粹的死记硬背得了满分。可惜她比席慕蓉运气差,数学老师怀疑她作弊,竟然用笔在她脸上画了个大零蛋,从而造成了她心灵的巨大创伤。

琼瑶在一篇文章中提到,她中学时的数学,也是极差的。

这三个人,大概都可以说是典型的"数字盲"。"数字盲"是一种主要由先天因素引起的智力发展异常。他们对数字理解及数学的运算能力低于常人,而且其原因并非由于不努力。

他们在这一方面的智力虽然较差,但在其他方面却未必差,甚至往往会高出常人。席慕蓉数学、物理很差,但是语文成绩很好。她写道:"记得有一次,我得了全初三国文的阅读测验第一名,名字公布出来,物理老师来上课的时候,就用一种很惋惜的口吻说:'可惜啊!国文那么通,怎么物理就不通呢?真是可惜啊!'"三毛从三岁就开始识字读书,语文也一向很出色的。琼瑶也是一样。从这三个人后来蜚声文坛来看,说她们的语言天赋超出常人,估计不会有错。席慕蓉的物理老师所不知道的是"国文很通,物理很不通",正是"数字盲"的共同特点。

美国心理学家霍华德·加德纳指出,人类存在着好几种相对独立的智力,他将其分为语言智力、音乐智力、逻辑数学智力、空间智力、身体运动智力、人际关系智力、内省智力和自然智力。一个

席慕蓉、三毛和琼瑶
用天赋特长做最棒的自己

如果有人问：席慕蓉、三毛和琼瑶有什么共同之处？人们都会想到她们都是女作家，但是不大会有人注意到另一件巧合，她们都是"数字盲"。

"数字盲"这个名称是席慕蓉的首创。这个名称还真的很"恰当"。在《几何惊梦》一文中，席慕蓉描写了一个数字盲的表现：

> 在小学时代，我的脑子好像还可以，算术课也能跟得上，可是进了北二女后，数学老师教的东西，我没有一样懂。
> 那是一种很不好受的滋味：老师在台上滔滔不绝，同学在台下听得兴味盎然，只有我一个人怔怔地坐着，面前摆了一本天书。

席慕蓉的数学成绩是："月考零分、平时零分。"初中毕业时，她理所当然要补考，补考时，老师把四道补考题给她，她不会做；

贵为丞相，实在是不必自己去做。

行为心理学家针对事务繁忙、压力过大的人提出了要把事情分类：A.必做的事；B.不那么重要的事；C.可做可不做的事。A类事应该自己做，B、C类则不妨假手于人。诸葛亮什么事情都亲自动手，必定十分疲劳，也会降低工作效率。

诸葛亮最后几次伐魏的时候，天下已经比较太平，魏国政治也比较清明，蜀国内部从刘禅到李严上上下下都无心伐魏。伐魏实际上已没有多少成功的可能，而诸葛亮强求成功，为自己规定一个几乎是不可能实现的目标，怎么能不焦虑呢？诸葛亮早已意识到实现自己心愿的可能性是微乎其微的。正因如此，在他的《后出师表》中，才有"鞠躬尽瘁，死而后已"的话。

不妨这样说，在内心深处，诸葛亮早已预感到伐魏的最后结局就是他自己先死，伐魏之事才算了结。

所以，是诸葛亮害死了诸葛亮。

"我不过是借这个散散心罢了。"当时刘备的兵力不过几千人,跟曹操根本没法相比,刘备正为此烦恼呢,随手编编帽子,诸葛亮却想不到这是减轻压力的方法。

任何手工劳动都有缓解压力的作用。在现代都市里,"陶吧""玻璃吧"逐渐兴起,人们掏了钱去弄得一身脏,一方面固然是想领略陶艺、吹玻璃的艺术魅力;另一方面,通过手工劳动解除烦恼,调节身心,也是一个重要目的。刘备自己编帽子,正是借编帽子这一手工劳动缓解压力。而诸葛亮却无法理解,可见他没有正视心理压力的存在,至于主动调节就更无从谈起了。

刘备死后,将阿斗托孤于诸葛亮,诸葛亮的压力更大,也更加辛劳,但他仍事必躬亲,不会分散压力。有一段故事很说明问题:五丈原之战,诸葛亮与司马懿对垒,司马懿问诸葛亮的使者,诸葛亮的饮食起居和日常事务怎么样。使者据实回答,说诸葛亮晚睡早起,小事情都亲力亲为,每天吃的却只是一点点。司马懿听了,环顾左右说:"诸葛亮吃得少,事情多,还能坚持多久!"诸葛亮听了使者的汇报,也非常感慨:"司马懿很了解我啊!"有人劝诸葛亮说:"我看您连文书都亲自校对,整天汗流浃背,怎么能不累呢?司马懿说得很对啊!"诸葛亮哽咽着说:"我并非不知道,但先帝托孤于我,我唯恐别人不像我一样尽心啊!"大伙都陪着他哭。从那以后,诸葛亮时不时地觉得"神思不宁"。

由此可见,诸葛亮事必躬亲的缺点,司马懿和诸葛亮自己都清楚,而诸葛亮之所以不能将手上的事情放手于人,原因是唯恐别人不像他一样尽心。正因如此,他对智勇双全的手下也一直心存疑忌,缺乏信任感。

别人不如他尽心完全有可能,但是像校对这样的事情,诸葛亮表现还有"自觉神思不宁"。到去世前,主要的症状还是吐血、昏迷、"心混乱"。

精神分析心理学发现,身体的疾病可以在一定程度上反映人的心理状态,如一个人厌恶另一个人时,忍不住想吐口水,像要把脏的东西吐出去一样,这象征着要把那个人带来的肮脏感觉"吐出去"。同样的原理,**胃溃疡在心理上象征着"吃不消"。当一个人心理过于紧张焦虑,潜意识就会通过内分泌系统或植物神经系统作用于胃,通过胃溃疡告诉他:"你的身体已经'吃不消'了。"**

内科临床大夫认为,吐血是胃溃疡或胃癌的典型症状。而"心混乱""神思不宁"等,在心理学家看来,是明显的焦虑症症状。根据这两方面的分析,我们不妨这样诊断:诸葛亮由于过度紧张焦虑,引发了胃溃疡,而胃溃疡又导致了胃出血。可以说,害死诸葛亮的罪魁祸首就是他自己紧张焦虑的情绪。

我们稍加注意,就会发现诸葛亮的身体状况和蜀国的形势息息相关:早年,刘备的事业欣欣向荣,诸葛亮没有什么病;后来,伐魏一次次失败,蜀国大将日渐凋零,伐魏成功的希望越来越渺茫,诸葛亮的病就越来越重。

这显然是因为他内心的急迫感越来越重,焦虑越来越重。如果诸葛亮善于通过各种手段调节自身心理压力,同时在蜀国大将日渐凋零的时候充分调动身边工作人员的积极性,发挥他们的潜能,由独立支撑变为群策群力的话,也许历史就将改写。

但这些恰恰是谋略超群的诸葛亮的弱项。

诸葛亮刚出山时,有过这样的小事:一天,有人送了一些牛尾巴来,刘备于是顺手用牛尾毛编织起帽子来。诸葛亮看见了,埋怨刘备不再有远大的志向。刘备很惭愧地把帽子扔到地上,讪讪地说:

是谁害死了诸葛亮

胃溃疡，是你的心"吃不消"

诸葛亮是被别人害死的吗？没有史料记载有谁害死了诸葛亮，是胃溃疡害死了诸葛亮。

诸葛亮那么年轻就去世，多少让人感到惋惜。

"斯人也，而有斯疾也"，通观《三国演义》，诸葛亮得胃溃疡并非偶然。

心理学研究早就发现，**许多疾病与其说是生理的原因造成的，不如说是心理的原因造成的，这类疾病叫作心身疾病。高血压、胃溃疡、皮肤病、癌症等许多疾病的发生都和心理因素关系很大，都可以归于心身疾病的范畴。**

根据《三国演义》，诸葛亮的主要症状是吐血、昏倒。

诸葛亮第一次犯病是在他听到张飞的儿子张苞阵亡的消息时。当时他放声大哭，昏倒在地，从那以后就病得卧床不起。这次病得很重，诸葛亮对董厥、樊建等人说："我自己觉得昏昏沉沉的，没法处理什么事。"怕司马懿追赶，当晚就悄悄班师回了汉中。后来的对幼女进行性骚扰的人，要么是老年人，要么是格外胆小的人。这些人在性骚扰时，最怕的是被别人知道，所以讨好和欺骗女孩的手段用得很多。

五

还有一些性骚扰者是性变态者。如果让他们自述，他们会说自己也不知道是为什么，自己是心理有病才这样。但是实际上并不是这样。他们的心理是有问题，但还没有达到自己也不知道自己在干什么的地步。

性变态包括裸露癖、窥淫癖等。裸露癖喜欢在异性面前暴露自己的性器官，而对正常的性行为没有什么兴趣。他们认为异性是喜欢看他们的性器的，他们也很喜欢看到异性害怕的样子，感到那很刺激。

如果一个裸露癖暴露自己后，女性表现得若无其事，他们是最扫兴的，性骚扰的行为就会减少。

窥淫癖则喜欢偷看异性的裸体。这些人在平时的生活中表现得很内向，甚至很腼腆，看起来不像"坏人"，但是在有机可乘时却绝对不肯放过性骚扰的机会。

性骚扰者的心理，说到底是害怕的，毕竟如同一个贼，是见不得天日的。如果遇到性骚扰者，拒绝的态度必须明确，要表达你的不满和厌恶，请对方尊重你，也请他自重。但要平静从容，反应不要过于强烈，尤其不要用激烈的言辞，以免惹恼对方，激起对方的攻击欲和暴力行为。

人生要享乐，有机会有更多的女人，才是最大的享乐。

这些性骚扰者的心理特点是以己度人，认为女性也像他们一样好色，利用女性的害羞、要面子和不好意思翻脸的心理。

如果你遇到这样的人，可以正色告诉他们"不要这样，我讨厌"，态度要坚定，要敢于翻脸。他们当时会给自己解释，但是之后他们就不敢再骚扰你了。

三

我怕谁？再说了，女人胆子都小，怎么敢惹我。

这样心理的人有两种：一种是街上的流氓地痞。他们的胆大妄为是因为自己是一种"我是流氓我怕谁"的态度。性骚扰的方式比较直接，或者污言秽语，或者是尾随纠缠；还有一种是掌握了一定权力的人，比如领导。他们相信被骚扰者不敢轻易惹自己。

遇到在街上的性骚扰，最重要的方法是不要搭理。因为你害怕或者厌烦的样子都会强化他们的行为，他们喜欢刺激，而你最重要的方法就是不给他任何反应，这样他们会感到没有趣，性骚扰会相对减弱。

领导中的性骚扰者，会用小恩小惠来诱惑下属。他们的心理是"她有求于我，就不会反抗"，所以你只要不贪心，就会减少危险。

四

小女孩也不一定懂，而且就算懂，也不好意思。大的女孩不好对付，小的还不好办吗？

我最喜欢的场合是公共汽车，可以挤一挤、摸一摸，如果发现对方不敢有什么反应，还会进一步。有时，我甚至可以达到性高潮。如果对方指责我，我就借口车挤，我不是有意的，她也没有什么办法。假如车不挤，我也可以装作"无意"碰碰同座的脚，伸懒腰后又"恰好"把手落在同座的手上。不一会儿，假装睡着了，脑袋自然搁在同座的肩膀上……

这是最常见的性骚扰者，他们的心理很简单：找机会占点便宜。因为他们胆子不大，而且也要面子，还想装正经人，所以在骚扰时，总是要为自己准备后路。

对付他们的方式，关键是勇敢和坚决。比如你瞪着他，严肃地指责他："自重一点，手拿开！"而且不要管他唠唠叨叨解释什么。如果他继续骚扰，你可以用高跟鞋踩他一脚，或用其他方式打击他一下。他们最怕被别人发现，受到教训，他们也就老实了。

二

熟人之间，她总不好意思翻脸吧。利用这个机会，就可以动手动脚了。而且女人装得正经，心里也喜欢。

我准备了很多荤笑话在女人面前说。有时也以开玩笑的方式搂搂抱抱。

就算女人不高兴，她们脸皮薄，也不敢怎么样。

"老色鬼"们的自述
性骚扰者其实都是胆小鬼

一

说到底我们这些性骚扰者,都是色大胆小。如果色大胆也大,我们何必要用骚扰的方式?我们干脆找情人去了。因为胆小,又好色,心里不满足,性压抑,所以遇到机会,就想占点女孩子的小便宜,南方话叫作吃吃小姑娘的豆腐。为什么叫"吃豆腐"呢?因为豆腐比较软,也就是说,那些比较软弱的女孩子,是我们的首选。

我们这样的人多得很。你听说过这样一个笑话吗:汽车开过一个漆黑的隧道,男孩子对他的女朋友说:"早知道这个隧道这么长,我应该吻你一下。"女朋友惊奇地说:"原来你没有吻我!那吻我的是谁?"这个笑话说明,如果有机会,你身边想占点小便宜的人多得很。

第一次遇到这种人的时候,我觉得好像有点无能为力。我不能为他们介绍对象,也不能为他们找个好工作,而且他们的挫折感也都有很现实的原因。我曾希望孔子没有说过这句话。

但后来我发现,这种烦恼的存在对他们来说可能会成为一件好事。因为他们之中有些人在生活形态、适应方式和自我意识等方面存在着一些问题。比如,没有结婚往往是由于他们对爱情有种不现实的想法,或是由于他们缺少人际交往的技能,或是由于他们过于自卑或过于自负。事业上的不成功也往往是由于他们在人际交往方面有问题,如过于固执己见、不善合作等。而烦恼正可以作为一种动力,推动他们或者在心理咨询师的帮助下,或者自己,去发现这些问题并解决这些问题。

还有,这种烦恼会促使他们重新审视自己原有的价值观、人生观和生活目标。有的人会发现,他原来的价值观和人生观并不是自己认真考虑而得出的,而是盲目地从外界接收的,有些他原以为很重要的东西实际上并不是他真正想要的。有的人会发现,他原来的生活目标是错误的或不现实的。这种重新审视有助于他们重新确立更好的价值观、人生观和生活目标。

也有少数人在适应方式、生活目标等方面都没有大问题,他们之所以"三十未立"往往是由于缺少机遇或其他偶然原因带来的挫折。这种人需要的是支持和鼓励,使他们走出消沉。

"三十而立"这句话,给我们带来了西方人所没有的烦恼。同时,这句话也促使我们做出有效的自我评价和回顾,给了自己一个契机,使自己能够修正人生航向,更好地去生活。所以,我们也许应感谢孔子说过这句话:"三十而立。"

三十而立

而立之年的心理困扰，促使我们重新审视人生

孔子回顾一生时说过一句话："三十而立。"于是30岁在中国人心目中就有种特殊的意义。

我在心理咨询工作中发现：许多人在临近30岁时都要回顾自己的过去，评价自己的现状，并且认真地问自己："三十而立，我'立'了什么？"

所谓"立"，在人们心目中，或指自己事业上有成就或有了基础，或指自己有稳定或称心的工作，或指自己有幸福的伴侣。"立"了的人，自然心平气和，而"三十难立"的人，则不由平添了不少烦恼。

一个28岁的小伙子说："我现在有种失落感，快30岁了，没什么成就，生活不安定，家里又催着赶快找个女朋友，这一切都让我感到没劲。过去我爱学习，爱好体育和音乐，也热心社会工作，现在我干什么也没精神。有次我来参加活动，那些20岁左右的男孩女孩都很快乐。我站在窗边，没有人注意到我，我觉得我和他们不一样，我无法和他们一起玩，我觉得很凄凉。"

该告诉谁。何况这样的话说出来，大姐感到的是这个做姐姐的是多么善良，很自然感到妹妹对这个姐姐应该领情才对。

果然不出人所料。不久妹妹就知道了这个消息，而且被别人批评为"忘恩负义"。妹妹感到非常惭愧，又知道姐姐要悄悄离开这个城市（实际上，有一大帮人送行），便赶到火车站来，悔恨地痛哭着找姐姐。

妹妹终于被姐姐比下去了，你多么成功也没有用，因为姐姐比你善良。

这时火车已经开了，姐姐听到妹妹追着火车喊姐姐，她犹豫一下，还是没有答应。剧终。

姐妹之间有时会有一种潜在的竞争心理，小时候在父母面前竞争，大了在生活中仍旧有比较和竞争，只是不那么明显。心理学家肖斯汤指出，**弱者的竞争方式往往是以退为进。夸张自己的牺牲，通过这样的方式显示自己的善良，并且唤起别人的内疚感，使别人感到自己有罪，亏待了他。**

这个姐姐就是这样的一个弱者，"善良"就是她战胜妹妹的武器。这样，她最后就可以得到她要的东西：别人的赞扬，别人对她妹妹的指责，隐含的报复的快感，以及别人给的同情和帮助。

姐妹俩很熟悉的、为人很热情的大姐。她和大姐谈到妹妹的时候，虽然没有直接批评，但是还是有一点不满意的意思。然后，话题一转，她告诉大姐说她要离开这个城市了。

大姐对她说，每个人有自己的活法，虽然你妹妹的做法你不同意，也不应该这样做……这个大姐认为她要离开城市，是和妹妹怄气，对她的行为有些不满意。

姐姐委屈地忍了忍，终于忍不住说："你以为我愿意走吗？我在这个城市有理想，有爱情，你知道离开这个城市我有多痛苦吗？但是……"她告诉了这个大姐事情的来龙去脉。

如果对妹妹的爱心真的是像她表现的那么深重，她完全不必让别人知道她做出了牺牲。而实际上，她在心里追求的恰是让别人知道，她做了多么大的牺牲，她是多么善良。一开始别人对她的误会有多少，就可以在多大程度上反衬她的委屈和牺牲有多大。

大姐听了这话，才知道误会了她。

实际上大姐并没有误会，大姐的直觉感到她的离开是出于对妹妹的不满是正确的。在日常生活中也一样，我们经常可以发现，我们毫无理由的直觉更正确，而听到的解释越多，知道的事情越多，反而越容易看错。

于是大姐忙道歉。

姐姐也在控制她对大姐的情感，在唤起对方的内疚感，仿佛在对这个大姐说："看你冤枉我多么厉害。"而大姐在内疚的情感作用下，对她的行为必然格外感动，而对那个不知感恩的妹妹不免有些不满了，她会把自己的内疚感转化到那个妹妹的身上。

姐姐对大姐说："这件事你千万不要告诉我妹妹。"

当一个人说"千万不要告诉谁"，这几乎就是提示说这件事应

弱者的武器

夸大牺牲、以退为进，是弱者与别人竞争的心理把戏

晚上无聊时，看了一部电视剧，剧中的人物像现实中的人一样，在玩着他们的心理把戏。剧中有两个姐妹，剧作家似乎很赞许姐姐，但是，我们在做心理分析后，就发现事情可能不是这样简单了。

让我们从剧中一段最高潮的情节做分析：

做公司总经理的妹妹遇到了巨大的难题，姐姐想到了一个帮助她的方法，就是找自己的情敌帮忙。姐姐有一个情人，是有妇之夫。情人的妻子为了保护婚姻，也愿意做一个交换，她帮助这个妹妹，让姐姐必须离开这个城市，离开她的丈夫。

这一对姐妹的关系中一直有一个冲突存在，姐姐一直对妹妹的做事方式不满意。虽然姐姐远远不如妹妹成功，但是姐姐表现得比妹妹善良。

这一次，善良的姐姐当然选择了善良的人的行为：她答应了情敌的要求，让对方帮助她妹妹。她也答应第二天就离开这个城市。

在这一天，姐姐和情人告别后，就见了一个朋友，一个和她们给出这个礼物的第一个前提,是你自己有这个礼物。父母想让孩子感觉到爱的前提,当然是自己真的爱孩子。

如果父母因为婚姻不满意、生活不快乐、心理不健康等,烦恼太多以至于无心去爱,那么父母首先要想办法解决自己的问题,然后才谈得上给孩子爱。

有的父母有一个心理的误区,她／他会说:"我的生活不可能好了,我不可能快乐幸福了,我这辈子完了,不过我想知道怎么做更好。"这种想法中当然也有爱的成分,但如果他们自己都没有感觉到爱,他们所做的很难有用。因为孩子会感觉到父母的感觉,如果孩子感觉到父母看着孩子的时候,心里并不是充满着爱,而是充满着愁苦烦恼,那么孩子只会愁苦烦恼。因此,这些父母最应该做的,是先想办法让自己的问题减轻——比如去做做心理咨询。

还有就是让孩子直接看见你的爱,父母要尽量多地去直接爱孩子,而不是间接地做"对孩子有用的事情"。

孩子，长大后几乎很难得到幸福。因为不论他得到多少，都不相信自己会被爱，因为他不相信这个世界有爱。

一个不相信爱的人，就不会享受到爱。

听说过一种叫"作女"的人吧。一个作女，有幸遇到了一个很爱她的男子。她也知道男朋友对自己挺好，但是她莫名其妙地总要去做一些伤害他的事情，或者一些破坏双方感情的事情。她会挑剔，会找碴吵架，会故意触怒对方。为什么她好好的日子不过，却要破坏自己的生活呢？因为她要考验对方，看对方是不是真的爱她。

一般来说考验一下对方也无妨，只不过考验应该有一个及格标准，一旦发现对方通过了及格标准，考验就可以结束了。但是作女们却不是这样的，当对方通过了考验，她们就会变本加厉地做更过分的事情，来冲击对方的底线。就像我另外一篇文章所说，破坏性检验的结果一定是破坏。最后她们的爱情生活一定是以失去爱而告终。为什么这些人会这样做呢？往往原因是她们在内心中不相信爱，而她们的不相信，带来的结果就是生活中真的没有了爱。

因此，**父母能给孩子最珍贵的礼物，不是在他们长大后给他们多值钱的东西，而是在他们很小的时候——通常是三岁前——给他们足够的真正的爱的感受。**

在很小的时候得到了爱，他们就相信爱，相信自己值得被爱。在随后的人生中，得到爱的时候，他们就会欣然接受，并且每一次接受爱都强化了他们对爱的信心。而他们也会很自然地付出爱，不求回报地付出爱，而这往往会给他们带来爱的回报，更加强了他们对爱的信心。这样，他们就进入了一个良性的循环中，让他们的爱心一天天增长。

那么，父母怎样才能让孩子感觉被爱呢？

父母给孩子的最珍贵礼物
让孩子相信自己被爱着

天下父母心，大多数父母都是一心为孩子好的。当看到孩子那么小那么脆弱，又对父母那么依恋，不知道多少父母一时间会觉得："我愿意付出一切让这个小小的人儿幸福。"

但是为什么事与愿违，我们常常看到，好多孩子长大了并不幸福。即使父母把自己的财产拿出来给他们买房，帮助他们带孩子，辛辛苦苦为孩子做了很多，还是无济于事呢？

原因当然是各种各样，不过有一个原因是很多孩子共有的，那就是在他们婴幼儿时期，没有能建立起"我是被爱的"这样一个基础的信念。

孩子在不会说话的时候，心里就开始会有信念。那种信念不是用语言表达的，只是一种感觉。**如果孩子在婴幼儿时期，他感觉到了父母的爱，感觉自己被爱，就会对爱有信心。相信爱，就成为他的信念。相反，他感觉**不到被爱，就会对爱没有信心。

爱是一种基本的信仰，信爱的人就会有爱，而对爱没有信心的强悍,从"垃圾堆长出常青藤",这也不是不可能。即使很多父母无知并且粗暴,很多小孩子还是成功地愈合了自己的心理创伤。这样的孩子长大后,当然知道充话费是不送小孩的,最坏的情况下,他们不过会有一种感觉,觉得和父母不够亲。如果小时候其他心理伤害多,至多他们会怀疑自己不是亲生的。

我想说的不过是:这个说法对小孩子的心理伤害值比你以为的可能要高出一个数量级。危险的大小,比你以为的可能要高出一个数量级。

选择,是你的。

如果是我,我宁愿到别处去获得优越感。当孩子惹我烦的时候,如果我没有好的办法,宁愿忍受孩子成长中不可避免的烦恼。我宁愿忍受孩子不听我的话。因为我的孩子,不是充话费送的,而是多少钱也买不来的。

孩子独特的精神和心灵,是宇宙中最神奇的造物。孩子成长过程中,需要探索,需要尝试,需要自己去体会,而不是完全按照父母的意志生活。这个过程中,为了避免大的危险父母需要管束他,但一些小的地方,父母只好忍耐,因为他有自己的意志。不管多烦,不可能抛弃他,也不可能不再爱他。

没有哪一个小孩是充话费送的。

命力也被挫伤了。这就好比慢性鼻炎不好治，但是也有一天就能治好的方法，那就是把鼻子割了，一刀下去鼻炎去无踪。

我们都不知道这个谣言对孩子意味着什么。

充话费送的、垃圾堆捡的——意思就是不花一分钱，也就等于告诉孩子——你一钱不值。孩子将失去自尊感。

既然你一钱不值，你还敢放肆？还敢不听话？如果你不听话，我可以充话费的时候再领一个，反正也是免费的，没有成本。

你本来就是垃圾，有了父母，你才能成为一个人，你还敢违抗父母？

充话费送的、垃圾堆捡的——意思就是父母给孩子的爱，随时都可能失去。孩子将失去安全感。惶惶不安中，孩子从此活得谨小慎微。

充话费送的、垃圾堆捡的——意思就是孩子和父母之间，并没有深刻的、不可断裂的联系。因此孩子将损失归属感。他们来自手机或者垃圾，所以应该对手机或者垃圾有归属感才对。

偏偏成年人说这些话的时候，往往正好是孩子在思考"我从哪里来"的年纪，刚好有了一个答案，一个这样的答案。

如果父母真的知道这种谣言对孩子意味着什么，还会愿意继续用这种方法来管孩子吗？我相信绝大多数的父母是爱孩子的，也许很爱，只不过是有一点点无知。

也许有的父母说，这也太危言耸听了吧？我们都这样说过，也没见孩子都毁了。

这个呢，其实你说得对。横穿高速公路的人，也没都被撞。在野生动物园老虎区下车的人，也没都被老虎咬。告诉孩子他是垃圾堆里捡的，孩子心理强大而顶过来的也不在少数，孩子天生生命力为什么大家会觉得好玩呢？心理分析开始了（注意，以下所说的，未必符合每一个人，只是常见的情况）。

逗小孩有优越感。

人都需要有优越感，而优越感的来源就是看到别人不如自己。努力学习和工作，当有一定成就的时候，人的优越感就可以得到满足——不过用这个方式来获得优越感似乎很艰难。所以有人选择其他方式，比如笑话一下丑人、穷人，或者孩子。

喜剧中之所以要有小丑，就是为了满足大家的优越感。我们看到小丑笨拙、出错、受伤……有优越感了，所以哈哈大笑，真开心。

骗孩子，也同样快乐，因为骗成人并不容易。如果你想骗人反而被别人骗了，那就没有优越感只有自卑感了。

但是孩子什么都不懂，好骗，真的是好骗。骗孩子获得优越感，方便，真的是方便。

除了优越感之外，父母使用"充话费送小孩"谣言，可以让孩子变得"容易被管教"。

小孩子不听话、淘气，父母有时候真的是累，心里真的是烦躁，这点做父母的人都深有体会。

父母说："你是我们充话费送的，如果你不听话，我们就不要你了。"这种方法相当见效，你会发现绝大多数孩子害怕了，就乖了，听话了，好带了。

既然这个管理方法这样好用，为什么我要在这里"辟谣"？让这个谣言代代相传，有什么不好吗？如果我们单从效果出发，传授这类方法给家长，让他们实现轻易管教成功的技术，还真的是管用。

但是，这种方法还真的有点不太好。因为这种方法虽然管孩子容易了，但毁孩子也容易了，孩子可能会更听话了，可是孩子的生

"充话费送小孩"是个谣言
骗孩子让成人有优越感，却使孩子失去自尊感、安全感和归属感

有个谣言，必须认真地辟一下，那就是"充话费送小孩"：中国移动和中国联通都没有过这种活动，充话费送手机是有过的，送耳机或者别的什么也都可能，但是从来没有送过小孩，而且以后也不会送小孩。

读者也许会说："你傻吗？这也需要辟谣？谁都知道这是假的。"但是大家也许忘了，小孩子们未必知道这是假的，比如那些三四岁以下的小孩子，他们也许会真的相信。

也许有人说："我们就是逗小孩，所以才这样说的。小孩子会当真，所以这才好玩。"

那么我要告诉大家，这其实并不好玩。

说起来，在"充话费送小孩"这个版本的谣言出现之前，还有更古老的版本，就是"垃圾堆里捡来的小孩"。而小孩子们对这个谣言也会相信，这也让大人们觉得很好玩。

的激励手段。当他们发现学生对学习有些厌倦的时候，焦虑感就更强了。怎么办呢？他们本能的想法就是强迫他们多学，但越强迫，学生越厌学，教师只好更多强迫。这就像一个喂小孩子吃饭的母亲，孩子越不吃饭，她越急着让孩子吃；她越急着让孩子吃，孩子越讨厌吃饭，于是形成了恶性循环。

焦虑和无有效方法的现状不变，继续的三令五申的效果就会被消融。我们可以让学校不公布学生名次，但是这样一来，家长不知道自己孩子的成绩如何，心里没有底，他们的焦虑反而增加了。教师也失去了用排名来刺激学生学习这个手段，如果他们没有更好的鼓励学生学习的方法，他们对学生会感到无能为力，因此也增加了焦虑。他们也必然会有新的方法阻止学生放松自己，给学生加压。

真正解决学生负担，就不能把教师看作学生负担的源头。焦虑才是源头。我们也许应该通过更多的宣传，让家长、教师都知道，未来虽然是知识经济，但是未来首要的是人的创新能力。

我们需要的是通过大量的教师培训，让教师懂得最新的教育心理学的成果，知道有更好的方法，可以在不增加学生负担的前提下，让学生达到更好的学习效果；知道不留那么多作业、不强迫学生苦读，也可以让学生像喜欢玩游戏一样迷恋学习。在新的教育心理学方法下，学生会不仅不会喊"负担重"，反而会求老师"让我们再学习一会儿吧，学习太有趣了"。

教师的焦虑

对未来的焦虑，才是学生负担的源头

中央三令五申要为学生减负，但是学生的负担却越减越重，那么是谁在为学生增负？如果说是教师，教师为什么偏要做这件事？教师也不是虐待学生的虐待狂，而且教师让学生增加负担，自己的负担也会随之增加。

如果分析一下教师心理，就会知道教师不敢减轻学生负担的原因。这个原因是焦虑感，焦虑感不解决，任何减负的措施都难以生效。

焦虑的来源是整个社会的焦虑感，人们都感觉到了社会发展的加快，感觉到了在以后的社会中知识的重要性。媒体反复宣传的"信息经济""知本家时代"，无不强化着这个感觉，所以从家长到教师，都希望学生能跟上时代需求。在家长和教师看来，多学习、上大学就是跟上时代的唯一方式。

"说一千道一万，升学是关键"，这是教师的想法。为了达到这个目的，他们希望学生能主动地多学习，但是他们往往又没有很好误如何惩罚，都应该事先说清楚，说具体。在事情发生后，我们依法奖惩就可以了。

当然，这个秘诀说起来简单，用起来却不是那么简单。首先"立规矩"就不可以随便立。我们的规矩要合理，不能是全凭家长的喜憎来定规矩。如果孩子从内心中觉得这个规矩没有道理，他是不会遵守的——假如他违心地遵守，反而会损伤独立性和自信心。我们应该和孩子一起商量，一起立规矩。而且，规矩应该是孩子做得到的，是对孩子有益处的。有一次，一个家长做了一个计划，要求他的儿子照着做。我一看这个计划，全天没有留出一点孩子自由玩耍的时间，所有的时间都要学习。这样的计划怎么可以强迫孩子遵守？

其次，父母有时候会心软，不愿看孩子哭，就狠不下心来"照规矩办"。爱心令人感动，但是效果往往适得其反，因溺爱使孩子没有规矩，有了坏习惯。日久天长，坏习惯就很难改变了，爱孩子反而害了孩子。这些家长不知道一个心理学知识：**越是任性的孩子，在他内心深处越渴望有能管住自己的父母、有规矩的父母。因为这样的父母更有心理力量，更受孩子尊重和信赖，更能给孩子安全感。**试想，假如孩子发现父母拿自己这样一个小孩子都没有办法，他怎么能真正地尊重和信赖父母？

年轻的父母不妨试试"依法治家"，你会发现孩子的行为更好了，亲子关系也更亲密了。"法"不是没有人情的、不自由的东西。

自己的目标。

上面这种种方式，都不是"法治"。"法治"的家庭中是有规矩的，父母和孩子都要守规矩。

很少遇到懂"依法治家"的父母，有一次，一个母亲说起她教育四五岁大的女儿的故事，让我很是赞同。

她的小女儿性格比较固执，想要什么就非要不可，不给她就会哭闹。她觉得这样下去不行，就决定要想办法纠正孩子的这个习惯。

一次去商店，女儿看上了一样东西，一定要。她先给女儿讲道理，告诉她为什么不能买这个东西。女儿能懂，但是还是哭着要。她就对女儿说："我知道你想要，也知道不给你买你很难受。买是不能买的，但是我允许你哭。我是你妈妈，我会陪着你在商店哭。你要哭多久就哭多久，哭完了我们就回家。"

女儿在商店哭了两个多小时，她就陪了那么久。直到女儿说哭够了，母女两人才一起回家。家里人问怎么去了这么长时间，她们母女都没说。

这之后，女儿的固执行为明显有了改善。

我很欣赏这个母亲的做法，她的方法就是"法治"。她告诉孩子规矩是什么，而且用实际行动告诉她这规矩是不可以随便改的。不论你哭多久，我也不会改这个规矩。但是，母亲没有和孩子发火，而是表示理解孩子，愿意陪着孩子，所以，规矩虽然严格，孩子也并不觉得母亲不爱自己。这样，孩子会学会守规矩，知道什么事情是可以做的，什么事情是不允许做的。规矩就是家庭中的"法"，孩子和父母都需要"守法"，这不会影响父母孩子之间的亲情。

"依法治家"，可以解决非常多的家庭教育问题。孩子不做作业，不守纪律，我们不必责骂，只需要定规矩。有进步如何奖励，有错鞅也没有苦口婆心地摆事实讲道理，没有唠唠叨叨反反复复地说，原因是商鞅说话算话，立了法就按照法令办事。

而家长大多都做不到这一点。

我们对孩子说话，从来都不认真。我们可以许诺说，如果你如何如何，周日我带你去吃肯德基。但是到了周日，我们有其他事情，就随意把去吃肯德基的承诺推翻了。我们这样做实际上是在用行动告诉孩子，父母的话是不算数的，以后我们再说什么，孩子当然就不听了。这怨不得孩子，是我们"教"他们的，教他们不要把父母的话当真。

我们唠唠叨叨，孩子就知道我们的话是没有分量的，可以听也可以不听的。

我们往往会很情绪化。在我们心情好的时候，孩子犯了错误，我们可以从轻发落甚至一笑了之；假如正赶上我们心情不大好，我们可能就会大发雷霆。我们这样做，孩子就从我们的行动中懂得了一个"道理"："关键不是自己做了什么，而是父母当时的情绪。"在父母情绪不好的时候，要小心谨慎；而在父母情绪好的时候，不妨无法无天。

我们见到孩子犯错误，常常会忍不住愤怒。这会给孩子一个感觉，觉得父母不爱他们，或者至少是不怎么爱他们。这会使他们和父母感情疏远，而一旦和父母关系不亲密，父母的话他们更不听了——我们都喜欢听爱我们的人的劝告，而不会听不爱我们的人的话。

孩子大哭大闹，要买我们不让买的东西。我们一开始是讲理，后来生气了打他，再后来我们实在烦了，受不了了，就买了这东西打发孩子。于是孩子懂得了一个道理：只要坚持哭闹，就可以达到

依法治家

越任性的孩子，越想拥有会立规矩的父母

经常有家长向我咨询，说孩子不听话，你和他说多少遍的话他都当耳边风，再多说几句，孩子还嫌你唠叨该怎么办。具体表现真是五花八门。学龄前孩子的家长大多是抱怨这些孩子任性，比如想要买什么东西就一定要买，如果父母不给买就大哭大闹；孩子上学后，主要问题就是孩子不爱学习，或者违反纪律，或者是早晨不肯起床等等。

家长问我有什么"心理学的秘诀"可以让孩子听话。秘诀其实有一个，很简单，而且是两千多年前的商鞅就会的方法——"法治"。商鞅曾经把一根木杆放在城门口，并且宣布说谁把这木杆扛到另一个城门就赏一大笔金子。大家都觉得这命令像一个玩笑，扛这木杆很容易，凭什么要给这样高的奖赏。有一个人试着扛了这木杆，结果商鞅真的给了他那些金子。从此，商鞅的任何法令大家都认真执行。

为什么大家会这样听商鞅的话呢？商鞅并不是他们的父亲，商的休闲不可能让人得到真正的放松。同样，家庭中的亲情更需要时间慢慢地培养。一个总是高速度生活的人往往会被家人抱怨为冷漠无情。

为什么有些人会把工作中的"高速度原则"用到休闲和家庭生活中？

在大环境上看是因为工业化文明。工业化文明中有这种倾向，永远追求高速度。这一倾向使人们生活的品位遭到了破坏，正如它破坏了自然一样。

在具体的人身上，往往是一种习惯，一种匆忙生活的习惯。习惯了快，习惯了不去细细体会品味那些细致的情感。

另外，"快就是好"这种错误的观念也对很多人有影响。有的人对任何低效率都不能容忍，认为那是"不好的"。

在内心深处，这些人都有种不安全感。他们认为只有自己永远站在事业的顶峰，只有自己获得财富和地位，才会有人尊敬，有人爱。生活对他们来说是一场没有休息的漫长的马拉松比赛。他们不能慢，不能放松，因为他们认为那意味着被别人远远超过，意味着失败，意味着不安全。

我们应该让自己告别这些习惯和错误的观念。

生活中有应该快的时候，也有应该慢的时候。在该慢的时候快，同样是一种错误。

听说有一个故事，一个人星期天在地里劳动，结果受到了神的惩罚，因为那不是他应该劳动的时候。

点。一天下来，收获了一堆千篇一律的"到此一游"式的照片，收获了疲倦劳累，还收获了"这地方我去过了"或"这地方也不怎么样"的评价。

而懂得享受旅游的人是服从低速度原则的。他不在乎是否"跑全了景点"，只关心自己是否领略了景色中的妙处。他慢慢走，让心情一点点放松，让躁动平息，让自己融入湖光山色，融入林木花草，注意到细小的趣事，或一只探头探脑的松鼠，或一副妙趣横生的对联……他也许玩的地方较少，但收获的却更多，他收获了宁静的喜悦和独特的感受。

这时候，高速度带来的是更多，低速度才能得到更好。

拉开易拉罐，你就可以解渴，但是如果你想品茶，就应该尝试茶道，经历那一道道繁复的程序，也只有慢慢经过了这些程序，你才能真正享受茶。

要得到性满足可以很省时间，但是无爱的性带来的只有感官享乐，随后便是空虚。如果要品味爱情，你必须花很多时间，慢慢地进入另一个人的心灵。

在心理学上把那些**性子急、缺少耐心的行为叫作 A 型行为。A 型行为模式的人把高速度原则用到了休闲和家庭生活中，做什么都像在工作。**在玩的时候也想着得高分，总是匆匆忙忙。他们往往会得到更多的财富、更高的地位，但是也容易患上高血压、心脏病，在心理上也缺少弹性，一旦工作上有了重大失败，也容易在心理上垮掉。

高速度原则往往伴随着情绪生活的苍白和麻木。能高速度体验到的情绪往往是肤浅的，甚至是消极的。人可以在一秒不到的时间内陷入愤怒，却难以在这么短的时间内体验到温馨或宁静。高速度

低速度原则
放慢速度，才能尽享人生美妙

尽管人们的身体可以很快启动，心灵和情感却需要慢慢唤醒，"低速度原则"正是心灵和情感所需。

企业家们都懂得"时间就是金钱"，懂得应该提高工作效率，懂得提高速度的好处。高速度是企业家的优秀品质之一，不能想象一个办事拖拖拉拉的人能够成功。

在现代人的生活中，"高速度原则"已渗透到每一个角落。人们要用飞机代替火车，用快餐代替传统的正餐，连恋爱都要"尽快进入实质性接触"，而不耐烦像过去的人那样等待日久生情。

高速度有它的好处，因为它可以使我们做更多的事，从而得到更多的收益。在工作中，高速度原则是黄金原则。

但是在休闲和家庭生活中，有一个同样有益的原则——低速度原则。有时，它比高速度原则还要有益。

如旅游。按高速度原则旅游的人总想在同样时间内多玩一些景点。一个景点到了，急匆匆地照相，又急匆匆地上车赶到下一个景猛；不贪恋刮骨钢刀，也就没有了柳永的缠绵、晏几道的深情、宝玉的体贴。

贪婪的确是生命的大毒，但有时候它也是生命的营养。这真是个不可解决的矛盾。

也许，我们的生命本身就是一个美好的矛盾。

的二丫头，梦中的可卿，刘姥姥编造的茗玉，以及别人的小妾香菱、平儿等。宝玉的贪婪，又哪里是区区凤姐所能比拟！林妹妹的衰弱，金钏的跳井，妙玉的被劫，晴雯的被逐，当然都另有原因，可也不能说和宝玉对感情的贪婪没有关系。

走出大观园，从古看到今，到处都有贪婪。中国古代有个商人出身的统帅，领兵御敌时把水井拦起来，靠卖水给军兵来赚外快。结果理所当然地打败仗当了俘虏，真是个挺有趣的贪人。还有个将军贪名，竟自封宇宙大将军和统管六合大元帅，更足以画出人的贪心有多大。

当代人就更不必说了。随手举个例子——啊，还是不举了，免得打名誉权官司——只说说我自己吧。我就是个贪婪的人。我希望自己是个学者，能在哲学、心理学、美学、伦理学这几门学科里有成就。我还希望自己是个科学家，除了历史学、社会学等人文科学外，还深通生物学、医学。我还希望自己是个艺术家，会写诗作文，绘画摄影，还懂音乐。当然，生活在这个时代如果不做一回实业家，至少也要做做广告人。我还想做记者，做导游，做节目主持人，还有恋爱、交友、旅行……我何尝不知道，要做这些事我需要很长很长的寿命，还必须总得是精力旺盛的年轻人——对了，这一点也是我所希望的。

这么多我要关注的爱好，经常让我有疲于奔命的感觉。

可是，谁敢说自己毫无贪婪心呢？

生命免不了有贪婪，或者说生命本身就是一种贪婪，因为有生命就有爱恋，有爱恋就有贪婪。孩子爱玩，就会贪玩误了学习；成人爱财，就会贪财误了生活。"酒是穿肠毒药，色是刮骨钢刀"，可是不贪恋穿肠毒药，就没有了李白的豪放、刘伶的高逸、武松的刚

论贪婪

贪婪很多时候也能成为生命营养

贪婪的名声一向不好。佛家说世上有三毒：贪、嗔、痴，而贪婪居三毒之首。

说一个人贪婪，就等于说他不是好人。《红楼梦》里的王熙凤，漂亮聪明又有管理天才，只因犯了一个贪字，许多读者就把她看成了大观园里头号反面人物。可仔细想想，《红楼梦》里又有几个人不贪婪？大观园里的头号正面人物贾宝玉，其实比凤姐更贪得无厌，只不过凤姐贪的是钱财，是权势，而宝玉贪的是情。

凤姐放高利贷、收贿赂，弄的钱也还有限，并没想把荣国府的银子都装到她腰包里，弄权更无非是在奴才们头上弄，并没打算统治贾母、王夫人。

宝玉的贪婪却真是不得了，他简直是对大观园中的女孩子个个生情。不要说宝姐姐和林妹妹了，宝玉情为之动的小姐里至少还有湘云、宝琴，在丫鬟里就更多了，袭人、晴雯、麝月之外，还有莺儿、紫鹃、金钏、玉钏、四儿、五儿，另外加上寺里的妙玉，乡下

自己也同样是坏习惯。有些人凡出错都盲目内归因，其结果将成为抑郁症。真正健康的模式，应该是有开放性、不固守自己的先入之见，让自己对各种可能性都加以观察思考。

现实中的事情，很少有都是别人的错，或都是自己的错的，常常是我们和别人各有各的失误或不足。在行为实践的过程中，我们可以发现新的信息，可以用合理的推论来不断改进自己的诠释，这样假以时日，总会越来越准确地看清事情的本来面目，从而向正确的方向进行自我调节，获得更美好的人生。

还有，如果发现是自己的错，这个后果自己是不是有办法承担，也是能不能转变为内归因的一个影响因素。如果一个人觉得，这个后果是有办法承担的，那么他也许可以冒险反省一下是不是自己的错。如果他觉得，这个后果是严重的甚至毁灭性的，那么他只好继续坚持归咎于人，这是保证他自己生存的不得已选择。所以我们希望一个人承认错误，需要先告知他，即使他错了也不用太害怕，因为他还是有出路的。最好，我们明确地告诉对方出路是什么，解决的方法是什么，然后对方才有可能转变自己的归因。

还有的人之所以不转变，是因为他在外归因中有过获益，因此期望自己能持续指责策略。比如，他过去归罪于别人，向别人提出要求的时候，即使这个要求不合理，身边的人也还是尽量去满足他——也就是对他溺爱，没有原则，别人接受了他的不正确的指责。这样，他就会被惯坏，继续期望"你替我承担所有的错"。

这种情况，表面上看这个人很受益，因为他在关系中持续地归咎于对方而对方也认账，这个人自己就没有罪恶感和内疚感的困扰了。但实际上这个人受害很深。因为归咎于人，他自己就学不会反省自己，学不会改变自己，学不会如何在错误中学习。他的这些能力不能进步，在心理能力上就如同残疾人。

这样的人需要永远有一个人替他背黑锅，替他负责。他离不开这个人——就如我们看到有的人永远抱怨自己的配偶但是对离婚却极端害怕。这种病态依赖让他没有安全感，这也严重损害了他的幸福。

作为心理咨询师，不会无限度地承接来访者的指责，而且会帮助对方看清归咎于人这种方式的危害，从而增加来访者转变的概率。当然，我们也要注意，**归咎于人固然是一种坏习惯，盲目地归咎于**

个新的策略，就是反过来看看自己是不是也有错，是不是也有需要改变的地方，然后加以改变。毕竟，在我们指责别人的时候，别人也会说出我们的错误。别人的指责虽然让我们不愉快，但是也提供了一个新的视角，也许我们可以采纳一下这个视角，从而得到好的结果。

简而言之，不认错虽然一时舒服，但是失去了改过的机会；而肯认错虽然不那么舒服，却带来了改过的可能性。

为什么有些人选择了加强对别人的指责，继续外归因，另外一些人选择了反省自己呢？这个选择有一定的偶然性或者自由意志的因素，也有一些是心理学可以给出的原因。我们知道了这些原因，就可以帮助那些不承认自己错误的外归因者转化。

比如，人在高焦虑的情况下，选择改变自己的概率更小。这是一个心理规律。因此在火灾的时候，我们会发现人更容易拥挤到一个角落里，而不会想到可以破窗而出。对孩子的高考非常焦虑的父母，不会尝试新的教育方法。因此，人对事情的"错"的大小感觉不同，选择的可能方向也会不同。在一开始，人们都是选择归因于外，如果后来发现也许需要改变这个归因，而错又比较小的话，人们就比较容易转变为自我反省。但如果错比较大，人们就不愿意转变了。

这就解释了本文开头所说的现象，为什么做了很过分的错事的人，更坚持认为是别人的错？因为，错越大，人越焦虑，改变的概率越小。从中我们可以得到一个帮助者的原则，不要强调这个错误的危害，因为越强调对方会越不肯认错和改变。有些事情，也许我们根本不需要说成是很严重的错或者罪，而说成是一种失误，对方也许就不会有太大的压力。

不好，也觉得是情有可原。这些人也几乎不可能得到幸福和快乐，因为他们会觉得周围的人总是不好。他们总是恨恨地问身边的人："为什么你就不能让我开心呢？"

其实我们每一个人，或多或少也会这样，归咎于人而不肯反省自己，不愿意承认不好的结果也有我们自己的责任。

比如一个人，他身边的人很生气地责备他不承认错误，甚至指责他的人品。这种责备就算是有道理的，却是没有用处的。因为责备更让他觉得，责备他的人太坏，不会让他真的自我反省——人总不会去听一个对自己不好的人的话，然后去做让自己不舒服的事情，对不对？

我们要做的，是理解这些人的心理机制，这样或许才能找到一些有助于他们改变的方法。从心理机制上看，**一个事件发生之后都有一个归因的过程，这个过程发生在回归循环中的诠释阶段。而归因中最基本的一个分辨，就是向内或向外的归因。**

当一件事情的结果让我们感觉不好的时候，我们的内归因就会得出结论，这是我的错。而外归因则得出结论，这是别人的错。

这两种归因中，外归因会让人更舒服一点。怪罪别人当然比自责要舒服一点，因为这样自我不必承受责备。因此，**人本来都是更愿意对坏的结果做外归因的。**

但从长远看，外归因则带来了一些新的问题。我们归咎于别人而不自我反省，使我们没有动力去改变自己。我们会发现，我们责备了别人之后，事情并没有因此而好转。相反，由于我们责备别人，别人恼怒之下，常常会对我们发起反击。

发现了这个后果之后，我们当然还可以有不同的选择，比如可以选择加强对别人的指责，期望别人最后向自己屈服；或者选择一

都是谁的错

对待错误的正确归因方式是开放、不固守己见

做心理咨询的人，会遇到很多奇怪的事情。我做心理咨询中，觉得最奇怪的一件事情，就是有人明明做了很过分、很伤害别人的事情，却可以非常理直气壮地说"我没有错""难道我还有错了吗"。

虽然他们可能是一个虐待儿童的母亲，一个频繁出轨的伴侣，一个恩将仇报的朋友，但是他们总能找到（在别人看来是强词夺理的）理由，证明自己没有错，错在别人。

虽然这种现象如此频繁地出现，我还是觉得难以理解。不过我现在至少能承认这个现象的普遍存在了，我可以总结道："说都是别人的错的那些人，实际上几乎都是真正的过错方。"

这个现象固然有种种层面的原因，我觉得有个原因是最根本的，那就是从来不看自己的问题，总是把过错归咎于别人的人，越来越容易行为失当。

在家庭关系或者其他人际关系中，有的人很善于看到别人的错误，却从来不认为自己有什么错误——即使自己有些事情做得明显歌，把一次劫难当成一次野游、一次放假。

宋代的苏东坡被贬到海南岛，那时候的海南岛可不同于现在，那是最蛮荒的地方。气候不适应加上传染病，以往官员把去那里当成死在异乡的同义词。可苏东坡到了那里，研究吃研究玩，烧松木实验做墨，也活得快快活活。

在大多数人的生活中，境遇应该说都不坏。没有挨饿，没有被批斗，也没有被发配到偏远边疆去。但是快乐的人有多少呢？他说：我要挣到大钱再快乐，出了名再快乐。其实何必要对自己这么严苛？她说：我要丈夫能变得完全如我意才快乐。这等于说她想烦恼一辈子，因为没有人能变得完全如她的意，人与人之间是难以完全契合的。

快乐很容易得到，你看孩子们，没有高级玩具时，用树枝作"宝剑"也可以玩得那么快活。

弥勒佛一定是个心理健康的，下次去寺庙里，你应该看看他，然后，轻轻地念这句咒语："快乐。"

快乐咒
懂快乐,心才是真的健康

有个咒语,可以让忧郁苦恼者得到快乐,这个咒语只有两个字:快乐。

快乐来源于你自己的心。用不着到商店去买,也用不着向别人讨要,得到自己心中的东西,其实没什么难的。

曾有人问我什么叫健康人格,或说什么样的人心理健康。我想了想,如果用最简单的话回答,可以这么说:懂得快乐的人。

可惜许多人不相信快乐咒。他们说:我怎么能快乐?我钱不多,没有爱情,有人排挤我,工作不顺心……他们找出千百个理由为不快乐辩护,倒好像这个"不快乐"是他的一个好朋友似的。

他们都以为快乐是心以外的一个什么东西,而且是很昂贵的奢侈品,非得花大钱才能买得到,有大运气才能让别人送给他们。

境遇好时快乐,这很容易,境遇不够好时快乐,才是难能可贵的。心理健康的人,即使在极艰苦的境遇中,仍旧能够快乐。

孔子曾被围困,连饿了七天。这七天里,人家竟然天天弹琴唱植物，于是皇帝试吃了，皇帝手下的臣子们也纷纷试吃，可毫无感觉，大家也就不吃了，只有一个人一直吃，一直等到见效。后来，他身体健壮，寿命极长。

这或许更像等待种子发芽，并且不间断地每天浇水。

一位男子向一位高傲的女子求爱，送一次红玫瑰，被拒绝，第二次，又被拒绝。他每天送一次，耐心地等待有一天她会爱上他。

这似乎是简单到笨拙的方法吧，但是它最有效，你不会知道是在哪一天，但是终会有一天，高傲的女子会被感动，会爱上这位男子。

在等待的日子里，我们不是什么也不做。哪怕在等公共汽车的时候，你还可以抽空看看街景，何况等待重大事情的日日夜夜呢！一边等待，我们还可以一边做其他事。在等待日出时，我们可以看看星星；在等待发芽时，我们可以整理农具。

等待，也可以不是焦躁不安的，而是充满乐趣的。

一次旅游，汽车在到达景点的半路"抛锚"了。大家都烦躁地等着修车。我偶一抬头，看到远处群山起伏，天上万里无云，草地上一群牦牛在安详地吃着草，这一幅画卷美不胜收，于是坐在草地上，读画直到开车。

在我们等着富裕，等着出名，等着许许多多东西的时候，有许多事情可以边等边做，这样我们就可以等得更耐心。

面对冰雪封盖的山坡时，春天并不曾用雷电的烈火去烧化它们，而只是吹来一阵阵和暖的风，同时等待着。终有一天，所有的冰雪都会融化，只要等待。

种下去之后，在该浇的水浇好了之后，我们必须懂得等待，等待种子以它自己的节奏吸收水分，以它自己的节奏胀满种皮，伸展出芽和根，以它自己的姿态，把芽长出地面。

在看不见的时候，要等待。

懂得等待的人是不焦躁的，他们不会像我，恨不得刨开土层看那豆种。他们**能平静地等，是因为他们确信：该来的自然会来。**

不确信才会焦躁。

许许多多的事情都如那扁豆秧，并非你播下种子即会看到结果。它有自己的生命节奏。我们做完该做的一切后，就要平静耐心地等待。对人、对社会，都是这样。

我做心理咨询时，常常发现有些人的心理症结一时不能解决，他们不可能理解也不可能接受我所讲的道理，在这种时候我把该说的说完，不求他们马上理解。

有人会说："我还是不能理解。"我就回答："不要去管它了。"

我用语言在他们心里种下了一粒种子，但是他们心里现在还没有适合"种子"发芽的温度和土壤，没有水，那么就让种子留在心里吧，等这一切有了之后，种子会以它自己的节奏成长起来的。也许在三年之后，五年之后，他们会想起我当时所说的话，会彻底明白。相信种子终会长成植物，会结出果实。

等待意味着不间断地做。不也有这种时候吗？我们听说该如何做对身体有利，对改善性格有利，或对改善人际关系有利，我们做了，却没看到明显效果，于是就放弃了，并且说这方法无效。但是它并不是无效，只是我们还不懂得等待，没去等待它的效果慢慢成长。

汉代有个方士告诉皇帝，菖蒲可以使人长寿。菖蒲是不值钱的

等待

要相信"该来的自然会来",千万别焦躁

去年春天,我在屋外空地上种了一些扁豆。心想,在读书累了的时候,看看自己亲手种的扁豆秧,肯定是很让人愉悦的。

种子种下三天后,我去看了看,还没发芽,随手浇了一点水。

又过了两天,我又去看,还没有发芽。就有点儿着急了。

随后我天天去看,天天看不到发芽。我很焦躁。

过了一个多星期,我干脆不去看了,我想豆种肯定是死了。

一个月以后,我偶然往那片空地上一看,却发现扁豆秧长出了不少。

该发芽它就会发芽。只是它需要时间——我需要等待。

我回忆起很多年前第一次投稿的情景。那时我把稿子寄出后,几乎天天急着到收发室等邮件,却天天落空。焦躁中,我的自信一天天减少。等到我对自己说"不去看了,肯定不会发表了"之后,一本刊登了我的稿子的样刊却突然来了。

许许多多的事情都如那扁豆秧,需要时间才能发出芽,在种子道我会失败，我认命了"。

这两种人的一念之差也可以说是心念的差别，失败者没有对目标的渴求，没有获取成功的决心。他们在向命运索要时说："请给我我想要的，但是你如果不给我，也就算了。"而永不言败的人则说："我要，我一定要，如果你现在不给我，我还会继续向你要。"有了这种决心，这种坚持，必将会得到他们想要的。《圣经·新约》中说："凡是求的，就必得到。"鲁迅说：不论想得到什么，只要"执着如怨鬼"，是无不能成功的。

相信自己不会失败的人勇于进取，因为他们不担心那一时的挫折，挫折不会让他们否定自己。相信自己不会失败的人会全力以赴，因为他们不去想万一失败了如何面对自己，不预留退路。相信自己不会失败的人不自怨自艾，不叹息悔恨，因为他们没有时间沉溺于过去，他们还要为未来而奋斗。相信自己不会失败的人最有韧性，因为在最黑暗的夜里他们心中都有曙光。

失败是不存在的，最不利的结局也只是"尚未成功"。只要继续努力，终会见到成功。

以前在报上看到一个叫孔乙的女孩的事。她想读大学，但是第一次因偶然事件没能参加考试，第二次因没有钱而未能如愿，第三次因条件不符未能上大学，第四次又因没有钱而中途失学未参加考试。但是在第五次，她终于成了大学生。

因为他们不接受失败，所以他们没有失败，有的只是挫折而已。

小时候孩子们打架，一方把另一方打倒不算结束。压在上面的孩子要问下面的孩子："你服不服？"如果下面的孩子说"服了"，他就是失败者，这场战斗结束，而如果他说"不服"，战斗就仍将继续。当命运把一个人打倒在地的时候，只要他不服，他就可能继续和命运战斗，直到他战胜命运。

命运女神只欣赏战胜她的人，只把丰厚的宝物赠给这些人，这些永不言败的人。

不言失败的人和失败者只有一念之差，那就是信念上的差别。不言失败的人有必胜的信念，他们相信自己，认为自己必将成功。暂时的失利不说明自己无价值。文章没发表，只说明文章没发表，不说明自己没有写作能力。女友离开，只说明她不爱我，不说明我没有价值。文章将来总会发表，爱我的人总会来到。失利和挫折并不是坏事，它可能帮助你发现问题，发现需要改进的地方。失利说明你遇到的题目较难，超出了你现有的水平，但是也正是因为生活给你出了难题，你才有机会超越自己，提高自己的水平。

失败者没有必胜的信念，他们或是怀疑自己，不知道自己能否成功，或是干脆不相信自己能成功。怀疑自己的人害怕挫折，一旦遇到挫折他们就十分沮丧。因为在他们看来，这就证明了他们没有能力，或证明了他们不被命运之神宠爱。他们会轻易相信这就是失败。不相信自己的人对挫折反倒容易接受，因为他们想的是"我知

永不言败

不承认有失败，才是成功者的秘诀

你可以永远不失败，这不需要你有过人的天赋，也不需要你有奇迹般的好运，成败之间只是一念之差。

你的企业破产了，这并不是失败，因为毕竟有了经验教训，你还可以东山再起，也许下一次你将赢得亿万财富。

你写的书出不了，这更不是失败，你可以因此发现并改正书中的缺点，然后找下一家出版社。

你高考落榜了，这一样不是失败，因为你还可以明年再考。就算你屡次失利，也不是失败，因为成人自学高考的机会永远存在。

最优秀的人都会有一时的失利、挫折，但是他们没有失败。失利和挫折只是成功路程中的驿站，当然这是不舒适的驿站，但是它不是坟墓。失败才是坟墓。

不承认有失败，这不是阿Q精神，不是在玩弄语言花招，而是一种成功者的态度。有了这种态度，你固然仍会遇到挫折，但最终必将成功。

来是一个坚强有力的人，那时她的"力比多"渠道就没有打通，就如不知地下有石油的人一样，只好用地面上的柴草燃烧生命之火。而当一次次挫折逼得她不得不开掘内心中的潜能时，她终于越来越多地挖通了通向地下石油的渠道或油井，而当她获得了内心的力量源泉后，她显示出了巨大的心理力量，她可以在风雨中独立。

厄运往往是我们的好老师，虽然它的外表很严厉。在厄运中，人们的"力比多"渠道最容易打通，因此可以说命运是公平的，它给人不幸的同时附带了一笔巨大的财富——开掘地下"力比多"所用的钻头。**在挫折中，你不能仅用平时的心理力量来应付，你需要更多的心理力量，这时你的心灵就会自发地努力打通"力比多"渠道。**

我特别要告诉那些遇到厄运的朋友，不要失去这笔命运送给你的财富。不要仅想着如何熬过痛苦，如何减少痛苦给你的伤害。如果你抱头忍受命运的打击，所得的只有伤痛。而你如果时时想着："我不能白白受苦，我一定要在这件事中学到一些东西，我相信我还有更大的潜能。"你也许会和郝思嘉一样，发现从内心深处涌出一股强劲的力量，那是你从未体会过的。真的，只要你抵抗灾难和不幸，如同死守阵地的战士，同时对自己说我还有潜在的力量，那么那股力量就会出现。只要你坚持，只要你相信。

去读读《飘》，去看看不幸会带来多么巨大的财富。

故事，不如说是一个女人的成长过程。她经历了一次次的挫折与痛苦，每次被打倒后，她都努力想站起来，而在这种努力中，她发现了蕴含在自己心灵中的，但是自己却从未看到过的一种更深的情感、更大的力量和更顽强的意志，她终于接近了自己心中最深处的那个力量源泉。她发现了真正的自我，开发了自己的潜能，使自己由一个依赖性强的孩子成长为一个坚定负责的独立成熟的人。

看看身边的人，你会发现人与人之间心理力量的大小很不同。有心理力量的人，未必多么强壮，也未必有多么聪明，但他们有种气势、有种坚毅，让其他人为之折服。再拿《飘》里的人物做例子。郝思嘉的父亲似乎不是个弱者，他性情刚强勇敢，但是他的心理力量并不十分强大，因此当厄运到来时，他的精神就垮了；卫希礼也一样是个勇敢的人，但是他的心理力量也不是很强大，因此当南北战争中南方失败后，他也失去了生机；白瑞德的心理力量就比较强；韩媚兰虽然体弱无力，却和郝思嘉一样有强大的心理力量——虽然表现形式不同，因此韩媚兰在任何危险中从没有过惊慌失措。

虽然我们无法用测力器测出心理力量的大小，但是当一个心理力量大的人来到身边，每个人都能感觉到他的力量。这种人能给人一种威胁感，或一种安全感，视他与你的关系而定。

瑞士心理学家荣格用"力比多"这个术语称呼某种看不到的生命能。这种"力比多"蕴藏在心灵深处，如同石油蕴藏在地下。"力比多"通过各种渠道转化为我们进行心理活动所需的力量。当一个人可用的"力比多"较多时，他的心理力量就大。人与人的"力比多"不一样多，每个人的"力比多"也都没有得到充分利用，如果得到充分利用，每个人都可以有很大的心理力量。

如同《飘》一开始时的郝思嘉，遇事惊慌失措，不知道自己本

痛苦带着的财富
厄运,是你打通心理能量的好渠道

如果《飘》中的郝思嘉没有遭到那一系列挫折,如果她得到她所爱的人,如果南北方没有战争,她大概一辈子是个孩子,一个被父亲被丈夫宠爱的孩子。她将永远不知道,她身上有那么强劲的力量;她将永远不知道,她可以那么勇敢;她也将永远不知道,爱可以那么深沉。

挫折和痛苦驱赶着她,让她离开了旧的家园,却让她得到了一个新的更广阔的家园。

贪玩、自私、不知责任心为何物的她,如果不是在战乱中无处求助,会没有勇气去为韩媚兰接生。当历尽艰险终于回到家里的时候,如果不是看到母亲去世父亲也精神崩溃,看到自己已无人可依,她也绝不会有力量独自撑起家庭,更不会懂得什么叫作对土地的爱。而在最后,如果不是在发现卫希礼真的没有爱过自己而又失去了可依傍的白瑞德,她也不可能真正获得感情上的成熟与独立。

从另一个角度上看,《飘》这本书所叙述的与其说是一个爱情说:"一个人只要身上有一点神圣的东西,苍天就会在他面前屈服,接受他在上面盖的印章,任凭他塑成任何形式。"

忧郁者的怨言是对的,命运不公正。命运不是一个对孩子们一视同仁、不偏不向的母亲。相反,她明显地偏向、宠爱一些人:"**凡已经有的,要加倍给他更多叫他多余;没有的,连他仅有的也要夺过来。**"这是所谓的马太效应。命运女神让富有者更富有,因为金钱会带来金钱;让智慧者更智慧,因为智慧者懂得如何浚通智慧泉水;让勇敢者更勇敢,因为勇敢地迎向死神的战士反而最容易逃脱死神的魔爪。

有人很成功,而他还在不断地得到更大的成功的机会,但有的人渴求一个机会却总是得不到。若把命运宠爱者所得的分一点给别人,就会对别人大有益处,但是命运并不这样做,她固执地把一切都只给她所爱者,哪怕他已不需要。

这就是命运的性格。

这是另一种公正。如同园丁,他把弱小的树枝剪掉,好让强壮的树枝更茁壮,这难道不对吗?难道一个园丁会去剪掉强壮的树枝,好让树的营养均匀分配于各个枝条吗?

不要做忧郁者,不要乞求命运的怜悯,不要告诉命运你是弱枝病木。

身处逆境时咬着牙和命运搏斗,战胜她、征服她,像贝多芬所做的一样。而当你战胜她之后,所有的奋斗都会有所酬报。

我们要记住,命运绝不是母亲。

用忧伤博取亲友同情，这虽然也不是健全的心理，却情有可原，可是忧郁者就是在独自一人时，也会让心哭个不停，这又是何苦呢？是为了博取命运的同情；是为了让命运看到自己的可怜、悲惨；是乞求命运赐给他更多的未来；是为了控诉命运的不公正——她偏爱别人，给他们如此之多，却薄待了我，给我如此之少。

如果小时候母亲对他不够好，他就用苦肉计。长大后的他，隐隐把无形的命运女神当成了母亲对待，用悲惨忧伤向她乞求，也向她抱怨。

可惜，命运不是母亲。

命运从不懂得怜悯弱者。

南唐李后主的势力衰弱，困处江南。他向军力强盛的宋朝求和，同意不称唐朝改称江南国，同意进项称臣，只求偏安。但是宋朝军队却仍南下灭南唐，李后主屈为臣虏，虽然会吟出"问君能有几多愁，恰似一江春水向东流"这样哀婉的词句，命运却也不曾有一丝眷顾和怜悯于他。

命运不像母亲，却有些像一个女人，一个野性的女人。对那些不能吸引她，不能征服她的男人，她是轻视的，不在乎的。像郝思嘉对待那些追求者们一样，她挑逗他们、戏弄他们。她看到他们为她痛苦也不会动心，只会因此更轻视他们。命运女神也是这样一个野性的女人，当你玩扑克输了时，她不但不愿给你几张好牌帮你转运，往往反而会把最坏的牌给你；在你身处逆境时，她往往会把疾病，把灾害加在你身上。

但是，如果一个人征服了命运，经受住了命运的考验，焕发出了自我的光彩，命运女神则会像一个痴爱着他的女人一样，帮助他，服从他，为他寻找各种机遇。爱默生的一句话很切中这个感觉。他

命运不是母亲

只有经得起考验的人,才会被命运眷顾

命运不是母亲,但是许多人却习惯于以孩子对待母亲的方式去对待命运。我说的是那些忧郁苦恼、怨天尤人的人。

其令人费解,忧郁难道是适意的感受吗?为什么有的人抱着它不放呢?谁都可能遇到过这种忧郁者,他善于抓住每一点点不幸,让自己沉浸在忧郁苦恼中。"啊,我怎么这么倒霉!""我活得太苦了!""命运对我如此不公正!""为什么偏偏是我遇上这不幸!"我们承认,他的机遇或许的确不太好,或许他真的很不幸,但是沉浸在忧郁中的作用呢?为什么不把精力用到获取新的成功上呢?

据说,有个人背着瓦罐在街上走,由于拥挤,瓦罐不小心打破了。那个背瓦罐者头也不回继续往前走。旁观者喊道:"喂,你难道不知道你的瓦罐破了吗?怎么头也不回?"背瓦罐者回答:"回头有什么用?我现在需要去买一个新的瓦罐。"

对忧郁者来说,为什么不去"买新瓦罐",却守着"碎瓦罐"哭个没完呢?是为了博取同情心,这是我后来才明白的。

为你不敢做自己，你的心理力量也会减弱。

强者的第二个秘密就是，只要你相信自己的潜力，你就会产生更大的能力。当你告诉自己"我行"，你就肯定行。很多人认为一个人要自信必须有理由，实际上自信是不需要理由的，有理由就不是自信了。只要你自信，你就会发现，在你心灵中产生了你需要的力量。

强者的第三个秘密就是要接纳磨难。孟子有一段广为人知的话，说"天将降大任"给一个人的时候，必定要先折磨他，让他吃一点苦。实际上，倒不是"天"是什么虐待狂，而是说一个人经历过磨难，心理力量就会更强。

我们街道上有个老太太，平时如果丢了1角钱，会难过三天。后来被骗子一下子骗了3000元，一场大病。病好以后，反而敢拿剩下的钱去炒股了，而且老太太变得很从容，被套也不急不慌，炒股赢利上万。磨难就像一个沙袋，当你腿上绑着沙袋时，你跑得肯定比别人累。但是这样你才会练出更大的力气，将来会跑得比别人容易。当磨难到来时，如果你怨天尤人，你就完了。但是如果你努力在这时还保持信心、冷静和从容，那么磨难就使你更优秀。

做一个强者是幸福的，虽然强者也会遇到人生的风雨，但是无论在什么情况下，他内在心灵都从容不迫。就像曹操虽然有赤壁之战打了大败仗的时候，可是他依旧可以放声大笑。只要我们像强者一样做，我们都可以成为强者。

他却用自己的刀杀掉了自己,楚汉之争的结果虽然是多方面原因造成的,但也从某种程度上说明,项羽承受不了失败,他在心理上不如刘邦强。

心理上的强者甚至可以是身体上的弱者。《飘》中有一个女性叫韩媚兰,是一个体弱多病的女子,远远不如主角郝思嘉身体好,但是在心理上却不然。当郝思嘉遇到困难时,她发现媚兰可以给她安全感,因为媚兰可以比她镇静从容。她让我联想到那个瘦小的特蕾莎修女,那个投入一生救助穷人的充满爱的人,她的心理力量强大到罕见。

心理上的强者不展示自己的力量,也不一定追求权力。恰恰就像那个在失败时自杀的希特勒一样,外在的强往往是为了弥补内在的弱。强者的表现是更自在而从容的,就像被贬到天涯还嬉笑自如的苏东坡,他的外表也谈不上多么魁伟,但是在心理力量上,他有大江东去一样的势头。

强者的第一个秘密就是,你要知道强是内在的强,不是外在的强。不要把太多精力花在外在的东西上,去追求外表强大和有权力,而要注意培养自己内在的素质。心理力量不是可以像金钱一样能在外部得到的东西,而是来源于内部,是人的本身的生命力的体现。心理学家早就发现,**每个人都有巨大的心理潜力。追求外在强大的人,如果进行心理分析**,往往是在内心中掩藏着某种自卑。自卑使你弱化,使心理力量减弱。只要消除了自卑,以及其他弱化心理力量的东西,你就会成为强者。

注重外在还有一个缺点,那就是别人的看法会影响你。你也许想做一件事,但是你怕别人会批评、会反对,而你看重别人的想法,这样就不得不压抑自己。久而久之,你的内心中就会轻视自己,因

强者的秘密

强者的力量就在人格中

强者的秘密实际上不是秘密,强者经常会把这个"秘密"告诉别人,只是别人往往不会相信。

这里所说的强者是指心理上的强者,也就是心理力量很强的人。我们很难定义这样的人,但是我们在感觉中可以分辨他们,我们会赞赏他们或者嫉妒他们,我们能感觉到他们生命中的力量:在人生的坦途中,他们会活得比一般人大气,在人生的崎岖山路上,他们不会倒下。

心理上的强者不一定样子有多么强悍,他们的力量是在人格中的。论强悍,项羽大概是中国历史上第一人了。但是在心理上有一个人比他还强,那个人叫刘邦。刘邦表面上不如项羽有出息,曾经二十多次被项羽打败,有时会被打得落荒而逃,连孩子都顾不上。但是实际上,这也反映了他的心理力量强。因为这样惨败造成的巨大的心理压力、焦虑、挫折感、内疚感等,他可以承受。而项羽是承受不了的,所以项羽最后失败,自尽而死。项羽的武力天下无敌,

第四章

用有担当的人生供养出生命的真正意义，或在不自主中空虚至死？

如果一个人希望有自己的灵魂，希望能更多决定自己的人生，从而有一个更健康的自我，至少，必须下决心自己担负起自己的人生责任。不自主的生活是最不能忍受的生活，这种生活会使人像秋叶一样日渐枯萎，因为不自主的人多数缺少一样东西，那就是人生的意义。

刘聆接过玫瑰花,脸上先是惊喜,随后转成尴尬、落寞。她随手把花丢在楼梯口的垃圾袋里。

角色不同,同一行为的作用也不同。如果这束红玫瑰来自刘聆的丈夫,它一定会有一个好得多的归宿。文洋作为一个朋友,不可能代替刘聆的丈夫给出本应该他给出的东西,越俎代庖只能费力不讨好。

另外,在文洋,这是表达自己的关心;而在刘聆,则也许误以为是一种居高临下的同情,这会使她更难过的。不要忘了,女人间是有暗暗的竞争的。也许出于一时情绪,刘聆说了对丈夫的不满,现在正在后悔呢?她不愿再面对一个知情者,以后她也不会愿意和文洋来往了。

再说,丈夫刚打来那个电话,即使朋友的花不是居高临下的同情,却更是反衬出丈夫的不体贴,只会更让刘聆心情不好。

再说,正心情不好时,看什么都不高兴,不是吗?

文洋等刘聆的电话一直到过了元旦。文洋自嘲地想:反正从来没有过这个朋友。

说到底,刘聆并不急于想要友情,她的全部注意力在丈夫身上,所以才会有扔花之举。文洋则不同。

有时,不满足的人的注意力会持续放在她的不满足上,不关心别人。如果你不是她的好友也没有较多的时间,想让她"出来"是不容易的。

文洋也说不上有什么大失误,要知道,社交是两个人的事,社交不成功,原因不一定在自己。

就像那红玫瑰,它更是什么错都没有。

"才不会。他是个工作狂,每天就知道工作、工作,你想象得出吗?以前约会他第一句话就是'今天我们只有一个小时'或'今天我们有一小时二十分钟',弄得我一点感觉都没有了。"

没有玫瑰,说到底是没有关心、关注。

女人之间的交际,往往有两种东西交织:一是女性间的理解和同情,二是暗暗的竞争。因为前者,女人愿意在同性面前谈对丈夫的不满,而后者使她们不愿意暴露自己的不幸福。只有在两种人面前,她们可以暴露自己:一是最好的朋友,二是初次见面和以后不再见面的人。

文洋听着刘聆的抱怨,心里不免暗暗同情她。

"哎,认命了。"刘聆自我解嘲地说。

她们有点留恋地说声再见,各走自己的方向。"元旦等我电话,我们再聊聊。"刘聆一边走一边说。文洋心里热乎乎的。

文洋对刘聆的感情,是来自刘聆对自己的亲切,也是来自她自己得到了玫瑰花的好心情。

我们常常分不清自己情绪的来源,文洋把早上收到玫瑰的好心情和刘聆的友谊连在一起了,所以格外喜欢刘聆。

有个心理学实验,让一组男女共同走过一座有一点窄的桥,发现他们之间的好感比走过宽桥的男女多——因为他们把走过窄桥的心跳,误以为是对方引起的心跳了。

回家的路上文洋买了一束红玫瑰,并且把刘聆的地址留给了花店老板。

丈夫又来电话说要加班,而且匆忙得都没有给刘聆嘘寒问暖的时间。刘聆坐在丈夫拼命工作为她挣来的豪华住宅里,心情很沮丧。

"丁零零"……门铃响了。

玫瑰故事
明确自己的角色和身份,才能在交往中恰当示好

平安夜,文洋和刘聆在一个会议上相识,虽然谈不上一见如故,但一起去乘地铁的路上,她们还是热络地交谈着。"你看!"刘聆扯一扯文洋的衣袖。只见迎面一位风度翩翩的男士匆匆忙忙地走着,手里拿着一束被精心包装的红玫瑰。"真浪漫!"刘聆感叹着,"你老公怎么样?会给你送花吗?""送的,这几天他在外地出差,今天早上我收到他寄来的一枝红玫瑰。"文洋一边说一边沉浸在自己的甜蜜里。

送红玫瑰是最没有创意的行为了,却是征服女人心最有效的方法。这一点男孩要注意,不要因为它不新奇而不用它。

好莱坞有一个原则,一种手法不用到被排斥就一直用。送玫瑰就是可以一直用的手法,直到你的女孩感觉这手法太陈旧——但是女孩排斥这手法的那一天也许永远不会有。

"你真幸福,我老公真是的,一点也不浪漫。"刘聆抱怨着。

"也许今天你一回家,就有一捧玫瑰在等着你。"文洋打趣说。

评判别人，这个人有这种缺点，那个人有那种毛病，评判之下爱就被扼杀。当然，不评判不是做老好人，我们应该指出朋友的缺点，帮助他改正。但是，在你评判别人时，不妨先问自己两个问题：第一，是他有缺点还是我用自己的标准强加于人？如果答案肯定，就告诉自己，人与人有不同的行为标准，只要对方的行为无害于他人和社会，就应该允许其存在。第二，我评论别人时，心里是不是有敌意？如果有敌意，就要先检讨自己，然后再评论别人。只有对方确实有缺点而自己完全是善意才可以评判别人。

爱的障碍之二是自我中心，斤斤计较。总想在别人那里占便宜的人是不懂得爱的。有的人学习心理学，学习了解他人的技术，目的是控制别人、利用别人，这种人可以学到揣摩别人心理，但是学不到"他心通"。

有人问："爱了，'他心通'了，却不能控制别人了，这对我有什么好处呢？"就像向崂山道士学了穿墙术，却不能用来偷东西，甚至不许用来炫耀，那么，穿墙术有什么用？

对这些人的回答是：爱就是最大的好处。爱别人，了解别人，和别人心心相印，这就是最大的快乐。这快乐胜过控制别人的快乐。我们学交际，就是学习和别人共享爱的技术。

愿大家都能"他心通"。

是急急忙忙回家，发现母亲果然倚着门急切地等他回家。

我们经常听说这种事例。有人在亲人亡故前，无缘无故感到不舒服，急于见到这个亲人，似乎他知道亲人临去想见到他。或者，亲人遇到危险时，有人会有感应。这就是一种他心通。

另一种他心通更常见，那就是母亲对新生婴儿的心理。很多母亲是他心通的，她们不需要婴儿说话就知道他需要什么。她们甚至不需要特意从体态语言中而是从哭声中就能做出判断，这是感同他人的喜怒哀乐的能力。获得这种能力的秘诀是：爱。

当你深深爱一个人，在你心中，他就是你，你就是他，他的快乐和烦恼就是你的快乐和烦恼，那时，你就会了解他的心理——这就是"他心通"。

古诗有"心有灵犀一点通"，俗语有"心心相印"，这就是"他心通"的境界。了解你真爱的人是可以一点通的。爱到什么程度，了解对方就容易到什么程度。

"他心通"不是特异功能，是普通的功能，是因为爱，所以能想对方所想，急对方所急，能无意识中注意到对方的一举一动，因而能知道对方的心情。因为你有爱，对方在你面前不必有丝毫伪装和掩饰，因此你可以清楚地了解他。

这是心理学的最高境界，是交际的最高境界。不需要心理学知识，不需要心理学技巧，只要有足够的爱就够了。

就是这么简单，爱；但是又很难，因为我们难得会这样深地爱一个人。

爱不可以用技术制造，但是我们有办法让自己少一些对爱的障碍。

爱的障碍之一是对别人的评判过多。难以爱别人的人往往惯于

"他心通"秘诀

只有足够深地爱一个人,才能和他心灵相通

据说,修炼到最高境界的人会有一种神奇的能力叫"他心通"。这让人们很是羡慕:"有他心通多好,不需要学心理学,别人想什么我都知道。谁也别想骗我,我对付别人轻而易举。他心通就好像一个高级的间谍,可以潜入别人内心获得情报。"他心通如此高深,一定要花很多时间闭门苦修,要有大师传授秘诀,人们只好望洋兴叹。

不过我告诉你,他心通实际上很简单,不需要闭门苦修,也不需要大师传授秘诀,秘诀只有一个字。如果你想学,如果你按照秘诀做,你肯定可以很快获得他心通。

不要急着找这一个字的秘诀,请耐心看每一句话,这样效果才好。

先让我们看一下,除了修炼者,有没有其他人有他心通现象?如果有,分析他们为什么会有?

除了修炼者,其他人也会有他心通现象的。古代的曾参很孝敬母亲,一天他在外砍柴,忽然感到心不舒服,他觉得母亲想他,于

清楚地看到事实，也会更冷静地分析事实而不受情绪干扰。

当你陷入强烈的愤怒、沮丧之中而难以自拔时，想象另一个你分身出来，静静地看着处于情绪中的你，不必做任何判断，你会感到一种宁静安详逐渐渗入愤怒之中，渐渐地你会平静下来。

在人际交往中，难免会有矛盾，有愤怒烦恼。即使是最好的朋友也会有吵架的时候，分身为二，做自己局外人的技术总是用得着的。

懂得如何做自己的局外人，你会更善于处理矛盾。比如，一个男孩本来很烦他的女友，因为她常常没事找事。做了局外人，他才看出来，原来她是怕失去他，用这种笨方法想得到他的关注，于是他主动去关注她，解决了矛盾。

懂得如何做自己的局外人，你也会变得更达观。对小小的是非得失，认为不值得为之烦恼，于是你会生活得更豁达、更健康。

了（说着掏出手帕擤鼻涕）。你看我的扁桃腺多红（张大嘴让对方看，对方躲开身子）。噢，你结婚了吧，老婆漂亮吗？怎么了哥儿们，不说话？哥儿们，你太拘束了，人应该善于交际，是不是？"

"是啊，是啊。"对方一边应，一边又退远了一步。

先说话的青年心里一定会认为对方太内向。在生活中他也许会奇怪地发现，虽然他对人十分热情，却交不到几个朋友。而实际上，除了他自己之外，所有旁观者都看到了他的问题何在。

还有一种场景我们更是常常可以见到。

两个人为一件无关紧要的小事争得面红耳赤，语言中渐渐连人身攻击的味道都冒出来了。这两个人中的每一个都认为：自己是据理力争，对方是无理狡辩，而且认为对方之所以要无理狡辩是为了维护他自己的面子。而在第三者看来，这两个人全无区别，都是争强好胜而已。

如果我们能够从局外人的角度看问题，就可以避免当局者的迷妄，可以看得更客观更真实，也就可以发现自己的错误，走出社交困境。

做自己的局外人其实很容易。你只要用一下"分身术"就可以了——当然不是像孙悟空那样真的分身，而是在想象中分身。

你可以想象另一个你分身出来，站到与你有一定距离的地方看着你的举动。想一想另一个你会看到些什么，会有什么样的看法。

当你和朋友争论不休时，和父母吵架时，有什么事想不通时，你都可以试一试分身出另一个你，站在身边观察你。

或者想象你自己站在局外，观察那个也许正在吵架生气忧伤的你，观察那个人是怎么和别人交往的，你就会对自己有新的看法。

因为这个置身于身体之外的你是旁观者、"局外人"，所以会更

做自己的局外人

从局外人角度看问题，就会客观处理人际矛盾

俗话说：当局者迷，旁观者清。当我们旁观别人的是是非非时，很容易看出来他们相互之间是什么关系，他们之间冲突的真正原因是什么和该如何解决。但是一旦事情到了自己身上，我们似乎一下子就笨了，明摆着的道理也会看不到，很简单的解决方法也会发现不了，结果陷于痛苦烦恼之中难以自拔。旁观者对我们也许会不理解："这么简单明白的事，他怎么就是看不明白？"

有次在公共汽车上我看到这样一幕。

"哥儿们，是你呀！我差一点认不出你了，留这些大胡子，可以上电影了。"说话的青年人非常兴奋，一边说一边伸手去拉对方的胡子。

乘客们纷纷转过来看着他们。

"过得怎么样？"这个青年人拍着对方的肩膀问。

"还可以。"另一位轻声回答，因被大家注意而有些窘迫。

"身体怎么样？现在还那么爱感冒吗？我现在反倒更容易感冒

一的，你赞美他的地方正是你欣赏他的所在。

学习赞美术实际上就是学习鉴赏术。懂得对方的美才可以赞美。因为懂得鉴赏你才能准确地说出对方美之所在，胡乱赞美是无益的。试想：伯牙弹了一曲"高山"，钟子期如果在一旁鼓掌叫好，却说不出好在哪里，伯牙会以他为知音吗？

你不妨试着找一个人做目标，时时注意寻找他（她）的优点，然后去赞美他（她）。赞美要尽可能具体。不要仅对一个女孩说："你真漂亮。"而应该说："我发觉你笑起来非常天真，这时候你最好看。"

久而久之，你将会很善于鉴赏人，也就很会赞美别人了。

另外，赞美必须真诚，你所赞美的必须是你心目中的优点，否则不要说。哪怕这优点极小也不妨赞美。

我们大都不习惯及时赞美别人。当别人做了一件好事时，你也许心中赞许却并不说出来。你不妨试着改变这种习惯，在发现可赞美之处时马上赞美，这时你说话的语气会是最真诚的，因而效果也最好。

学习赞美术的人不要忘记赞美你最好的朋友——你自己，这将使你更能悦纳自己，更自信。

赞美的力量是不可限量的。曾经有一个女孩很丑，她很自卑，觉得别人对她不好，她也对别人很凶。心理学家让大家试着赞美她，赞美她的头发很黑，赞美她偶尔闪现出的善良。结果过了几天，大家都发现她变得漂亮些了。

试着每天去赞美别人，社交场上你将所向无敌，你将得到友谊和爱，得到一个美好的世界。

的琴声，钟子期会赞美伯牙的琴声。

舞蹈家邓肯说："恐怕现时代最奇特的一个人物是邓南遮。他身材矮小，他的面貌除了笑的时候，实在谈不上美。但是在巴黎有一个时期，差不多一切最著名的美女子都爱他。"为什么呢？因为邓南遮善于赞美。

赞美有说不尽的益处，但是人们却极少使用它，原因主要有三个。

一是自私自大。"我为什么要赞美他（她），让他（她）高兴？"说这种话的人不舍得用一句话给别人带来喜悦，多吝啬。破除自私的方法是告诉自己：赞美别人给你自己带来的益处更大，不仅仅是别人会回报你，赞美本身就会滋养你自己的心灵。设想有两个人，一个挑剔一切；另一个则善于赞美，他赞美朝霞，赞美夕阳，赞美青草，赞美白云，赞美博物馆中的文物，赞美美丽的建筑……哪一个人会更幸福呢？

自大的人会感到赞美别人等于贬低自己。他们时时抱着竞争的心态，所以想："我赞美他，他就会自以为他胜过了我，这怎么行！"破除这种障碍的方法是，让自己忘掉竞争，把生活当成游戏，把对方当成游伴。

第二个障碍是挑剔成习，有些人总看到别人有缺点。是的，每个人都有很多缺点，如果你盯着找缺点，就会找到一大堆。但是，任何人也都有优点。"水至清则无鱼，人至察则无徒"，为什么不把眼光放到别人的优点上呢？

第三个障碍是认为赞美别人是拍马屁，是阿谀奉承。拍马屁和赞美别人是完全不同的，前者是出于功利目的，很虚伪，嘴里说别人好话，心里却在暗骂或暗地里嘲笑对方，而赞美别人则是心口如

所向无"敌"之术

赞美，是社交的无敌妙术

练任何武功时，都有一个绝招是师父轻易不教的。只有当你把其他招数都练好，师父信任你之后，他才会传授这一招。而当你会了这一绝招之后，你会发现你的武功达到了全新境界。

现在我们讲的心理学方法，也将使你的社交技能达到全新境界——你可以所向无敌。

一般人对"所向无敌"一词有个误解，误以为所向无敌是指能轻松打败任何敌手。实际上，所向无敌是指你面前将不再有敌人，敌人已变成了朋友。

所向无敌的社交心理术是指赞美别人的方法。

赞美是社交的无敌妙术。它可以化敌为友，可以使友情更加深厚，可以给朋友带来利益，也可以让自己得到成功。

人如果是花树，赞美就是春雨。

古时有个极高明的琴师叫伯牙，他有个最好的朋友叫钟子期，是个樵夫。为什么伯牙把钟子期当成至交呢？因为钟子期能懂伯牙这种方法把"监工"原来对内的注意力引向外界，让他注意别人从而无暇关注自己，可以很好地减弱一个人的自我意识和自我批评，从而使其言行举止变得更为自然。

认识任务是什么都可以，认识不是主要目的，目的不过是转移注意力。但是在交际过程中，你必须专心于任务，这样才能有效地达到转移注意力的目的。

有人问："如果没有'监工'，没有自我注意，我怎么才能保证我做得很好？我又怎么总结经验教训好让以后提高？"

其实，没有自我注意你会做得更好，也许不尽完美，也许会有错误，但是在你自我注意时，你的错误只会更多。有人说，没有自我监控会出错，但是我们可以告诉他，有监控错误会更多。

足球开赛后，教练员不上场。运动员不可避免会有些错，但是假如教练员上场，跑在运动员的身后随时提醒他该怎么踢，运动员很可能会踢得很臭。

总结经验，提高自己，这是比赛暂停时或结束后教练员才可以做的事。

你只可以在交际活动之外思考如何交际。而且，不要想太多。一次注意到一个问题就可以了，下一次你的交际少了这个问题就会进一步，更不要用批评责骂的态度去对待自己。批评和责骂不会使人进步，要鼓励，要表扬自己每一个小小的进步。

人人都会交际，只是被"监工"干扰才表现不好。试试用"外向任务法"对付监工，你会发现你变得自然而又从容。

时，他们仿佛分身为两个人，一个在交际，另一个在监工在评判。正是因为监工的干扰，交际者才会紧张，才会表现失常，变得举止笨拙、言语生硬。

这是一个恶性循环，**头脑中"监工"的监视干扰了交际者的自然反应，造成交际者举止失常，然后引发"监工"的焦虑，"监工"急于控制交际者的行为，而控制越强，交际者行动就越不自然。通常我们称之为"自我意识太强"**。

有个寓言。蜈蚣有100只脚，狐狸问它："你是怎么安排这么多脚的，一定很难做吧？"

蜈蚣想了想，结果就不会走路了。因为蜈蚣有了自我意识，有了"监工"，干扰了自发的行为。

仅仅有个"监工"就会让蜈蚣不会走路，更哪堪许多"监工"还要指责、斥骂交际中的人！

只要我们减少"监工"对我们的干扰，我们都可以成为很好的交际者，用不着花很多时间练习口才和学习交际。儿童"不学无术"，但是孩子们自发的交际却都很成功，他们很容易交到好朋友，而且相对较少为自己的交际能力操心，因为儿童的"监工"还未建立完全。

我们不幸有了"监工"，该怎么对付他呢？怎么让他少干扰我们呢？

有种技术叫"外向任务法"。具体做法是：为自己找一个和别人有关的认识任务，例如，让自己关注别人的言谈，从而判断出这个人的性格，猜测他形成这样一种性格的原因。或者，让自己判断在场的其他人之间的关系好坏，每个人对另外的人的看法（但是不去判断别人对自己的看法）。甚至可以选这种认识任务：挑出别人的行为失当之处（但是不要说出来）。

头脑里的监工

克服自我意识的干扰,才能战胜社交紧张

假如有一种仪器可以把人头脑里的思想像广播一样播放出来,那么我们可以很清楚地知道为什么有些人在社交中会紧张。

"举止大方一些,微笑,微笑!"

"别笑得那么傻,笨蛋!"

"说话呀!说话呀!"

"说的话那么蠢,人家都会暗地里嘲笑你呢!"

"脸不要抽搐,手不要抖。"

"告诉你不要抖,笨蛋,笨蛋,没出息,丢人现眼!"

上边这些话就是某位青年在社交时头脑中冒出来的想法。

当然,我们没有能播放想法的仪器,这些话是他自己告诉我的。

想象一下,当他和人交往时,头脑中仿佛有一个监工监视他的一举一动,不断用批评性的语言"指导"他,责骂他,他怎么可能表现得自然,表现得轻松?

每位社交有困难的人头脑中都有这么一个监工。在他们交际顶得住，一旦有熟人出现时，受训者就会因羞愧害怕而逃避。

如果你在训练时遇见熟人，要求自己坚持下去不停止。熟人也许会惊讶，也许会嘲笑，也许会劝你别出丑。把这些都理解成对你的考验，你必须经受住考验。

要知道许多成大事的人——比如第一架飞机的制造者——都遇到过别人的惊讶、嘲笑和善意劝说，在别人眼里，他们是在做傻事。假如他们顶不住而放弃了，就不会有以后的成功。

要坚持，要让脸皮变厚，这样你才会做出别人做不到的事。

只要你大大方方地坚持做你的事，就会赢得别人的敬佩，嘲笑最终会转化为尊重。

"走自己的路，让别人说去吧！"这种精神，就是厚脸皮精神。

生问题了。"

脸皮薄的人不明白，当脸皮足够厚的时候，你会显得更有风度，有包容的气度。人们说"宰相肚里能撑船"从某种意义上说就是赞扬宰相脸皮厚。

厚脸皮如同一副盔甲，可以使我们不怕别人的攻击。

有的人说："我知道脸皮厚一点好，可是我天生脸皮薄，没有办法呀。"

实际上，谁天生脸皮厚呢？没有天生脸皮厚的人，正如没有天生茧子厚的人一样。脸皮和茧子一样，不磨不厚。厚脸皮是磨炼出来的。

只要你志在必厚，耐心磨下去，拿出十年磨一剑的精神，脸皮必可磨厚。

在社交训练中，我曾让学员当众"表演紧张"，让他们表演"结结巴巴，手足无措，慌慌张张"。这种练习有两种作用：第一，在努力表现紧张时，有的人心理反而会放松下来；第二，这种练习可以使人们脸皮变厚。

另一种磨厚脸皮的技术来源于日本的"魔鬼"训练，即所谓"难堪练习法"。

日本一些企业管理人员培训班，为培养学员的厚脸皮，专门让学员做一些难堪的事、好笑的事，比如在大街上人最多的地方，大声唱歌或朗读报纸，或者大声叫喊"我是×××，我是成功者"等等。

这种做法效果很好。

难堪训练内容不限，你可以任选一件你感到难堪的事去做。比如，你觉得在小摊上卖东西很令你害羞，那么就去摆摊。

一般来说，做难堪训练时，如果没有熟人在场，受训者还都能

脸皮不磨不厚

用"难堪训练"来使薄脸皮变厚

民国时期有一奇人李宗吾曾提倡"厚黑学",他宣称"脸皮厚心子黑"是成功人士的基本要求。

"心子黑"不是好事,但是"脸皮厚"却的确是社交成功的基本要求。

大凡社交场上的失败者,脸皮都太薄。

例如一个害羞的青年,默默地爱一个女孩很久,却不敢有所表达,无非是因为脸皮薄,害怕被拒绝,害怕被嘲笑。本来也许只要说出来就会成功,只因为脸皮薄,白白错失了机会。

脸皮薄的人受不了别人的丝毫嘲笑、轻视和批评,所以他们害怕社交。

脸皮厚的人视嘲笑批评如等闲,所以在社交场中如鱼得水。

据说有一位政治家正在演讲,下面有人骂他"臭狗屎、垃圾"。在脸皮薄的人看来,这岂不是奇耻大辱?这个厚脸皮的政治家却只是笑一笑,说:"这位先生不要急,我马上就要讲到你所说的环境卫当然，没事找事时，我们必须考虑到对方。我们不能在别人很忙很需要独处时强人所难地没事找事。我们不能找别人不喜欢的事。我们必须在心里喜爱、关心别人。

任何技巧都是为了让我们心里的爱有机会传达给别人，没事找事法也一样。没有爱，没事找事法毫无意义，它只会惹人厌烦，给人添麻烦，给自己带来失败。

找事的目的是为了让大家相处更自然，所以最好不要找太困难或太严肃的事，最好是双方都感兴趣的事或无关的小事。《红楼梦》中宝玉让晴雯去看黛玉，找的事是送两条半旧的帕子，事情小，但是目的达到了。

在与异性交往时使用没事找事，有些害羞的人很可能会被对方看穿。实际上，**被看穿根本不是问题，对方绝不会因此不满。没事找事属于无害的谎言一类的行为，其背后的真实是"我想和你交往"这么一个良好的动机。**很少有人会讨厌一个想和自己交往的人。

没事找事往往是交际双方的一个合谋，大家心照不宣，找一件事作为借口和理由，让大家避免任何尴尬，因此，对方会欣赏你的没事找事。

真正懂得如何交往的人，在和一个人初次接触时，就会想到为下次做准备。他会注意在谈话中寻找"伏笔"。你可以询问他的爱好，谈谈爱好，从而知道在哪里可以找到"事"，比如，对方喜欢绘画，那么下次画展开幕的日子就是你们交往的日子。一次，我和一个朋友谈到春天什么花先开。那么到花开的时候，我就找到了事，我在信封里装了一把花瓣寄过去。

有人会担心找不到事怎么办？事实是，没有什么时候是找不到事的。

一次，我独自到一个海滨城市旅游感到孤单，想找到一个游伴，于是我找人问路——不是我不认识路，我的空间感很好。我选择了一个喜欢的人，我判断了她要去哪条路，然后我向她问路，问的正是她要去的那条路。于是我们一起走了一段路，谈天说地半小时后，我们已经像老朋友了。

"没事找事"社交术

带着爱去创造机会多接触,才能交到知己

内向的人也很希望交朋友,但苦于不太容易,常常被动等待却往往等不到机会。如果对方是异性,就更难了。也许,这些朋友心里会希望有些什么事,好让他们能再见面。但是,事情并不总是那么适逢其会。

就像有个人,他喜欢上了一个邻居女孩,每天上下班都争取和她坐同一辆公共汽车,却从不曾和她说一句话。他总盼着有个坏人出现,好让他有机会英雄救美,但是坏人也不是常常可以有的。何况,真的坏人出现了,他有没有能力救美也未可知。

所以,我们应该学会没事找事,也就是创造机会和对方接触。这是社交的基本功。**事情是纽带,它把人们联系到一起。**

没事找事方法很多,找他借一本书是没事找事,因为借了书要还,这样就多了接触的机会;找件小事让他帮忙也是没事找事,因为为了感谢他,你得请吃饭或打保龄球;如果他有什么特长,你还可以拜师学艺,既结交了朋友又学到了东西,可谓一举两得。

加以重新评价。父母为子女做的一切，不应该是一笔恩情债。父母和子女如果相爱至深，不论做了多少都无所谓。

老好人要自救，就不能以童年时期对父母的方式对待别人。当别人利用你时，你只要拒绝就是了。或许别人会对你的拒绝不满，指责你"自私"，你可以尝试随他去，你不必为此而内疚。或许有人会和你断绝交往，也随他去，这种人不是真朋友，他并不是真爱你，不过是在利用你。就算一时得不到爱，也不要用这些人的假爱来骗自己。老好人只要这样做，就会成为真正的好人，他们会没有了被人欺负的感觉，心中会减少怨气走向平和，从而会更快乐。他们就会有真正的善良真正的爱，会遇到真正爱他们的人。

那时，他们"不善"却不会被欺。

听话是一种不健康心理的表现。他们发现只有在他们听话、乖巧服从时，才会得到父母的赞扬，于是他们竭力"做好孩子"，听话，不发脾气，目的在于保住父母的感情。所以长大后，他们习惯一味讨好别人，好让别人能接受他们。

老好人小时候，父母常这么说，"我这么做，还不是为了你""为了你我付出了多少辛苦"。这是**父母无意使用的一种控制手段，我们称之为"内疚感控制"，目的在于使子女感到父母有恩于他们而使子女不敢反对父母。**因而子女一旦做了父母不喜欢的事或拒绝了父母，就有内疚感。

这种孩子长大后，往往不敢拒绝别人，拒绝别人会十分内疚，也不敢坚持自己的正当要求，坚持了也会内疚。所以他们会大公无私，他们自以为是"善良"，而实际上这是他们的一种病。当别人向他们提出不合理要求时，他们二话不说就答应了；当别人利用他们时，他们一副心甘情愿的样子，那么别人也就自然会欺负他们了。

老好人心里窝了很多怨气，他们不会直接发作，而是会用某种间接的方式表达情绪。最常见的一种方式，是"看你把我害成什么样子了"。他们把自己弄得很惨很苦，他们让你看到：你对我多么不好，多么不公正。

他们常用痛苦来控诉别人，来刺激别人的内疚感。他们是那种"一人向隅"的人，虽然他们口里说着"你们玩你们的，不用管我，我只不过有些不舒服"，但是他们实际上做的事，却正是令别人"举座不欢"。他们用自己的痛苦报复别人。这种"善良的人"自然会被人轻视和厌恶。他们的"善良"不是出自爱和喜悦，是伪造的。

人应该勇敢，敢爱敢恨，敢喜敢怒，敢于坚持自己的正当权益。善良不意味着要讨好别人。老好人要改变自己，更应该对童年经验

为何"人善被人欺"

不敢愤怒和拒绝,是"老好人"的病根儿

俗话说得好:"人善被人欺,马善被人骑。"有些"善良的人"大叫天地不公:"我做善良的人,处处想着别人,与人为善,结果却得不到好报。这是为什么?"所以在骨子里,这些"善良的人"把人看得很坏:"人心真是险恶,我对他们这么好,他们却待我这么差。"

而实际上天地至公,这些"善良的人"的遭遇是理所当然的,或者说是咎由自取。这么说似乎很残酷,却是苦口良药。

"被人欺"的"善良的人"俗称老好人,和一般的善人好人不同,这种老好人似乎是永远要对别人好,永远不会拒绝别人,永远不会对别人发怒。但一个人怎么可能永远不生气呢?怎么可能乐于满足别人所有的要求呢?老好人们自以为能,而实际上是他们不敢表达愤怒,不敢拒绝别人。他们自我欺骗地把这称为善良,而实际上不过是种懦弱。人懦弱就会被欺负,这不奇怪吧。

老好人在小时候往往是乖孩子,听话的孩子。而他们的乖巧和释："不是华小姐不尽力,也不是她能力低,而是降价的事的确十分困难。而这么困难的事,竟然让我两句话摆平了,我是多么不一般啊!"如此高兴,老板怎么会再责备华小姐?而且,如果责备了华小姐,不是意味着这件事不难做,华小姐也可以降下价来吗?如果是这么简单的事,又怎么显示其大老板的能力?

张先生为了面子,上了"大老板"的套;"大老板"也是为了面子,结果上了华小姐的套。

许多莫名其妙的事,实际上就这么简单。

"您不是不肯再降了吗？"老板握着听筒，脸上浮现出一丝惊喜，仿佛筋疲力尽的泅水者，忽然发现眼前一片绿洲。

"看您的面子，一吨就再降0.2美元！如何？"

果然如此，在张先生的心里，大老板成了受施舍的人，张先生的自卑感无影无踪了。

站在一旁的我非常尴尬，我实在不明白，这位张总怎么想的？如果企业是他个人的，想来不会顺口一句话就将利润拿来送人吧！更重要的是，老板曾经几次希望我把价格进一步压低，因为根据国际市场的行情，这个价格已经偏低了，我才说服了老板（理由之一当然是中方企业已经将价格封死，进一步压价，买卖就可能"告吹"）。没想到，老板的几句戏言，竟"起死回生"。

老板会怎么看自己呢？华小姐觉得自己处于危险中。

放下听筒，老板脸上露出得意的微笑。我趁机说："看来，还是您厉害！我做了大量工作，他们都不肯降价，您两句话，却解决了问题。"

老板得意地正一正领结，意犹未尽地说："张先生是个爽快人，我很愿意和这样的客户打交道！"

我虽然脸上绽着笑容，心里却像打翻了五味瓶。

华小姐真厉害，一句话让老板对这件事有了一个最舒服的解广阔的前景。"

免提键里传出了张总的声音:"噢,大老板啊!在与贵商社的业务往来中,我们对您的工作效率和敬业精神深为钦佩!"

"哪里,哪里,"老板的脸上漾出笑容,"说到敬业精神,我倒要向张先生诉诉苦啦!这单生意,你们的价格压得很低,我们可赚的利润已经不多啦!哈哈哈……"

在商界,这不过是交往应酬的客套话,如同相声表演中的打诨插科,无非是要使谈话增加点诙谐幽默。精明睿智的谈判对手,完全可以用一句冠冕堂皇的外交辞令搪塞过去。可不知是为了显示自己所拥有的权力,还是为了证明自己的慷慨与大方,电话里传出的却是另一种声音:

"噢,是这样吗?关于价格我们还可以再商量嘛!"

华小姐对张先生感到莫名其妙。我们也莫名其妙,如果说张先生笨,刚刚他和华小姐谈话时明明不笨,为什么要白白送钱给别人?

但是,如果你懂心理学,你就知道张先生的心理了。和外国老板的第一句话是:"噢,大老板啊!"在张先生心里,他在"大老板"面前有一种自卑感。在华小姐面前,他没有这种自卑。

由于自卑,他就产生了一种欲望,就是抬高自己。如何抬高呢?就是降价。通过降价,就可以显示自己"拥有权力、慷慨大方",可以让"大老板"不轻看自己。

看来,爱国的华小姐对贪心的老板有些不满,所以她的用字是"再榨出点血来"。

我打开电话的免提键,对着听筒说:"张总,价格有没有可能再降一点?"我用的完全是商量的口气,语调和用词都明白无误地通过电波向对方传递了这样一个信息:这无非是生意场上通常的讨价还价,大可不必认真。

心理学中研究过,所谓"非语言的信息"对社交的影响远远大于语言,所以,你说话时的语调比你说什么更加重要。"价格有没有可能再降一点"这样的话又由"商量的口气"说出来,实际意思就是"你可以降也可以不降"。

果然,对方颇为潇洒地把我踢过去的皮球又踢了回来:"你这位小姐哟,关于价格,已经定盘子了嘛!"

我捂住听筒,望望老板。老板无可奈何地摇摇头:"好,可以按商定的价格签协议了!"

结果正如华小姐所料。

我点点头,对着话筒说:"张总,祝贺我们的合作成功!"说完,把话筒递给老板:"先生,您要说几句话吗?"

老板接过话筒,很矜持地正了正领结,说:"张先生,我们的合作十分令人满意,相信今后我们的合作会有更为

莫名其妙的转折

在谈判中轻易让步，自卑是罪魁祸首

外资公司的中方雇员华小姐说了她经历的一件事，她感到我国一些企业领导的行为，令她无法理解。

记得三年前，我经手了这样一件事：我国一家中型企业与我们公司做一笔焦炭生意。几轮谈判下来，基本上已经谈妥，这时中方企业打来了电话。

"如果在这个问题上我们取得了共识，那么，这笔生意就可以成交了……"

这时，老板起身走过来，小声说："价格能否再降一点？哪怕一吨降5美分也好！"

关于价格，本着互利互惠的贸易原则，我和中方企业已经商定，并为此反复向老板陈述了理由。老板也原则上表示接受。但是为了从中提取更多的差额，所以临到拍板成交，老板又想从中方企业身上再榨出点血来。

你。"这样会让对方感觉到你在注意她（他），反而更难堪。

而这还不够最高境界，最高境界是下面这个故事中男士的处理方式。

一个男士看到了一个女子的内裤滑到脚上，他当时手指天空，突然大叫一声："天上有东西！"于是街上的人们纷纷抬头看天，以为有飞碟出现。女子趁此时机，赶快把内裤提起来，收拾好自己。

这才是既有风度又有智慧的绅士。他知道在这个时候，最重要的是把注意力从出丑者身上引开，引到别处。这才是最体贴的帮助方式，即使要付出自己出一点小丑的代价。

如果有更多的人能达到这个境界，社会将会美好很多。

坏事，让对方更加尴尬的局面。

　　昨天在电视剧中看到一个情节，洪熙官和女孩子严咏春比武，不小心把严咏春的衣服撕破了。洪熙官感到很内疚，于是郑重地专程找严咏春道歉。这就是好心办错事的例子。因为撕破衣服的尴尬已经过去了，你重提此事，只会再一次地让她尴尬。当然，电视剧如果不这么安排冲突，也就没法往下演了。不过如果在现实生活中发生类似这样的尴尬事件，最好想清楚什么才是合适的行为。

　　真正的好境界是装作没有看见别人的尴尬，视若无睹。

　　一个大学的水房中，一个女孩子不小心滑倒，狼狈不堪，但并没有摔伤。旁边的人仿佛没有看见一样。等到这个女孩子走了以后，水房里爆发出一阵大笑。

　　从心理上来说，这些人不如"洪熙官"善良，但是从效果上看，他们却比"洪熙官"做得好。有些很好的但年轻的男孩，经常会在爱情竞争中败给一些心地不如他们善良的人。这些男孩往往对女孩会产生不满，说女孩没有眼力，分不出好坏。而实际上，还真怪不得这些女孩，因为他们自己经常会做出像"洪熙官"一样的傻事情，女孩当然受不了。就像大学水房中的情景，装作没有看见别人的尴尬，不论如何，总归体现了对尴尬者的体贴。

　　当然，如果你在装作没看见别人的尴尬的同时，能够在心里也不嘲笑别人，能同情别人，你的境界就更高了。因为对方在出丑的时候，最害怕的事情就是被别人看到，你作为"别人"之一，装作没有看到，对方的尴尬也就少了一些。

　　即使你看到了，但你视若无睹的神态会给对方传递这样的信息："我对这件事情没有大惊小怪，没有当一回事情。"这样对方的尴尬会少一点。**不要直接跟对方说："没有关系，不要窘迫，我们不会笑**

遇到别人尴尬时

社交的高境界,是在别人出丑时假装没看见

在汽车上看到别人摔了一个大跟头;餐厅里有人碰翻了酒杯,洒了一身酒水;别人裤子开线或者滑脱……在我们遇到别人的尴尬情景时,最可以看出我们自己的社交境界。

最没有境界的人会笑话别人:总算看见他出丑了,于是哈哈大笑。

在心态上,这样的人骨子里是自卑的人,他们总希望看到别人出丑。别人出丑了,他们在心里就有一种优越感:"你出丑了,可笑了,我胜过你了。"

这样的人在生活中还是比较多的。因为大多数人都多少有一些自卑,所以都希望自己有优越感,喜欢笑话别人。但是,你不应该放纵自己这种笑话别人的欲望,因为这样会破坏你的社交,降低你的人品,甚至会使你内心中自卑猥琐的东西得到滋养。

境界稍高的人,虽然不笑话别人,但是不知道什么是合适的行为。有的人心地很好,但是不知道应该如何做,所以会出现好心做在这场冲突中,吴天一和肖薇都不是赢家。吴天一的不足在于不敏感,肖薇在于太苛求。吴天一,或发现自己像吴天一的朋友,不妨锻炼锻炼自己的敏感性。在一开始,**有意识地观察别人的表现并分析其心理,熟练后这将成为你的第二本能**。肖薇,或像她的人,则需要让自己学会接纳,不要总看别人的不足,而要多看他人的长处。否则,你的敏感反而不利于交际。

社交是终身的学问,如果你有进步,你也会终身受益。

设性的方式批评对方,这都是不恰当的社交。"一点也不体贴别人"这种说法显然是以偏概全,更不符合"对事不对人"的批评原则,对方当然不可能接受。要注意:不要对亲近的人随便放纵自己的脾气。

"我怎么不体贴人了?我打给你的球都不难接。"吴天一说。

"你怎么不关心李昊,你们还是铁哥们呢。"肖薇说。

肖薇攻击吴天一,以证明"你的确是个不关心人的人",而社交最忌这样给别人"定案"。这最伤感情,而且对方也会很难接受。如果对方接受了你的指责,承认"我就是不关心人",对方不是更不会关心你了吗?人做事总会倾向于与自我概念一致。何况,肖薇的话也会让吴天一生疑。

"天一!"李昊来到球场。
"你来了。"吴天一的声音有些别扭。
疑心作怪。
"我,"李昊想,别为了自己的事搅了他们的周末,就说,"我和你们打个招呼,我有点事今天不打球了,你们玩吧。"说完,脚步有些沉重地走了。
"我累了,先回去了。"肖薇不等吴天一开口就转身走了。
吴天一看了看天空,本来多好的一个周末,他的心情也沉重起来。

情告诉朋友,所以肖薇知趣地离开了。另一方面,她也含蓄地表达了这样一个意思:"我已经知道了你心情不好,我不打扰你,但是我在关注你。如你需要帮助,我随时可以帮助你。"这样的方式,比吴天一的无感觉要好很多,无知无觉会让李昊感到不被关心;也比马上问"你怎么了?不高兴?为什么?"要好,那样会让李昊感到被干扰。

吴天一和肖薇拿着球拍走出门。"怎么了?"吴天一问。"李昊今天有心事,我看到他桌子上有一封信,是不是女朋友和他闹翻了?""不会吧?他女朋友上次来不是还和他挺热乎吗?"吴天一说。"你呀,最粗心了。"肖薇说。她在心里还补了一句:"我最不满意你这一点了。"吴天一没有注意到肖薇的表情有一点黯淡。

我们想得到,肖薇平时对吴天一的粗心一定也积聚了许多不满。

"喂,你今天怎么回事,心不在焉的?"看到肖薇大失水准的接球,吴天一禁不住大声嚷道。

"你这个人一点也不体贴别人。"肖薇的怒火夹着委屈被勾起来。

交际中要注意,人们说的话往往有不止一层含义。肖薇的这句话一方面是说吴天一不体贴他的朋友李昊,另一方面是借机表达她自己的不满。她觉得吴天一对她不太体贴。

我们可以看到一个极为常见的现象:肖薇对待李昊的方式很恰当,而对待吴天一则不然。沟通不明确,把旧账带到现在,用非建

周末的"三角心理"

听出别人的话外音,才能让彼此舒服

突然收到女朋友的分手信,李昊觉得脑子嗡嗡地响,理智地想一想,分手就分手吧,反正自己很快要出国,这恋爱也不见得有什么结果。他想照旧看自己的书,可是脑子不听自己使唤,拿起什么都看不懂。哎,好在是周末,一定要在这两天搞定自己的情绪,下周事情多着呢。

吴天一和肖薇手拉手进来了。"走,打球去,晚了没地方了。"吴天一说。"噢。"李昊模棱两可地答应着。肖薇拉一下吴天一,对李昊说:"我们先去,需要的话,你到网球场找我们。"

社交中有没有敏感性是极为重要的。吴天一较缺少敏感,他没有注意到李昊的情绪低落。而肖薇注意到了,而且采取了较好的处理方式。她知道,在情绪低落时,李昊也许希望一个人待一会儿,独自化解一些自己的不快,而且他也许不想被迫把自己不高兴的事如果大家一致认为是甲，那么证实我的想法是对的，否则就说明我的想法可能是错的。

再有，就是问同伴对别人的评价，从中推断他对自己的评价。如果别人拘束紧张时，你的同伴没有嘲笑他，只是说："他有点紧张。"那么他对你的看法也绝不会是"蠢货、笨蛋、废物"。

现实检测还可以根据别人的行动来检测。

约某个朋友一起玩，看他是否愿意来，就是对他是否讨厌你的检测。和别人谈天，看对方是不是借故离开，就是对你口才的检测。当然，这并不就是绝对的，比如你们聊天的时候他要离开，也可能是他真的有事要处理。

总的来说，现实检测是一种很实用的方法。对成熟的人来说，这样做是自然而然的，但是对那些沉浸于空想中，不知道去发现真实的人来说，现实检测却是十分必要的。

有了它，空想的人生才有可能变成实在的人生。

孤独,生命还有什么意思。"伤心之下他悬梁自尽。

事实是:那个同样孤独寂寞的姑娘认为没有人爱自己,生活没有希望,在那个晚上服了毒。青年听到的是她临终时的痛苦挣扎。

在社交训练中,我发现那些对社交紧张焦虑的人,无一不是把想象当事实。他们在想象中夸大自己的每一个小小缺点,夸张别人对自己的讨厌,结果吓得自己手足无措。

生活的最主要艺术之一就是**不臆测,也就是用实证的方法来发现真实**。在社交能力训练中,实证的方法称为现实检测。

现实检测的最简单方式是直接询问。

"你觉得我的眼睛好不好看?"女孩问她的女友。

"挺好的,怎么了?"

"我觉得丑死了,两眼一大一小。"

"谁的眼睛细看都有点大小不同,不信你看××,她的两眼一大一小更明显,可是男生们谁注意到了?都拿她当美人呢!"

再如:"你觉得我在社交场合表现怎么样?""你觉得我是不是受人欢迎?"

这样坦率诚恳地向别人询问,几乎总可以得到坦诚的回答。有的人不问,是怕别人不如实回答,但是一试问就会发现,坦诚真实的回答占大多数,别人的真实想法和你原来的猜测常常大不相同,甚至还可能有令你吃惊的回答,这会是你过去没有看到的真实。

现实检测的另一种方式是非直接询问。

例如,我认为朋友甲很讨厌。

但是我想,如果我直接问大家"甲是不是很讨厌",大家也许会出于和平目的而说不是。于是我一个接一个悄悄地问大家:"如果要挑出一个你最讨厌的人,这个人会是谁?"

社交训练

用"现实检测法"消除社交中的主观乱想

社交中的种种心理问题有一个共同的原因:他们往往把自己的主观推测或想象当成事实。

比如自卑。一个女孩认为自己丑得不能见人,因为两眼一大一小,"像个怪物"。而事实是:同班男孩公认她是最漂亮的女孩,只不过"太傲,不爱理人"。当我问他们是否注意到她的眼睛有什么特别时,只有一个男孩说"眼光太高"。

再如猜疑。一个男孩认为某人对他心怀恶意,至少也是很不满,因而愤愤不平。而事实是:那个人在和别人谈起这个男孩时,虽然说不上十分喜爱,却也颇有几分赞许呢。

在羞怯的人们心中自以为曾发生过的可怕经历——被人嘲笑、轻视、出丑,事实上可能根本就没有发生过。

有一篇短篇小说:寂寞的青年的隔壁住着一位美丽少女。青年暗恋着她却不敢有所行动。一个晚上,青年听到隔壁传来床板的响声和姑娘的呻吟,不禁哀叹:"她在享受云雨之欢,而我却只能忍受一个扔东西的人看到了，就会明白自己做错了。

这种批评想要有效要满足三个条件：

第一，"温和的批评"实施者最好是对方尊重敬佩的人，至少也是与之同等身份的人。如果是保姆把地上的包装纸捡起来，对扔东西的人就没有什么作用。

第二，实施者的行动动作自然随意，似乎无意。如果实施者做得太明显，仿佛明明白白告诉对方，"我做事比你漂亮"，就会引起抵触与反感。

第三，被批评者也是要有敏感性的人，一点就能通，如果此人极不敏感，"温和的批评"就是"媚眼做给瞎子看"了。

善用"温和的批评"，你可以让身边的人变得更可爱。

行为方式而不失面子。

由张一非来做这个"榜样"也是最恰当的。如果是一个普通职员这样做,王俊不会受触动。而张一非的才华、名声在王俊看来都远在自己之上。张一非尚且如此尊重的人,王俊自然不能轻慢。这在心理上是一种示范效应。

> 云河和王俊闲聊说:"张一非这个人真懂礼节。按说以他的身份就是在老板面前摆起架子来,老板又能拿他怎样?老板在圈里名气还不如他呢。可是他如果那样做了,让老板怎么管理别人?气氛过于散漫,公司肯定也做不好。他这样做,没有人认为他是媚上,反而都认为他做人踏实不骄傲。而且他对下属也毫无以上凌下、以老欺新的行为,所以人人对他都很服气。"
>
> 王俊感到相比之下,自己的行为的确不成熟,从此有所改变。

云河怕王俊对张一非的行为没有注意或者产生错误的理解,所以说上几句话,点一点他。心理学研究"如何改变别人态度"时发现,**苦口婆心的教育、疾言厉色的指责,效果都不太好。反而是看似不经意的一句话更容易改变别人的态度。**因而云河这种看似无意的闲聊是最有作用的。

这种无意的、"温和的批评"是很好的方法。在许多场合可以应用。比如,两个人同去朋友家拜访,一个人把食物包装纸随手扔到主人家的地上,主人不好说什么,但是心里不悦。另一个人也不说什么,只是随手把包装纸捡起来,过一会儿扔到了垃圾桶里。第实际上老板只是想表示一下礼贤下士，表示自己很重视对方，并不想失去自己的权威。所以王俊的行为方式让老板很难办：拿出老板的架子来，就不好表示对新来者的关心和礼贤下士；任由下属放纵，又怕他将来太放松不懂规矩而不好管理。这时老板的感受，正好像说了一句客气话"有空来我家玩"，而对方真的有空就跑到你家来玩了。你要笑脸相待，心里却抱怨："这个人怎么这么不懂事呀？"

其他人看到这一情景，都对王俊有些不满。午餐时，有人甚至提议"开了"这个家伙。老板不同意。于是张一非决定，用"温和的批评"让王俊有所变化。

下午，在休息喝咖啡时，老板来到创意部主任张一非的桌前，和他打了个招呼问问情况。张一非忙站起来，认认真真地做了回答，态度显得对对方十分敬重。王俊很惊讶，他本以为像张一非这样才华横溢的天才，这种名气极响的大腕，又是这个公司的元老，满可以在老板面前不必这么恭敬了。可是，如果说张一非是拍马屁，却又不像。张一非落落大方的举止，毫无谄媚之态，给人的感觉是很懂礼节。

实际上，这就是张一非对王俊的"温和的批评"，他以自己懂礼节的行为，让王俊看到自己是多么不知礼，不懂分寸，让王俊能对上午轻浮的样子感到惭愧，让王俊知道一个有才气的人做人也同样不应该傲慢。这种"温和的批评"方式和直接地批评王俊相比，效果要好得多。因为直接去批评王俊，会使王俊产生抵触情绪，面子上也下不来。而采取这种方式，王俊完全可以悄悄地改正自己的

最温和的批评

看似不经意的一句话，更容易改变别人的态度

才子王俊幸运地被某著名公司录用为广告文案，实现和他极为佩服的广告界奇才张一非、云河做同事的愿望。王俊真没想到自己会有这种运气。

公司老板其貌不扬，看起来老实憨厚却不是多么有才气。这时老板正站在王俊桌前和他谈话，无非是问问他刚来是否习惯，有什么困难或不方便，对公司现在的工作方式印象如何，有什么意见等。王俊很放松，他舒舒服服地坐在椅子上，很随便地和老板聊着，也谈了些对公司的看法和改进意见。两个人朋友一般亲切地谈着。

才子容易骄傲，也容易粗心，他没有考虑到这种交往方式在公司的情境下有一些不太合适。他舒服地坐着，高谈阔论，而老板站在一边，仿佛是个下属。这会影响老板的身份感和权威感，使老板和旁观的其他职员心里不愉快——虽然老板表面上若无其事。

不过是虚幻的"床下的鬼"。当你知道了它的虚幻,它对你完全没有影响时,你就不紧张了。

这个道理很简单,但是如果能悟透它,你将受用无穷。

快乐可依靠幻想,幸福却要依靠实际。

"哦。"老板一边应着，一边拿起手边的报纸看了起来。

他显然是没兴趣和我讲话了。小惠心里急得都快要哭了。

吴刚一边看报，一边想：可能我的这个决定是错的。李惠并没有独当一面的能力，而且也不善于和人打交道。自己当初怎么会对她有"青春靓丽"的印象呢？搞不懂，还是升卢梅到市场部吧。

"早点休息吧，明天一到 B 市有很多工作要做。"吴刚边说边拿出洗漱用品准备休息了。

这也是一种"心想事成"。心想的是"千万别给他留下什么不好的印象"，结果就给他留下了不好的印象。事情往往如此。

我们都知道小惠失败的原因。实际上，事后她自己也会明白，但是在当时小惠很难做到不紧张。因为工作对她的确很重要，老板也的确有魏姐说的那些特点。她如果努力克服紧张，就会更紧张。

最好的办法是：**不要让自己全部卷入紧张，在自己紧张时找到另一个自己，让他（她）平静地看着那个紧张的自己。**

如果仔细想一想，我们会发现，**很多时候紧张本不是自己的，进一步说，紧张只是一个虚幻的存在，它根本没有实体。**譬如小惠，她的紧张是从哪里来的呢？老板给的？不是，老板和她一句话都没说她就紧张了。紧张来自她自己的种种想法："老板对自己眼光很自信""千万别给他留下坏印象""我有可能失败""失败了再找工作很艰难"……

这些想法并不是确定的事实，只是一些判断和估计，是一些虚幻的东西。由虚幻的想法引出的紧张情绪，自然也是虚幻的。

如果老板已经要炒你了，你害怕是应该的。但是在什么都没有发生的时候，担心害怕就是虚幻的情绪。因此，小惠完全可以不必紧张，因为这紧张本来就是虚幻的，不是实实在在具有的东西，它

"老板，你的箱子重不重，要不要我来帮忙？"小惠对有些气喘的老板说。

"谢谢，哪有让女士帮忙的道理？"老板说。

趋迎得太过分了，老板一个男人，岂有让女士帮忙抬箱子的道理？老板的自我形象放哪里？何况这种明显的讨好，被讨好者（如果心理正常）会很难受的。但是这不是小惠笨、不懂这个道理，而是她太心急了，心急则乱。

安顿好行李，老板在小惠斜对面的铺位上坐下来。

"该说点什么，可是没词儿，真该死，自己平时不是这样的呀。"小惠脑子里一边转着该说些什么，一边又气恼地责骂自己。

"车厢里很闷热。"老板说。

"是的，真是很热。"自己怎么像个应声虫。听着自己干巴巴的声音，小惠懊恼极了。

多数人都是一紧张就没有词儿了，个别人一紧张反而说得更多，不过说更多也没有用，因为他紧张的语调会让别人不舒服。谈话，特别是闲谈，只有轻松才会愉快。

"你男朋友没来送你？"老板问。

"没，没有，他工作很忙。"小惠一边答着，一边心想，他这么问是什么意思？魏姐不是说老板最讨厌员工黏黏糊糊地谈恋爱，说情令智昏，会影响工作？幸好我说没来，小惠暗暗高兴。

这才是情令智昏。老板也是人，怎么小惠都不会把他当人看了？

"以前去过 B 市吗？"老板问。

"没，第一次。您经常去吗？"小惠问。多傻、多无聊的问题，小惠低头喝了一口面前的茶水。

床下本来没有鬼

别用虚幻的紧张,来干扰社交中的平常心

看见老板吴刚向车厢这边匆匆地走来,小惠的心紧张得咚咚直跳。进公司半年了,这是第一次和老板这么接近,何况要在火车上一起待 10 个小时。

比她早一年来公司的魏姐告诉她,老板很自信自己的眼光。他一旦看中什么人,可以立即让他(她)连跳三级,一旦看扁什么人,又会立即开了他(她)。难怪一进公司,小惠就觉得喘不过来气。

千万别给老板留下什么不好的印象,一想到找工作的艰难,小惠就紧张得厉害。也许这是自己的一次机会,想到这一点,小惠紧张得手心都汗津津的。

"千万别……"这个词组似乎是一个屡试不爽的坏事咒语。如果你害怕发生的事情发生了,那么几乎都会把坏的后果招来。走在独木桥上,如果你说"千万别掉到河里",马上就会身体打晃。

有所求就会容易担心,有所担心心里就有负担,心里有负担就难发挥智力,所以我们要有平常心。

在许多青少年的交际意识中，很少注意到"和解"技巧的价值，所以他们的确在发生一次大的冲突后就会分道扬镳。不会和解的他们，不仅在交友时如此，恋爱结婚后，也很可能为了一些小事、小冲突而分手，并在以后的生活中，为此悔恨不已。

因此，和解是交友中必须学习的技巧。在交往中懂得如何和解，你就有了更大的自由。你会敢于表达自己对朋友的意见，敢于坚持自己，敢于冒发生冲突的危险。因为你知道，即使友谊一时受到伤害，你也有办法通过和解消除这个后果，让友谊恢复到从前。

和解是非常简单的，它是僵持后你主动说的一句闲话，是你错了之后送给她的一枝黄玫瑰，是一个友好的微笑，是一个小礼物……只要你们真的有友谊，和解就这样完成了。

不会和解的人，害怕表达对朋友的意见，结果是纵容了朋友的缺点，这样的友谊是不牢靠的，总有一天会维持不下去。

而恰恰是不害怕冲突的人，能及时把不满表达出来，通过交流解决了朋友间的不和谐，才会有真正长久的友谊。他们维护了自己的自尊，也并没有伤害到友谊，即使因为方式不熟练而一时伤及友谊，和解的行为也可以使这些伤害弥合。

毕竟，朋友不是玻璃做的，如果有一个朋友真的像玻璃一样，不许你碰一下，这样的"朋友"，破了就破了吧。

"她应该知道呀。"

"你认为她应该有特异功能,知道你在想什么?既然你做出不在意的样子,她当然以为你不在意;既然她以为你不在意,当然她也就不会改了。"

我这样说了之后,这个女孩沉默了。过了一会儿,她说:"我知道我应该表达自己的情绪,但是,我害怕她生气,害怕影响我们的友谊。虽然她有这些不好的地方,但毕竟她也有很多好的地方。为了这些事情失去一个朋友不值得,所以我就忍了。"

我发现这样的问题在青少年中经常出现。他们害怕发生冲突,害怕友谊被破坏,他们对友谊有一种很美好的期望:希望朋友最好永远没有争吵、没有愤怒,永远相互理解。在他们心目中,一旦出现了冲突就意味着友谊的破灭。因此,他们便只好回避冲突,结果反而让自己和对方都不愉快。

而成熟的人都知道,**友谊中出现冲突是很正常的现象,并不是一有了冲突,友谊就只有告终一条路。因为我们还有一种社交技巧,就是"和解"。即使是发生了很严重的冲突,也有可能通过和解的技巧挽回友谊。**

友谊是一幅双方共同描画的图画,画上出现问题时,和解就是我们手里的橡皮擦或者刮去油彩用的刮刀。如果你没有橡皮擦和刮刀,那么你画错了一笔就意味着这幅画作废,而有了橡皮擦和刮刀,你的画就可以继续画下去。

为什么有些人把朋友当玻璃一样不敢去碰,最重要的原因,就是他们不会使用橡皮擦和刮刀,甚至他们不曾意识到有橡皮擦和刮刀。他们的友谊就像玻璃,一旦破了,只有抛弃,所以他们只好小心翼翼。在这个过程中,他们的愿望被压抑,从而感到很多不愉快。

朋友不是玻璃做的

用"和解"的态度，去应对友谊中的冲突

朋友当然不是玻璃做的，但是有许多人却总是把朋友当作玻璃，小心翼翼，恐怕把朋友碰坏了。

有的时候，明明对朋友的行为很不满意，却不敢表达出来，害怕一旦表达了不满，就会发生冲突；一旦发生冲突，就会伤害感情；一旦伤害感情，就会失去这个朋友。而为一件小事失去一个朋友，太不值得了，于是就忍耐了朋友的冒犯，偷偷地在肚子里生气。

一个大学里的女孩说，她的好朋友特别不像话，这个朋友大学4年几乎从来不打水，都是让她替她打，而且这个朋友还经常在大庭广众下，把自己告诉她的悄悄话说出来。她很希望这个朋友有一天能意识到不应该这样做，但是，这个粗心的朋友却一点改变的迹象都没有。

我问这个女孩："你是怎么对待她的这些行为呢？"

"我能怎么样？我假装不在意。"

"那么她怎么会知道你不高兴呢？"

3. 寻找思想和感受的共同点。

4. 寻找外貌、性格的共同点。

打招呼后，中国人习惯互问一些个人情况。比起西方人来说，我们问的个人情况更多，以至于有人称之为"查户口"。"查户口"方式很有利于寻找共同点。如果你们同姓，你可以以此为由拉近相互距离，"我们五百年前是一家"。在轻松亲切的气氛中，甚至可以说"这么说我是你大哥了"。同一家乡的认老乡，不是同一家乡也无妨。例如我，祖籍河北，在东北出生，在北京长大，在上海读书，因此我见到北京人、河北人都可以认老乡，见到东北人和上海人称"半个老乡"，见到其他地方的人我就讲我到那个地方的旅游经历。同校的认校友，有孩子可以谈孩子。

在谈到经历时，如果你发现有共同经历，可以说出来。例如：对方因为乘车不顺利来迟了，你可以说一说以前的类似经历。当然，如果你们有一些更奇特的共同经历就更好了。

当你发现对方的观点、感受和你一样时，你一定要表达出来。你在心里默默赞同他是没有用的，哪怕你感到对方和你一样紧张拘谨，也可以说："这个环境有一点让人紧张，我也有一点紧张。"

找出对方性格、外貌和你的共同点。性格相同时不妨马上说"我们的性格都是……"，但是外貌的相同却只有在两人已经较为亲密时才适宜说，否则你会让人感到"过分热情"。

这个练习熟练后，在任何交际场合都可以用。朋友的热情交谈，虽然主题内容不同，但是大多数时候都在表达："我们有共同的……"

观点和自己一模一样时，会感到喜悦，会乐于和他交往。相反，当你遇见一个和你观点不同的人，你会有说服他的愿望。如果他固执地坚持己见，你难免会对他产生不满。因此，好抬杠的人总是不受人欢迎的。

哪怕共同的东西不重要，它也可以使人们之间产生一种亲切感。所以同乡在外地相见，总有一份亲切，因为他们有共同的家乡、共同的方言和关于同一个地方的知识。比如同姓的人在社交场合总可以多说几句话——特别是当你们的姓比较少见的时候。

共同的情感经历是联结朋友的最牢固的纽带。共同的情感经历越多、情感越强烈，朋友感情就越深。它与情感本身是快乐的还是不愉快的倒没有关系。老朋友往往比新朋友更亲，就是因为和老朋友共同的情感经历多。小时候经常打架的同学，长大后往往也会成为好朋友，打架越多，长大后越亲切，情感越强烈，友谊越牢固；旅游的伙伴容易成为朋友，因为旅游时，人们快乐的情感最强；战友之间的友谊更是牢不可破，因为战斗中人们的情感最为强烈。所以，我们最重视"同甘共苦"的朋友。心理学家做过实验：让一对男女一起走过一座平坦的宽桥，另一对男女走过独木桥，结果一起走独木桥的男女之间的情感比较深。

了解了这些，我们就知道，懂得建立和培植友谊的人，一定善于寻找和创造共同的事物。

在社交训练班中，我们用一个统一的框架指导这一练习。框架为：

1. 寻找自我介绍中的共同点。包括职业、姓名、家乡、学校、家庭等方面的共同点。

2. 寻找经历中的共同点。

我们拥有共同点

培植友情，要善于寻找和创造共同点

　　人们都喜欢和自己有共同之处的人交往。因为和自己共同之处越多，就越容易相互理解，相互交往起来也就越容易。

　　性格相似的人容易成为好朋友。古语有云："白头如新，倾盖如故。"与有的人交往已久我还是不了解，但有的人我和他在车门口谈了几句就好像多年老朋友一样了。倾盖如故的，就是与我性格极为相似的人。

　　性格相似而不能成为朋友的情况也有，但是很少。一种情况是：两个人都很好胜，互不相让，所以不能做朋友。但是即便如此，这两个人还是有一种暗地里的相互欣赏。如曹操和孙权是敌人，但是当曹操看到孙权的军容时，不禁感叹："生子当如孙仲谋。"

　　其实，性格不必很相似，有一点相似就足以让人们成为朋友了。我们爱朋友，往往是爱朋友身上和我们共同的性格特点。

　　不仅共同的性格特点可以把人们变成朋友，共同的观点、态度、思想也可以。这种朋友我们称为"同道"。当你惊讶地听到一个人的有这样一句话："模仿是最大的恭维。"研究身体语言的专家也发现：正在谈话的两个人身体姿势趋向一致，是双方关系融洽的表征。因此，在你模仿对方的身体语言时，对方会感到你和他之间的相处融洽。

适当运用猴子技术，也可以提高你对别人情绪的敏感或者说人际直觉。

有一点要注意，那就是不能夸张地进行模仿。一夸张就成了对对方的嘲笑了。用模仿对方举止来嘲笑别人是最无礼的行为。

我们所要做的，是一种微妙的体态调节，要让对方不明确意识到你在模仿。例如，你和一个豪爽的人谈话时，像他一样大声笑，扬眉，用力做手势，都可以。但是你不要不用自己的声音说话而学他的声音。

当你不了解对方内心时，模仿的目的是感受他，当你已了解对方内心时，模仿的目的是表达"我和你一样"的态度。如果一个人能感觉到我的所感，能让我觉得他与我的感受一样，我会喜欢这个人的。

但是人的身体姿势千变万化，要熟记每一个姿势的意义是很难的。况且每个姿势都有不止一种意义，如抱胸者有时是威胁别人，有时是他自己紧张。我们必须根据他身体其他部位的姿势，他所说的话等综合判断，这就更难了。

猴子技术就可以简化这一困难。具体做法是：当你难以判断对方的情绪时，就模仿他的身体姿势，然后体会你内心的情绪，你心里的情绪就是对方的情绪。

猴子技术的原理是：**当你准确地做出某种情绪带来的身体变化后，你就会产生相应情绪。**

如果你像一个真正快乐的人一样，大声地笑，轻松地向上弹跳着走路，两眼灵活地东张西望，你就会快乐起来。

如果你像一个真正悲伤的人一样，哭，皱眉，呻吟，收缩身体，用手扶着头，你就会伤心。

因此当你模仿一个人的姿势时，就会有与他相同的情绪，由此你就可以知道他的情绪了。

猴子技术也可以加上语言的模仿，即重复他的某些话。

用这种技术去了解别人，有一个好处是了解得更深切。假如你看到对方垂着头而判断出他很沮丧，这只是理性的判断。相反如果你也垂下头，从而知道他很沮丧，你是感同身受。你不是用头脑知道而是用心灵知道对方的情绪，这种知道当然更深切。

这种方法有时对对方有一种安慰作用。因为对方可以由你的身体语言感受到，你了解他。这时对方就会有不孤独、有人了解我的感受。如果你再加上重复他的话的方法（意译法），效果将更好。

"所谓朋友，就是在悲伤时和你一起哭的人。"这是我看到过的一句话。有人和你一起哭，这就是对你最大的安慰。

了解"身体语言"

"猴子技术",使你对别人的心思洞察秋毫

"猴子技术"是一种社交技术,用它可以了解别人,可以安慰别人,可以改善人际关系,可以消除矛盾……妙用无穷。

这种技术的关键是模仿。由于猴子是善于模仿的动物,所以我们用它来为这一技术命名。如果你认为这个名字不雅,也可以改称为体察技术。

在介绍这一技术之前,让我们先谈谈"身体语言"。

科学家在研究动物时发现,动物往往用一些动作或姿态来表达自己和相互交流,这仿佛是种躯体的语言,例如公鸡昂头直观是一种威胁的语言,意为"我要和你斗"。

从而他们发现,人这种特殊动物也同样有身体语言。

例如,两臂抱胸表示"我很紧张",或"我对你有敌意",或"我不想理你"。伸手摸鼻子表示"我在说谎",或"我不想说"。

身体语言比口头语言更真实可靠。人说假话容易,而身体装假难。因而有些书教人从身体语言去看人的情绪或心态。

应对者：也许对，我应该有点内疚。

最锋利的剑也砍不破雾障，这种方法就是让你变成一团雾，从而使无理批评无法奏效。

这叫雾障法。

还有一些其他方法，如负反问法。当别人指责你错误时，平静地反问："为什么这是错的？"

一旦你掌握了这些方法，就可以对付不合理的要求和批评，从而更好保护自己的权利。

这将使你更快乐，更自信，使你有更好的人际关系。

推销员：你想不想让你的孩子学习得更快？

小张：我想，可是我不想买这本书。

推销员：你妻子会想让孩子有这样的书的。

小张：也许，可是我不想买这本书。

推销员：这本书很好，也并不贵。

小张：我知道，可是我不想买这本书。

推销员：为什么你不想买？它会让你的孩子成绩提高。

小张：不为什么，我不想买这本书。

……

不去争辩，不去说这本书有什么缺点，因为你争辩，对方就有可能辩倒你，而你不争辩只是坚持，对方就没有办法了。

这叫作破唱片法。

当别人批评你时，你可以不加反驳，含糊其辞地附和他人所批评的事实，却自信而温和地坚持己见。

批评者：你总是这么邋遢。

应对者：是呀，我总是这样。

批评者：瞧你这裤子，就像是从洗衣房里偷来的，也没熨过。

应对者：是有点皱。

批评者：还有衬衫，你的审美趣味真差。

应对者：也许，我对此不擅长。

批评者：衣着都不整齐，工作能做好吗？

应对者：我的工作的确有可以改进之处。

批评者：你每月在老板那儿领工资，心里丝毫也不内疚吧。

应对者：对，我一点也不内疚。

批评者：你应该内疚。

不会拒绝别人，就不会有好的社交。

为什么有些人不会拒绝别人呢？

有一个原因是担心：如果我拒绝了别人，别人会生气，会不再喜欢我，会和我发生冲突。

这个担心并非全无道理。但是你不知道，不拒绝别人，别人固然高兴了，你自己却心里不痛快，你心里不痛快，对他也会流露不满，你与他也就建立不起良好的关系。

况且，除了你不能保护自己的利益之外，他还会轻视你。而人不会对自己轻视的人有真正的喜爱。

拒绝是会引起冲突，但是冲突过后，你与他却有可能建立真正的友谊。他会尊重你，从而爱你。 假如他是那种不允许你坚持自身利益的人，你也不必和他为友。

不会拒绝别人的另一个原因是内疚：我不应该拒绝别人。

这是种错误的观念，每个人都有自己的需要、自己的权利，为什么要无条件接受别人的要求呢？

有些人很会利用你的内疚感控制你。你不按他的要求做，他就会表现出伤心、沮丧，还会批评你不关心朋友，不公平。但你应该坚信：每个人都应该对自己负责，你有权决定是否为他的困难承担责任。

拒绝别人不可怕，也不是坏事。坚持自己，拒绝别人的不合理要求和批评的技巧很多，你可以通过练习学会它们。

最简单却很有效的一种方法是不断坚持自己的意见。不和别人作复杂的争辩，而只是反复地重复自己的意见或要求。

例如，当一个推销员想把一本书推销给小张，而他不想买的时候——

拒绝的艺术

不会拒绝别人,就没有好社交

一次,学生问我:别人太自私怎么办?

我问她,别人怎么自私了?

她回答说,舍友常常向她提出一些不合理的要求,例如在她正读书时,强邀她去打羽毛球,总让她帮忙打开水等等。她希望舍友能"自觉"些,但是这个希望看来是很难实现的。

我问她:"这时你是怎么做的呢?"

她回答:"我只好按她的想法做,但是心里很不痛快。"

不好意思拒绝别人,这是社交中常见的一种现象。这种特点明显的人被称为"老好人"。虽然老好人为别人做了许多事,但是别人却并不如何感激他。因为别人对此视作理所当然,在心里还隐隐地对老好人有几分轻视。

不善于拒绝别人的要求,心不甘情不愿而勉强去做事,往往会引发消极抵抗:你让我冲咖啡,我要么在咖啡里放太多的糖,要么不小心把它打翻。

都免不了会出错误，如果怕出错就不做，我们连说话走路也学不会。所以要想让自己未来成为社交高手，必须把怕出丑的想法抛弃。

最近我就做过一次出丑的训练，我训练的对象是一个很内向的男孩子，他在和别人交往时很容易紧张，很怕别人笑话。我建议他在我这里先练习出丑，比如，学学猫叫春、狗叫。他不肯。我就先做了一个示范，先狂吠一番，再鼓励他学习。几经犹豫，他终于壮起胆子，放下面子，开始学狗叫。在我的鼓励下，他越吠越勇，叫得越来越逼真，甚至连狗喘气的声音都模仿得惟妙惟肖。

学习完，在离开心理咨询中心的路上，他一直都十分兴奋，因为他已经很久没有这样放松过了。路上人不多，只有在前面几十米处走着一对老年人，他忍不住又大叫了一阵。一开始老年人没有反应，他叫多了，两位老人才回头看了看，就只管走自己的路了。

他又明白了一个心理学家总是告诉他的道理：实际上，别人对你的关注，并不像你以为的那么大。你偶尔出丑一次，放纵一次，别人并不是特别注意。

在社交中，出丑没有关系，偶尔出错也没有关系，别人不会太注意你，就算注意了，多数人也不会因此轻视你，反而是你自我意识太强，紧张拘谨，才会影响社交。任何一个社交高手都不会一点错误没有，更何况你是在学习社交的过程中，就像在学习说话一样，错就错，有什么关系。有时，有点错误反而显得有人情味，反而会使别人对你的印象更好。

老子说：反者，道之动。我说：越是怕出错越是会出错，如果你坦然面对犯错的可能，你反而会成功。

个字。

练习走路就更惨了,因为脸家大哥觉得自己不擅长走路,走路会摔跤,摔跤会出丑,所以根本就不肯学习走路——现在他还躺在重度智残人福利医院的床上呢。

脸家二哥要面子的程度远远不及大哥。他从小经常做丢脸的事情,比如尿湿尿布大哭大叫,学走路东歪西倒。他中学快毕业的时候,一切和一般人都差不多,唯一的不同只是他休学在家——因为他害怕见人,害怕和人交往,心理学家说他有"社交恐惧症"。虽然程度不同,但是性质和大哥一样,他也害怕出丑,他和别人说话的时候,总是担心说出很傻的话、得罪人的话、丢脸的话。他很羡慕那些在社交场合从容不迫、谈笑风生、潇洒自如的人,也读了不少社交技巧方面的书,试图让自己不社交则已,一社交就一鸣惊人,可是不幸的是,他越想成功越紧张,越紧张越失败。

脸家小弟可能就是你,你在熟人熟朋友前,是一个很有趣的人,但是因为好面子,一到稍微陌生的场合,就很担心自己说错做错,出丑丢脸。你害怕当众演讲,怕出丑;害怕和异性交往,怕出丑;害怕和长辈说话,怕出丑。越是怕,越是紧张,结果越是差。

其实你就是在生活中比比皆是的不善社交的人之一,就是自我意识比较强,又担心自己的社交能力差的人之一。

在社交心理训练中,对待那些很羞怯的人,我的第一个训练内容就是让他们主动学习当众出丑。我发现,一旦他们过了这个关,许多问题就都迎刃而解了。我们都多多少少有一点像乌有先生说的脸家兄弟,我们太有自我意识,太重视自我形象,总希望自己的形象好,结果就是放不开、紧张。实际上,学习社交技巧和我们小时候学习说话、走路一样,都是要在实践中学习的,在学习的过程中

脸家三兄弟

"出丑训练",是克服社交羞怯的法宝

据乌有先生说,过去有一家姓"脸"的人,天生特别好面子。他们自我意识强,对自己的形象非常重视。

脸家大哥天赋异禀,一出生就很要面子,最怕在别人面前出丑。尿布湿了他也坚持不哭,以免出丑,而且在父母给他换尿布的时候,他虽不言,脸上却现出无比惭愧的神情——因为他不会控制自己。后来,脸家大哥或许是发了一个誓,做不好的事情决不在别人面前做,要做就做好(当然他是不是真的发了这个誓也难以确定,因为他没有说过)。

于是在后来学习说话的时候他坚持说不好就不说,其他孩子那发音不准、结结巴巴的学说话方式他是不干的,那样太出丑了。脸家大哥不说则已,一说就要求自己字正腔圆。经过长期的听和父母不在的时候自己偷练,他终于在第一次当着父母说"妈妈"时获得了惊人的成功。但是后来好像就不顺利了,因为其他的话都不是那么容易说。所以脸家大哥在20多年后也只会说妈妈、爸爸等几累了？"

王点点头。

"那你休息吧，"张如释重负，"我回头再来看你。"走出医院，张感叹："我对人一片好心，怎么得不到回报呢？"他不知道，人光有善意是远远不够的。

王的话表示出了他的极度不满,对方不把钱当回事的态度激起了他的自卑。自卑如烈火燃烧着他,比病痛难受一百倍。他用贬低自己的方式说话正是他对付难忍的自卑的心理策略——既然我不可避免地要被侮辱,还不如我自己侮辱自己。

张这时才感到王的情绪不对劲,知道自己说错了话,但是又不知该如何挽回。在伤及别人自尊心时,必须极为小心地处理,否则后果很严重。如果你有错,就应该诚恳地道歉;如果出于误会,也要及时澄清;如果完全是对方过敏,你可以不客气地指出来。比如说"穷没什么可耻自卑的,你如果是我的朋友,就应该挺起腰杆做人"等。但是,最关键的是,事先要注意,对方在哪一方面较自卑,注意不要伤及对方的自尊心。例如,想接济一下穷朋友,不妨以请他帮忙给亲戚做家教等方式,让对方拿钱时比较安心。

有一个外国故事。

在经济衰退期间,有个失业者到一家想讨一顿饭。这个失业者的自尊这时当然很受挫了,而那家的主人对他说:"我正需要一个人帮我把这堆柴放到另一边去呢。"于是失业者高兴地帮了对方的忙,并心安理得地吃了一顿饭——那一家人就是懂得如何做人的人。

不幸的是,张不知道该怎么做,他只想到:"我怎么忘了,对农村学生来说钱很重要,我这种不在乎钱的口气太有优越感了。"于是他忙解释说:"我没有别的意思,我的意思是说,大家都是好朋友,是同学,如果你有困难,大家也会帮助你的……"他想说:"我也可以送你一笔钱,我们家很有钱。"但是他发现王的表情更不对了,及时把这句话咽了下去。

我们可以想象王当时的心情,他咬紧牙,一句话也不说。

张又说了一些话,但是王还是一声不吭。最后张问:"你是不是懂王的心理，应该先耐心听王接着说他的心事，最好用"意译法"，用自己的话重复王的意思，比如这么说："你担心这病难治是吧？"这样王就会感觉到张在关心他，在听他说，会充分地把自己的忧虑表达出来，但是张没有这样做。

"没有的事，"张急忙打断王的话，"现代医学这么发达，肾炎算得了什么！很容易好，你不要瞎想。"

王没有回答。

"不要想悲观的一面，想想好的一面。你得病了还可以多休息休息，我们现在学得苦着呢，咱们工科第一年课太多了。"

希望对方想法乐观些是对的，但是这样说却达不到效果。后面一段话更起不到安慰作用，反而让病人觉得你在说风凉话，站着说话不腰疼。要是感冒发烧的小病不上课或许还可以称作因病得闲，可这是大病啊！王心里不禁生起怨气，但是他总不能对一个来探自己病的人发火吧，于是他只好沉默。他脸上没有一开始的兴奋了，变得毫无表情。

"休学一年对你不一定是坏事，"张接着说，他没有注意到王的情绪变化，"上中学留一级是耻辱，上大学晚一年毕业根本没什么，因为病嘛，也不丢脸。也许晚一年毕业还更好呢。以前我哥就是晚了一年毕业，结果他毕业时就业形势特别好，他找的单位比上一年毕业的同学都好。"

"晚一年毕业晚一年挣钱。"王反驳说。

王反驳也是出于发泄心里的不满的目的，但是也无意中流露出了缺钱的焦虑。

"一年才赚多少钱呀！"张顺口说。

"你们城里人不在乎，我们穷农民把一点钱都当一回事呢。"

好心没好报

先关照别人的自尊，才能使安慰到位

王得了肾炎，只好离开大学教室住到病房里。身体不舒服是当然的，同时他的心情也很糟——他家在农村，很穷。他一向努力奋斗，希望有朝一日能出人头地，但是刚上大学不久就得了这个病，将来身体能恢复吗？大学能读下去吗？治病花的钱怎么办？那可能需要很多钱吧？病房里没有谁可以和他聊天，没有谁能听他诉说烦恼，他盼着能有个同学来看看他。

正在这时，他同宿舍的同学张来看他了。

张手里拿着一束花，脸上满是关切："王，我来看你来了，怎么样，好一点了吗？"

张来的时候正好，正在对方需要友情最迫切的时候。

"好了一点，"王说，"不过听说这种病很难彻底治好。严重的以后要失明，甚至会死人。"

王急不可耐地倾诉自己内心的烦恼焦虑，一是因为他的话憋了太久，二是因为对张来看他很感激，因而一下子敞开心扉。如果张心理学家指出，爱不仅仅是一种情感，它还是一种能力，一种艺术。

意译法不仅仅是一种不需劝说的劝说技术，更是一种爱的艺术。 愿每一位朋友都能掌握这种艺术，成为爱的艺术家。

我们仍一味附和他而不指出他的错误吗？假如，举一个极端的例子，朋友想自杀或杀人，我们也不置可否吗？

感情的事是很难说对错的，朋友如果真的想采取极端行为，你用反驳的方法也是难以改变他的。

一个失恋的少女痛不欲生想自杀时，如果你对她说："天涯何处无芳草，你可以找到比他好得多的人。"这个失恋者会接受你的意见吗？不！她此时此刻的心中，天涯走遍也不会有第二棵芳草了。失去了他活着就是毫无价值。在冷静的旁观者看来，她这么想是错的，而在情绪中沉浸着的她看来，这是绝对的事实。别人劝她不要在意，告诉她失去的恋人不足惋惜，只会使她感到你否定了她的感情，她会这样理解你的意思："照你看来，我很傻，我根本不应该伤心。"

但是，她知道她的确不能不伤心。所以你不妨使用不劝而劝的意译法："你很伤心，此时此刻在你的心目中，他是世界上唯一的，所以，失去了他，你有一种活不下去的感觉。一下子失去爱，怎么可能不伤心呢？"

这样说，表达出两个意思：一是她此时此刻伤心是合理的，二是她现在有不想活的念头也是自然的，但是，这只是一种"活不下去的感觉"，并不是真的活不下去了。

不必去讲什么不该自杀的道理，只要你使她的情绪平静下来，她自然就不会去自杀。相反，就算你用一百个理由证明她不应该自杀，如果她情绪恶劣，她照样会不顾你那一百个理由的。

当然，自杀的朋友是极端。我举这个例子只是想说，如果连想自杀的情况都可以用意译法劝导，还有什么人不可以用意译法来劝导呢？

这就是最好的劝导和安慰，运用得好，会显神效。

许多人不相信这种方法会有效，他们说，朋友找我是让我出主意来了，我只是鹦鹉学舌一番，有什么用？这些人其实有一个误解，实际上几乎**没有谁真的需要别人出主意，他真正需要的不过是别人的理解。你如果用你的话重复了他的意思，并且准确地表达出了自己的情感，他就知道你理解了他，这种理解就是最大的劝慰。**

说到出主意，谁也不会像当事人那样了解自己，了解自己的处境，所以谁出主意都有可能是出了不恰当的主意，只有他自己才能做出最佳决定。

"我结婚后没有一天快乐过，我丈夫完全是个骗子，恋爱时什么都听我的，什么活儿都干。可结婚后他什么都不干了，什么事都和我吵，还打我。我爸妈本来就不喜欢他，我要是离婚他们一定不反对。"

你也许会认为她结婚后这么不幸福可以离婚了，劝她："那你离了算了。"

她会认为："你怎么这样？劝人家离婚！"

你劝她："凑合过吧，不要离。"

她会认为："你不安慰我，不懂我的烦恼。"

意译法就是说："你对丈夫不满意，你不顾父母反对嫁给了他，他应该对你更好才是。"

她将会把你当成知音，因为你理解她的心情。

在这种理解同情的气氛中，她可以畅所欲言，渐渐她自己就会找出问题所在和解决方法。

意译法经常遇到的另一个责难是：如果朋友的想法错了，难道

不劝而劝

理解是最大的劝慰，用"意译法"劝人才见效

我们经常会劝慰别人。朋友越多，朋友对你越信任，你劝慰别人的机会就越多。

其实，最好的劝慰方法是不劝而劝，正如最好的战术是不战而胜，最好的教育是不言而教一样。这是一种极容易的方法，但会用这种方法的人却很少。

不战而胜并不是什么都不做，而是通过军事威胁、政治和外交压力让对方不战就屈服；不言而教也不是什么都不做，而是通过自己以身作则让学生潜移默化地受影响；不劝而劝当然也不是什么话都不说，只是不说那些一般劝慰的话而已。

不劝而劝的方法叫作意译法。

这种方法很简单，不论朋友是倾诉失恋的痛苦还是请你帮他决定是否离婚，或是谈到工作的挫折和烦恼，不论他说什么，你都只做一件事：不断地用你自己的话把他所说的重复说出来。也就是说，把他的意思翻译成你的话，不劝告他做任何事，不出任何主意。

人都会认为管仲贪心，但是鲍叔牙却说："未必如此，也许他只是因为家里正好缺钱。"

很多年前在抗洪中牺牲的英雄高建成有过类似之举。他在部队做指导员，发现近来泔水缸里被抛掉的饭菜很多。别人批评说"新兵太浪费粮食"，高建成却说"未必如此"。调查结果是：炊事班做的菜太辣了，北方兵迫不得已才扔掉。

提醒自己"未必如此"，你就打开了进一步了解别人的大门。

在别人确实犯了错误或表现出缺点时，你应该说："人难免会……"

我们心里有许多美德的标准：人应该公正，应该诚实，应该不自私，但是现实中的人难免会有达不到这些标准的时候。这就是人，人永远不是完美的。正是因为人难以时时达到美德的标准，美德的存在才有意义。美德是跳高架上的标杆，没有哪个运动员永远在标杆的上方。

何况人偶尔做了自私的事，并不意味着他这个人就自私；偶尔不公正，也不表示这个人就不公正。

对自己说"人难免会自私一次""人难免会情绪冲动"，你就能接受这个现实，你的朋友不是完美无缺的，换句话说，你的朋友也是一个人，一个凡人。

把这两句话带在身边，那么没有人不愿意成为你的朋友。

我们往往害怕结交"牧师"一样高尚的人，宁愿亲近一些有毛病的人，正是因为这些人对我们较为宽容。

马克·吐温就是一个有毛病的人。比如，他爱说脏话，不拘小节而且有时笨得很，但是他宽容。他说："我从来不让自己为死后上天堂还是下地狱烦恼，你瞧，我在这两个地方都有朋友。"也许正因为他的这一特点，全世界的人都喜欢他。

中国有句古话，叫作"水至清则无鱼，人至察则无徒"。

你也许会说，你们心理学家教我们"如何了解别人""如何看穿别人"，说懂得别人才能有朋友，这难道不是互相矛盾的吗？

其实，这并不矛盾，我们当然要懂得"如何了解别人"，但是如果我们仅仅懂得这一点而不懂"如何容纳、接受别人"，我们就成了"至察"的人；如果我们两者都懂——相信我，谁都想成为你的朋友。

那么，我们怎样才能宽容？怎样才能在发现朋友虚伪、自大、自私、贪心、嫉妒、背后说我们坏话、欺骗我们、愚蠢、固执……之后，还可以宽容接纳他呢？

培养宽容的品质，可以用心理学中的"认知疗法"，即时时用一些话提醒自己，这些话中最有效的就是"未必如此"和"人难免会"这两句。

当发现了别人的毛病时，我们要提醒自己："未必如此。"

因为我们对别人的判断，往往只是根据表面现象，不一定准确。我们自以为"发现"了别人的虚伪、欺骗等缺点，而事实可能未必如此。提醒自己"未必如此"，可以避免误会别人，这样我们的行为也将更宽容。

古代鲍叔牙和管仲一同经商，分钱的时候管仲多拿了钱。一般

"未必如此"和"人难免会"
想处处有朋友,就要会说宽容的话

有些"聪明人"很难交到朋友,原因是他们对别人的恶习、缺点和无知有明察秋毫的本事。不幸的是,这世界上罕有完人圣贤,仔细看来人人都有一大堆毛病,所以他们难以有资格和这些"聪明人"结交。即使这些"聪明人"平易近人愿意与他们为友,他们也不大敢和"聪明人"接近。于是这些"聪明人"只好自叹曲高和寡、举世皆浊,成了孤家寡人。

人在十几岁时,往往很善于发现别人的缺点,发现老师的错误、成人的虚伪、同学的虚伪。如果你不过是犯青春幼稚病便无可厚非,但是如果这成了你性格的一个特点,就要小心了。

因为你只有尖锐没有宽容,尖锐就会变为尖刻,你就将成为一个不聪明的"聪明人"。

罗素说:"如果我们有魔力去透视别人的想法,我相信第一个结果是所有的友谊都将不存在。"因为"别人"心里肯定有些可恶的想法,所以罗素这么说是对的。但是如果你有宽容,你就还会有朋友。

我们可以通过练习让自己学会感谢。

第一，我们可以每周一次，专门抽出一点时间来想想谁做过帮助自己、对自己有益的事，像歌德一样。

第二，我们可以在其他朋友处，谈论这个帮助过自己的人，谈论他对自己的帮助，尽可能讲得细致。这比仅仅在心里感谢别人强，因为讲出来是一种行动，行动对我们情感的影响更大，讲出来会使我们心里的感动增加。

第三，我们可以直接向对自己好的朋友表达感谢。表达感谢要具体，要讲出来对方的帮助对我们有什么意义。"人喜欢自己帮助过的人超过帮助过自己的人"，这话绝对是真理，如果被帮助者懂得感谢，关系自然能更进一步了。

第四，我们可以感谢自然中的一切。感谢太阳照亮世界，感谢花的美丽，感谢草的柔软，感谢鸟的歌声……

在感谢别人时，正确的态度是很重要的。感谢必须出自内心，必须诚恳。友谊和爱的付出应该得到的回报是爱和感谢，而不是奉承，奉承是一种亵渎。

假如这篇文章使你更懂了感谢，变得幸福，不要仅仅谢我，要谢谢为这本书工作的一切人。

要感谢爱，是爱让我让你懂得了感谢，得到了幸福。

另一个人仿佛很"傻",他习惯让自己回忆别人对自己的善意,哪怕只是一点点,好让自己时时有感激之心,他说这是他的社交方法——他叫歌德。

究竟谁是真正的社交高手,我们只要看效果就知道了。美洲原住民部落的人虽然物质享受远不能和现代人相比,但是人际关系很好,生活很满足。"聪明"的现代人却感到人与人关系疏远、人情冷漠。歌德是公认的社交大师。而那个"聪明"人却无奈地发现他周围的人"都是些小人"。

社交不仅仅需要技巧,更需要真情。不懂得感谢的人对人是冷漠的,不论他有多少社交技巧,人们都会疏远他。懂得感谢的人则不同:在他眼里,周围的人都是那么善良美好,他愿意关心别人而不求回报——这样的人,别人当然会喜欢。

不懂感谢的那些现代人错了。错在他们把自然当成一个掠夺的对象,错在他们把人与人的关系变成了商品交换关系。当他们这样想时,他们就会很自然地这样对待别人,于是别人也自然这样对待他们,世界因此变成了地狱。他们看不到:工人农民工作时,不仅仅在想着钱,他们也想让自己的产品对别人有用,这种对别人的心意值得感谢;教师教课时,不仅在挣钱,他也对学生有一些关心、喜爱,对此也应该感谢;医生治病时,更有对病人的关心,对医生的劳动我们应该付钱,而对他的关心我们也该感谢;朋友帮助我时,也许会掺杂自己的目的,但是他在帮助我,我就该感谢。

我们都难免有点以自我为中心,因此会想:"我记着别人的好处,不记他们的坏处,这不会吃亏吗?"实际上,这样做反而是最不吃亏的。因为,当你想着别人的好处时,你自己恰恰是愉快的;当你记住别人的坏处时,你自己是不愉快的。

学习感谢

好社交不仅需要技巧，更要有真情

你去过美洲原住民部落吗？

如果去过，你会发现，那里的人们有种习惯：喜欢感谢万事万物。他们感谢太阳——他们心中的神——给他们送来光明；他们感谢大地生长草木；他们感谢天空为他们降下雨水；他们感谢牛羊给他们鲜奶；他们感谢猎手带来猎物；他们感谢妇女采集水果……甚至临死时，他们还在感谢：感谢神带他们到另一个世界去。

现代有些人变"聪明"了，他们认为不必这样时时感谢：太阳发光，土地生长植物，天下雨，这是自然规律，不必感谢。工人制造日用品，农民生产粮食，教师教我知识，医生为我治病，我都出了钱，也不用感谢。

我见过一个最"聪明"的人，他完全不知感谢为何物。他也常常会求助于朋友，他也会在口头说谢谢，但背后他却得意地说："我有办法能让他们做什么他们就做什么，他们帮我也有他们的目的。"他认为自己很会社交。

己，仿佛自己是自己最好的朋友，这个朋友虽然知道你不是完美的，但是仍然喜欢和欣赏你。

那些从小就不被父母喜欢的孩子，做这个训练有些困难，因为他们不知道慈爱的父母是什么样子，但是他们最需要做这个训练，因为他们一向缺少爱，自爱也最少。反复做几次，他们就会找到喜欢自己的感觉，而且会发现这个训练非常令人愉快。人人需要爱，这个训练可以给人爱。

最后，再找一个不被干扰的时间，完全放松，想象自己来到一个非常美丽的地方，然后，想象看到了本质的自己。每个人的本质都比他的现状美好得多。科学家早已说过，人的大脑只用了5％，有很多聪明智慧没有开发出来。同样，人也有很多优秀品质没有开发出来。你可以更勇敢、更善良、更乐观。每个人都能感觉到自己独特的潜能，知道自己可以成为哪一种更优秀的人。想象未来自己变成这个样子。为自己美好的未来而庆祝。

有一点需要说明，**爱自己并不是连自己的短处都爱。我们要做自己的慈爱的父母但不是溺爱的父母**。否则，爱自己的训练就会成了自夸自大的训练。

如果你认真做完了这些练习，就会感觉到自己对自己的爱，会感觉到喜悦和自信。这喜悦会使你更容易爱别人，和人交往也更从容。你会发现，别人也会更喜爱你。

古人说：自助者天助。同样，自爱者天爱。

也许你经常照镜子，却是在寻找自己的缺点，皮肤有点黑，眼睛有点小，嘴有点歪，身材有点胖等，那么现在开始绝不要挑任何毛病，一发现自己外貌的缺点就马上对自己说："人不可能长得十全十美，我这个小小缺点不值一提，我还有好多优点。"

寻找你外貌的优点，用种种好听的话赞美自己。仿佛镜中的人是你的恋人，你在尽力恭维他。想象一下你是女孩，你的男朋友会如何赞美你，你就那样赞美自己，欣赏自己，并且告诉自己："我是独一无二的，世界上过去没有、现在没有、将来也没有一个和我一样的人。我喜欢这个世界上独一无二的我。"

你也可以在无人干扰的地方躺下，感觉自己的身体：先把注意力集中在呼吸上，让呼吸变得均匀。然后，回忆自己幼年的身体，想象自己的两只小小的脚丫，又白又嫩，想象自己的两只小手，想象自己天真的笑容，仿佛你就是婴儿。让这种想象保持一会儿，直到你有一些婴儿的感觉。然后，想象自己六七岁的样子，体会那时的身体。再想象十二三岁的身体。想象现在的你仿佛是一位慈爱的父母看着心爱的孩子。最后，在镜子里看着现在的身体并赞赏它。

当你已经懂得爱自己的身体之后，再安排一个无人干扰的时候，"照心灵的镜子"。回忆自己六七岁时的心理，那时关心什么？喜欢什么？想些什么？再回忆自己十二三岁时的心理。过去的自己有幼稚可笑的地方，但不要懊恼，因为你那时年纪小，幼稚些是正常的。要看到自己在成长，懂得了许多过去不懂的事，也经历了许多事情，能力也提高了。试着赞扬自己在性格上、心理上的优点，不要多想性格的不足。如果想到了自己的缺点，告诉自己："我还年轻，我一直在成长，今后还会成长变化，我会越来越优秀。"最后想想现在，现在的自己是什么样的人，有哪些信念，有哪些特点。再次赞扬自

先学会爱自己

只有喜欢自己的人,才会被别人喜欢

社交训练班上,有人问我:"我怎么才能让别人喜欢我?尽管我学着赞扬别人,可是别人还是不喜欢我。"

当我回答说:"因为你的赞扬太像讨好了,不是由衷的。告诉我,当你赞扬别人的时候,你心里的感受如何?"她说:"我在心里讨厌自己,骂自己是马屁精。"

她连自己都不喜欢,怎么可能让别人喜欢她?她就像推销劣质产品一样推销自己,怎么会有推销成功的自信?

要让别人喜欢,首先自己要喜欢自己,自信自己值得别人喜欢。因为,一个人只有爱自己,才有可能爱别人。当一个人不喜欢自己的时候,他内心中有一股怨气,使得他不会真心喜欢和爱别人。

所以我们的"自爱训练",表面上与社交无关,而实际上对社交大有益处。

爱自己的第一步是训练爱自己的外貌。

面对一面镜子,你就可以开始练习。

第三章

用充满爱与了解的人际关系使自己安宁从容，或在陌生疏离中疲于奔命？

几乎没有谁真的需要别人出主意，他们真正需要的不过是别人的理解。理解源于了解。当你深爱一个人，在你心中，他就是你，你就是他，他的快乐和烦恼就是你的快乐和烦恼，那时，你就会了解他。交际的最高境界，不需要心理学技巧，只要有足够的爱就够了。

失望。

实际上倒用不着这么担心。如果人们在网上找到了真爱,即使只是在网上,即使不能真实地接吻,有爱不也是美好的吗?虚拟世界中的爱总胜无爱。只要你知道,你有两个世界,一个是网上的世界,一个是现实的世界,你知道这两个世界各自的特点和规则,只要你不混淆这两个世界的生活,一切就会很好。

有人说网络具有欺骗性，因为网上的爱人和实际生活中的他不一样。实际上不应该说网络骗人，网络是另一个世界，在网上的爱人的确是一个那样的人。如果你不离开网络，他永远是那样的人。那样的人存在于——网上。当你上网，你就可以和他在一起。你网上的白马王子在实际生活中是一个老头，这不是被骗：是那个老头有白马王子的精神、心灵或情感；或者是你有白马王子的情结，白马王子的精神、心灵或情感。白马王子的确存在，但只是存在于网上，是你创造的。网上的人和现实中的人不一样，他是现实的他心灵的一部分——也许是更好的一部分。

网上可以有很美的恋爱，但是和物质世界的恋爱是不同的。网上的爱人没有身体，所以没有了柴米油盐，也同样没有了相依相偎、真实的吻、拥抱和男欢女爱。两个世界不同，想要网络世界那个不打呼噜的爱人，就要接受这个爱人不能揽你入怀抱的现实。如果你企图把网络世界的爱人拉到现实世界，你就要接受他可能有的各种不完美，就要承受可能有的失望。

归根结底，**网上的爱人是想象的爱人，是你心里关于爱人的种种形象和期待投射出来的。**心理学家荣格说过，每个人在潜意识中都有一个爱人的形象，最容易爱上的人，就是和这个形象相似的异性。在现实中，我们很难遇到一个和我们"心中的爱人"如此相似的人，但是在网上比较容易找到。

和网上爱人交往，一半是人际交往，一半是和自己交往。

心理专家都对这后一半有一些担心。因为在想象的生活中浸淫的时间太多，人们容易丧失现实感，容易对现实世界的人际交往产生恐惧，容易变得内向孤独。还因为人们在网上恋爱后，都容易产生一种愿望：和网上的爱人真实地牵手，而这个愿望往往会带来另一端的人。你爱上的名叫"虬髯客"的大哥也许和你一样只是一个小女孩，而把你当作小妹妹的"嫣红"反而是一个壮健的大汉。你在网上可以告诉他你在依靠他的臂膀，而实际上他的身体瘦弱不堪，根本不可能给人依靠。你在网上以为依偎他浪漫又温情，而实际上他也许只是一个无聊的人罢了。

在我看来，**网络是另一个世界，一个不同于我们这个世界的新世界。网上爱情中的困扰往往都是因为我们总想把网上的人拉进我们的现实世界。**

网络没有办法传递许多东西因而过滤掉了许多，它形成了一个新的世界。网络没有办法传递触觉，没有办法传递气味，没有办法传递任何物质，只能传递语词、图像和声音，所以它很容易滤掉我们生活中的物质层面，传递一种纯精神的交往。在网上你不需要吃真实的食物、喝真实的水、穿真实的衣服，在网上的饭不是米面制造的，是点击创造的，衣服是一个图像文件。所以，网上的爱情没有柴米油盐的烦恼，也没有利益之争。这使其显得更加美好、善良、可爱。因为你不会知道对方在现实世界中的那些不可爱的小的大的缺陷，比如你闻不到对方臭袜子的味道。

我们会用想象来补充感觉不到的东西。当你看不到他形象的时候，你会想象他的形象，用想象赋予他一个身体。如果你喜欢他，你给他的身体一定是完美的；如果你讨厌他，你就会给他一个丑陋的身体。这个身体不是他的，是你给他的，这个身体不存在于世界上的任何地方，只存在于你的想象中。

网上的爱人是那么美好，就是因为网络过滤掉了一些真实的东西，而你用想象又赋予了他更好的。网上的爱情往往是很美的，因为你可以用你一切美好的想象来编织这张网。

网上玫瑰艳无香

网上爱人，其实是你心里爱人的投射

今天在网上看到一个迷路的羔羊，她（我感觉是一个女孩）在网上遭遇了"恋爱的感觉"，正在求别人告诉她"我该怎么办"。

自从世上有了互联网，网上的玫瑰就开得此起彼伏。这张无边无际的网，轻易就把无数痴情男女网在中央，让他们的路越走越深越迷茫。网上的恋爱是什么？它是真还是幻？会带来什么样的结局？

有声音告诉我们：网上的爱比我们这个平凡世界中的爱要美好得多。他们在网上爱上一个人，和对方一起浪荡江湖，行侠仗义，和邪派高手过招。网上的爱人在网上爱护她，指导她，帮助她。他和她在网上结婚，闯世界。也许他们最后会在网上双双殉情，这也远远胜过生活在平庸的世界里。《网络时代的爱情》等电影或小说，描述着一个个绝美的网上爱情故事。

但是也有些曾经的"落网者"忠告网恋新手：网上的玫瑰是一个幻影，不要把它当真。因为网络毕竟太不可靠了。你看不到网络了魅力。她的魅力会吸引异性，就像花香。如果女性没有焦躁，抱着一种态度——"让我的花香散发，随便蜜蜂什么时候来，即使是在等待着，我也在欣赏自己的美丽"，那么性的不满足反而使她对男性很有吸引力。

爱神的性格很有意思，你越是觉得没有他就活不好，你越难于得到爱；而你如果觉得没有他也一样会活得很好的时候，爱就会追着你跑。

快乐的人才美丽，让自己快乐吧，一边快乐，一边等待。

带来太大的压力。一切为了孩子，就会过度关注孩子，这对孩子是有害的。

还有就是离婚后性生活的缺失对女性的影响。有过婚姻的女性对性爱的需求比未婚女性大得多。没有性爱，有的女性会在情绪上受到影响，比如变得暴躁、焦虑、易怒，或者会对异性太积极，这些行为反而会使男性受不了，从而减少自己和异性交往成功的可能性。

我的建议是：离异女性应采取的恰当的态度，是让自己成为一朵美丽盛开的鲜花，不需要去追捕蜜蜂，蜜蜂也会自己来到。当然，你不会知道你喜欢的蜜蜂何时来到，那是机缘决定的，但是在你等待的时候，你不是焦躁的，而是快乐的，你在美丽着，而且散发着自己的芳香。

具体地说，做美丽的盛开的鲜花象征着的态度是：**在这个没有婚姻的阶段，女性应该让自己生活得更快乐。**要消除自己在心里"离开男人的生活就不会完满"这类想法。让没有男人的生活有滋有味，不要让生活的压力淹没自己。你可以把周末做家务的时间压缩，多一些时间休息娱乐，比如读书、找朋友、去公园或去跳舞。你可以想一想，什么是你最喜欢干的事情，每周留一些时间做这件事情。要改变女性希望让别人——一个男人——带给自己快乐的习惯，学会独自快乐。

自卑和抑郁的情绪可能会使一个人"懒得去玩"，对付这种情绪的方法是，强迫自己做活动，人一旦动起来，抑郁自然就会消退。不论你做什么，只要让自己专注投入，就会对它有兴趣。有了兴趣，你就会焕发出光彩。

当一个女性生活得很快乐的时候，她就是盛开的鲜花，她就有人在感情上，天性就比男性更执着一些。有的是在离异后，又念着对方一些好的地方。这样再选择时，就会拿现在的男朋友和原来的丈夫比，而且发现："还不如以前的那个呢。""我怎么能找一个这样差的，让前夫笑话我？"

她们没有意识到，她们的态度是偏颇的。实际上她们的前夫既不像没有离婚时她们认为的那么坏，也不像现在她们认为的那么好。现在**她们想到了前夫的好处，不过是恋旧心理作怪而已。**提醒自己这不过是恋旧，就可以更公允地看到现在男朋友的好处。

有的离异女性念念不忘的是前夫的坏处，离婚很久还不忘声讨前夫是多么无情无义。这同样是一种留恋的表现。要知道，过去的是是非非，是没有办法完全讲清楚了。**声讨前夫的女性，潜意识中似乎还要告诉对方，"是你把我害成这个样子的"，似乎要让自己的生活继续孤单痛苦，好让对方有内疚感。**而实际上，这样做除了耽误自己的未来之外，没有任何用处。她们潜意识中希望的对方良心发现、回心转意的情况几乎是不会发生的，因为这样的怨愤心理会使对方逃开你。

有的女性更是严重，她们不仅怨恨前夫，而且把这种怨气发泄到所有的男人身上，在她们口中的男人浑身是劣根性。这样的女性，男人自然是避之唯恐不及。

有的女性因为离婚而失去了安全感，而且很自卑，感到自己人老珠黄，所以不相信还会有人爱自己。因为自卑，灰头土脸，自然也就难寻佳偶了。更何况女性离婚后，有的生活压力很大，带孩子也不容易，更是显得自己身上越来越没有光彩。

有的女性把全部的精力和注意力都放在孩子身上，把全部未来寄托在孩子身上，这不仅会失去自己的生活，而且会给孩子的生活但是，我对她们提出一个心理小测验："想象你在一片草地上，看到有一些蜜蜂，你想得到这些蜜蜂，你会怎么做？你可以放开了想，不用管实际上可不可能。"

有人想象说："可以用一个竿子，顶上有一个细网，去捕捉蜜蜂。"还有人说："可以在粘蝇纸上滴上蜜，粘住蜜蜂。"……

我说："还可以想象自己变成一朵花，想象自己像妖精一样会变化，变成花，很美而且很香，蜜蜂自己就飞过来了。"

她们想了想，然后有一个人说："残花败柳了。"

一个人说："我只能想象自己是一棵树，树下有一朵花。"

我很高兴，问她："这朵花很美吗？"

她说："很美，含苞待放。"

"含苞待放"，我奇怪了，因为这象征着她的心理年龄非常年轻。而这个女性不管怎样都不是一朵含苞待放的花可以形容的了，于是我问："这朵花可以让你联想到什么？"

"就像我的小女儿一样可爱。"她回答说。

"原来是代表你的女儿。"

我这是在测验她们对待异性的态度。用网捕捉蜜蜂，代表一种和异性交往时过于主动的态度，实际上这样说的女性的确有点让我不舒服，她的服装很艳丽，她和我交往的态度太热情。我甚至在私下里听过别人很不恭敬地说她"妖婆"，说她会用一个小姑娘的诱惑的态度和青年男子交往。用粘蝇纸代表一种"黏人"的态度，代表过于依赖的态度；而害怕蜜蜂刺则代表着对男性的恐惧。

所以，我委婉地指出，她们之所以再婚困难，固然有客观的原因，但是自己的态度上也是有一些问题的。

有的离异女性对前任丈夫还念念不忘，影响了以后的择偶。女

一边美丽,一边等待
学会独自快乐的女人,更易得到爱的眷顾

参加过一次活动,除了我作为心理学家出席外,其他人都是离异的女性,年纪都在30多岁。大家谈起了再婚难的问题。她们说,30多岁的离婚男性和女性再婚的难度是差别很大的。男人30多岁可以找20多岁的女孩结婚,20多岁的女孩会看中他们的成熟、经济基础好,认为他们很有魅力;但是30多岁的女性则不同了,找比自己小的,不符合传统的男大女小,自己都觉得不习惯,而找比自己大的和年纪差不多的,则对方更喜欢年轻漂亮的女孩子,不喜欢"半老徐娘"。于是有几个人便开始了对男人的声讨:男人太好色,男人不愿意负责任等。

因为我是一个心理学家,她们就向我讨教男人的心理,问我有什么办法可以让她们找到合适的伴侣。

我只是一个心理学家,当然并不能有什么神奇手段。我承认30多岁的离异者中,的确女性比男性再婚的困难更大一些——何况一般孩子跟妈妈的比较多,有孩子在身边,再婚的困难就更大一些。

一束阳光，一朵白云，一曲音乐，一次会心的交谈，一个朋友。当你享受生活时你就不会再留恋痛苦，不会留恋忧伤，不会留恋那变态的快乐。现在你生活的环境中有许多美好的事存在，一本好书，一杯清茶，一句关心的询问。享受这一切。

然后你会发现，过去的爱已渐渐死亡，为此你可能悲伤，但也无须太难过，然后会有某一天，一个新的爱将诞生，新的、纯洁的、充满活力的、幸福快乐的爱，让它诞生，像抚育一个孩子一样让它成长。

不要让昨日的爱成为你的牢狱，不要自己画地为牢。生命本应该是幸福自由的，生命本应该是用来创造爱的新生命的。

你用审视挑剔的目光扫过，看到周围的人都如同青蛙。但是当你睁开眼睛去看，你会发现他们不是青蛙而是人，当你再一次爱，你会发现王子原来就在你的身旁。

不要相信那些言情小说，不要相信那种爱的痛苦，那种痴恋，那种所谓的浪漫。不要相信爱必须是痛苦的，必须是永难忘记的，必须是让你拒绝新的爱的。

郝思嘉对卫希礼的爱感动过许多痴情少女，但是这其实是一种病。这种病使郝思嘉错过了本应该有的更真的爱。在《飘》的结尾，她悟出了，她知道她错了，她错过了生命。而你，为什么还宁愿重复她的错误？郝思嘉明白了，她爱的不是真正的卫希礼，只是她自己心中的一个影子。你难道不是这样吗？

放弃吧！

"我想忘，但是忘不掉！我曾一次次努力忘掉，但是那是刻骨铭心的。"女孩说。

为什么会忘不掉？爱情如一株花，是要用心血浇灌才能成长的。**你忘不掉过去的爱，是因为你现在仍旧在不停地用心血浇灌它。**要不然它早就枯萎了。旧的死去，新的出生，这是生命自然的法则。你不是这样，是因为你在浇灌过去的爱。而这并不是真正的爱，不是相爱，只是你一个人的爱，真爱只能是相爱。一个人的爱正如一个人跳交谊舞一样荒谬。

努力忘掉它，你的头脑强迫你的心"忘掉"，而这样做的结果只是让心更坚定地说："我忘不掉！"

用不着强迫自己忘，也不要纵容自己回想留恋，把你的注意力从这里移开，专心致志地活在现在，投入现在的生活。享受现在生活给你的一切。

她们痛苦，至今仍未能忘记那次爱。

　　她们不能再爱别人，是因为过去的爱还在她们心里。当你把心给了一个人后，你怎么还可能爱另一个人？你可以和别人结婚，生孩子，但你怎么可能爱别人？

　　"是的，我知道的。"我想象中的那个女孩回答我时，眼神一定是幽幽地望着远方，"为什么最真的爱总是最痛？为什么痛苦却又如此难忘？为什么爱总是和孤独在一起？为什么我要无怨无悔？"

　　是的，为什么痛苦却又难以忘记？为什么有这么多女人死死保有这一份痛苦、伤心和孤寂，而不愿去寻找新的幸福？为什么她们拒绝阳光、欢笑，拒绝新的爱情？

　　因为痛苦意味着她们在爱着，因为忧伤也是一种美，她们执着于痛苦忧伤，就是执着于爱，执着于过去的爱。

　　这难道不应该吗？是的，不应该。因为过去的爱已经死亡了。过去的爱不能满足你现在的心。

　　你说："为什么最真的爱总是最痛？"你怎么知道你过去的爱是最真的？不错，就算它是真的，但是你现在仍可以找到真爱，仍可以找到和它一样真或者更真的爱。你过去的爱是痛苦的，而你会找到幸福的爱。要相信！

　　你可以有幸福的爱，现在的爱。过去的爱已过去，不能让它占据你的心灵，不论它过去多么好。人不应该总执着于过去，就像你多么爱的亲人，当他去世后你也必须埋葬他。爱情死了也需要埋葬，不能让过去的爱情缠住心灵，否则，心会死去的。

　　放弃过去的爱吧，你会遇到新的爱的。

　　你也许会说，你看不到比他更好的人，那是因为你没有睁开眼睛看别人。你的眼睛，一直看着过去，你怎么能看到现在的人呢？

走出爱的牢狱

不再浇灌逝去的爱,才能迎来新生

"和一个自己不爱的人结婚道德吗?"一朋友曾在信里这样问我。

为什么要和不爱的人结婚?这不仅是对对方的不公平,更是对自己的不公平。没有爱,你发现最好的婚姻也不过像集体宿舍,而最坏的将如同地狱。

因为需要婚姻,这也许是答案。因为年纪大了,因为社会压力,因为孤独寂寞,因为需要异性,这也许也是答案。但是这些都不是真正的答案。真正的答案是:因为不相信自己能真爱上一个人并且和他结婚。

有许许多多不再能爱的女人,如我的这个朋友一样,她们已不能再爱一个人。她们未必是冷漠的女子,她们也可以活泼,善于交际,但是她们不再会爱。

这些女人爱过。爱是天性,没有人一开始就不能爱,而不能再爱的原因几乎都是:她们有过一次未能完成的爱,她们受到伤害,情。绝对的专一纯洁，专一到对别人毫不理会，是不可能的。往往这样的事情事过境迁，在聚会后也就过去了，大多不会引起外遇事件。要对方明确认错，使对方没有面子，反而增加了对方的离心力，没有什么好处。

如果你心里真的生气，也可以表达出来，说"我嫉妒了，你今天和魏先生说话太多，表现太亲热"。让对方知道就可以了。而**对方找借口时，就不必揭穿了。因为你已经表达了自己的情绪，也足以引起对方的警戒，目的已经达到，给她留一点面子，感情才不会受伤**。对方会感觉你心里真的宽容大度，对你的感情会更好。

能做到这样，的确不容易，所以古人说"难得糊涂"。

他没有感觉到,妻子找借口的行为已经表明了她知道错在她,只是为了面子不愿意公开承认。

"无聊,好,我就是下流、风骚,我遇到谁就想勾引谁,怎么样?停车,我要下去。"

这是被逼无奈,色厉内荏,只好逃避。

"你还不承认?哼!你今天做得太过分了,太忘形了,别人都看出来了。我本来想让你承认了就行了,你还不承认!"

丈夫一定要争出一个是非曲直,表示自己对了,对方错了。

"承认,我都承认,我还可以承认牛牛不是你的儿子。行吗!"

谁愿意认错!妻子没有办法,只好耍赖。

"你这个人不讲道理。"

"停车。"

"停车就停车。"

车停了,妻子愤怒地跳下去,打车就走。丈夫张嘴想叫住她,但是又没有喊出来。

出现这样的局面,是双方都不愿意的。妻子不希望这样,所以在离开后,她的心情一定很担心且凄凉。丈夫也不过是想出口气,想发泄一下嫉妒,并没有打算和妻子绝交,也没有认为妻子真的就会红杏出墙。结果,做妻子的,为了面子不肯认错,想让事情含糊过去;做丈夫的又一定要搞清楚,最后不欢而散。

在这个失败的交际过程中,夫妻两个都有不当之处。作为妻子,如果她一开始就明确地认错,请求原谅,丈夫也不会这样没完没了。但是,不少女性已经习惯于这样不说明白地暗地认错。

而这个丈夫则不够成熟。首先,他应该知道,人偶尔有一点感情上的小波动,小到在一次聚会上对异性有一点好感,这是人之常这个贬低，是为了向丈夫示好，也是为了压抑自己不应该有的好感。

"不过你笑得很开心嘛！"

丈夫不依不饶，一定要把事情说清楚。

"吃醋了！别啊，我不过是应付嘛！好了，回家我给你做好吃的。"

妻子没办法再装糊涂，只好哄一下丈夫，同时为自己找一个解释的借口。当然，她自己也知道事实不是这样，可是只有这样才可以安抚她丈夫和自己的道德观。

在生活中，我们经常会看到人们使用各种各样的借口。因为，出于维护自己的面子的动机，人们是不愿意直接承认错误的。

"怎么就应付这个人？"

丈夫再次戳穿妻子的借口。

"你这个人真没有意思，"妻子愤怒，"要不是你的朋友，我才懒得理呢。这是为你做应酬，给你面子。好，以后到聚会上，我一句话也不说了。这样可以了吧？没劲！"

这就是恼羞成怒。在自己无路可退的时候，本来害怕丈夫生气，很想哄一哄他，妻子改用了以攻为守的方法。这是女人的常用方法。同时妻子继续固守那个已不成立的借口。

"给我面子？"丈夫也忍不住了，"我真是有面子，看你们那默契的样子。还说什么'这个你不知道'，我是不懂，不懂你们说的事情，你们心有灵犀。"

如果丈夫较软弱，也许会被吓着，会不敢继续追究，但是这个丈夫不是，他看来是很生气了，于是继续进攻。

丈夫的心里有了一个观念，认为妻子是"不承认错误"，他必须先让她承认错误，然后他才可以原谅，才可以表现自己的宽容。

难得糊涂

面对爱人的感情小波动，不争辩是非曲直是良策

聚会刚散，夫妻两个在回家的路上。

"也没有什么意思，"妻子说，"好像是挺热热闹闹的，但过后一想，还是很空虚的。"

"是吗？"丈夫说，"魏先生那个人，好像还很风趣的啊！"

由这段话看，可能他妻子和魏先生的交往中，的确是有一点朦胧的偏于亲近的表现。这不仅可以由丈夫的酸味很足的语言中看出来，也可以从妻子的话中推断出来。她的话实际上有两层意思：在意识中，是她感觉到丈夫有点不高兴，回想起来，才意识到自己刚才在聚会中是有些表现失当，于是她要用故意表现出的"没有什么意思"，让丈夫相信她刚才并没有对魏先生有什么好感和喜欢，而且还有一点道歉的感觉。但是在潜意识中，这反而表达了她在刚才快快乐乐的聚会后，回到平淡的气氛中，有一点曲终人散的感受。

"他耍贫嘴罢了，有什么风趣的。"

如果一个妻子这样贬低一个男人，那表明她的确对他不讨厌。

女人和男人绝不是同一物种，一种戏说是"男人来自火星，女人来自金星"。这两个物种没有优劣之分，但的确明显不同。女人看似奇特的言行，背后依然不是没有道理的。

在这一例中，于先生没有看清，他妻子的一切举动背后都是"不放心"。丈夫一天到晚和年轻漂亮的"总经理助理"并肩战斗，而她自己却在这个世界之外，这足以让做妻子的不踏实。指使助理做事也无非是为了在精神上压倒对方，也是要看看丈夫的反应，以证明丈夫会向着自己。可惜丈夫不明其意，没有采取使妻子放心的行动，反而对妻子加以指责，这更加剧了妻子的不放心。当然妻子也就不可能像他希望的那样"改掉"。

三毛曾把女人比作钢琴，钢琴发出的声音好不好听，在于弹琴的人。

叹息"妻子累人"的老板们，关键是不懂这架琴的构造，不知道怎么弹，常常用自以为对她好的方式，实际上却恰恰效果不佳。另一个重要的原因是，没有花时间、精力和妻子沟通，更没有了解妻子。他们往往说自己太忙，其实**在妻子身上花一些时间也是一种重要的感情投资。当你花了时间、理解了她，以后相处会容易得多，可以减少很多冲突。**

从长远看，这样的投入是值得的，良好的夫妻关系对双方的心灵都是滋养，对个人的事业也是一种助力。

所以，要让"累人的妻子"变得可人，重要的不是花钱在她身上，而是花心思，投感情，准确地分辨出不协和音来自哪里，及时调校。如此，妻子这架钢琴才会发出优雅动听的声音。

倦的人一样对待他。

夫妻之间还是需要更坦诚些。如果他让妻子知道自己压力较大，也许妻子会做得比他希望的还要好，也不会以小孩子缠人的方式对待他，可能还会想方设法引他开心放松。自然，在这一过程中，妻子也会得到心理满足。

有个丈夫对妻子说："近来我遇到了些麻烦，压力挺大。我不打算告诉你具体怎么回事，你不懂行也没必要知道。不过你放心，我肯定可以最终解决好这件事。"这样一说，做妻子的明白他有压力，也相信他能解决，就主动给他营造一个温馨放松的家庭环境，夫妻之间既有了信任，更有了理解和关爱。

"女人怎么这样不明事理？"于先生身材修长，戴眼镜，一望而知是那种"儒商"。

"我妻子让我不满的有几件事。一是她总是要介入我公司的事。我告诉她：'你又不是这公司的人，经常跑到公司来插手公司的事，影响多不好！'说她一次，她好一点，但还是动不动就来公司。这不，昨天又是。我说她一句'你又来干什么'，她就和我急了，说：'为什么我就不能来，你这么怕我来，怕我撞破你什么事是不是？'你看，多不讲理。

"还有一次，她竟指使我的助理去干私事，这种'后宫当政'多损害我的形象。我忍不住又和她大吵一次，我告诉我的助理：'以后她让你干什么，你不用理她，就说是我吩咐的。'

"在家也是，孩子不管，让保姆管；什么事也不做，光知道打扮。她的打扮方式也怪，30多岁了，打扮得总和女大学生似的。可是这样刻意修饰出来的随意，看起来多难受。我还得夸她'清纯''漂亮''年轻'她才高兴，说一说真实评价的话，又是一顿争吵。"

挣钱，而是让她有事干，有事干人才会有精神。"

"我那么哄她，她却一点不体贴我！"

马先生一看就是那种顾家且有责任感的男人，他告诉我他从没有过"花"的行为。对待妻子，他说好像对待孩子，总是哄她高兴。

"不论到哪儿出差，我都想着给她带礼物。"马先生语带委屈地说，"我晚上从不出去应酬，总是在家陪她。她还总怨我，说我一回家就看电视，一点没有情趣。唉，我一天累得要命，而且前一段时间不顺，遇到了一些麻烦，每天压力都很大，回家还有什么劲儿玩情趣？所以我觉得男女之间是挺不公平的。男人压力这么大，女人什么也不管，至少不要再给人添麻烦，加压力了！是不是？可她还要求你这样那样。"

我问他："你有没有和她说过你的感觉？告诉她，近来有麻烦，压力大，希望在家里完全放松。"

"没有，"马先生说，"我回家从不提公司的事，就是外面情况再危险，在家也装得平安无事。"

他没有想一想，既然你装出毫无工作压力的样子，妻子怎么可能体贴你压力大，让你不受干扰地自己休息？她当然希望你热情些，和她共同享受人生了。

我问他："为什么不告诉她实情？"

"以前她也经常问我生意上的事，我也都告诉她。可是她这人经不住事，要是听到我说面临风险，就特别紧张，她又帮不上忙，所以以后我也就不告诉她，顶多事后再和她说。"

马先生这种人的心理实际上很矛盾，一方面他对待妻子如同对待不懂事、不能负任何责任的孩子，另一方面又希望妻子能像一个小母亲一样会体贴人。自己装得很轻松，却希望妻子像对待一个疲是个护士，你想，咱老婆哪能去伺候别人？不光不让她当护士，我还给她雇了家庭护士，陪她聊聊天什么的，还陪她去做美容。"刘先生靠在沙发上接着说，"她说闷，我给她钱，让她上新马泰先逛一圈，然后又去了一次日本。按说日子过得也可以啦，她还是一天到晚没精打采地不痛快。"

"你有没有别的事让她不高兴的？"我问。

"不用瞒你，"刘先生很坦白地说，"逢场作戏难免的，不过我从没对别人动过感情。我心里还真的挺心疼老婆，拿她挺当回事。就是找'小姐'，也事出有因。老婆吧，她特冷淡，要依她，一个月一次都嫌多。她说是当妇产科护士当的，以前看流产难产的看多了，她主动提出来说：'我不管你，只要你保证一不爱别人，二没染上病就行。'"

"我估计我老婆是心理上有病。"刘先生以这么一句话收了尾，也许他只能这么理解了。

刘先生对他的妻子可以说是完全不理解，他不知道"什么也不缺"的生活是最不可忍受的生活，这种生活会使人像秋叶一样日渐枯萎。因为"什么也不缺"的人缺少一样东西——那就是人生的意义。奥地利著名心理学家维克多·E·弗兰克尔指出："人的意志也会遭受挫折。失去意志被称为'存在挫折'。"显然，刘先生的妻子"存在挫折"，她衣食无忧，但是她为什么而活呢？没有人需要她，她也没有追求的目标。

我想这位妻子也许不十分妒忌丈夫的外遇，但我相信她一定无意识中妒忌丈夫有事业。

"聪明的老板不论多么有钱，也要让妻子工作。"另一位房地产公司的老板说，"我投资了一个小公司，让妻子去忙。这不是让她

老婆累人
用妻子需要的方式对她好,才会相处轻松

"老婆太累人了。"有一天,某装潢公司经理马俊先生叹了口气,"我真不知道怎么对付她才好。"这大概不是马先生一个人的苦恼,和他有同感的一定不乏其人。

夫妻相处是需要技巧和方法的。商人和企业家在经营中也许会有非凡才能,但是在对待妻子的技巧上他们也不过和平常人一样。虽然在物质生活条件上他们能比一般丈夫强,不至于有"贫贱夫妻百事哀"的情况,但是在其他方面,他们却有先天的不利于夫妻相处的情况,比如空闲时候少,夫妻难以充分相处交流,难免让妻子感叹"商人重利轻别离",而易诱发家庭矛盾。因而在老板们的家中反而常会有怨妇,老板们也就会有"老婆累人"之叹。

"我真不明白她还有什么不满足的?"

刘先生可以说是很成功的企业家了,他的公司已名闻全国。他买了一套豪华别墅,内部装修是"五星级标准"。他自己有车不算,妻子也有一辆"公爵车"——当然,妻子不需要再工作了。"她原来

合适的方式来解决问题。

这也是我们前面所说的，打破残酷的游戏规则。一些无意中已经玩这游戏的夫妻，当然也可以不玩这个游戏了，甚至可以玩一些好玩的、有用处的游戏，不过会对夫妻双方的要求会高一些。

看过一篇文章，讲一个女人的故事。有一回她在路上摔倒了，膝盖被摔破了，回家后，遭到丈夫一顿怒喝："没事干你摔跟头干吗？"听到这番话，可能很多妻子都会很伤心，但这个妻子却没有，相反，她嬉皮笑脸地说："我就是喜欢摔跟头。"于是，夫妻二人相对莞尔。妻子之所以没有生气，是因为妻子认为丈夫是因为心疼她才发火的，因为自己的不小心，让关心自己的人着急，对方发发火，也不是什么大不了的事情。她说若在从前，她也一定会和丈夫大吵一架的，现在不了，她能听出丈夫的话外音是：你怎么这么不小心。

这位妻子之所以会这么认为，更大的原因还在于她对丈夫的理解吧。夫妻间的理解问题，喊过很多年了。我想，过日子是一点一滴的，从脚上破着大洞的袜子，到脑袋上光芒四射的头衔，夫妻间的一切也远不是"理解"一个词这么简单。如果你愿意，你可以用我的方法，当你找到海涛中那一束月光时，你就是月光下的女神。这个女神可以在沙砾中找到金子，她是天底下最幸福的女人。

爹妈养的，凭什么就该我老让着你？……这样的例子举不胜举。

夫妻间并没有真正意义上的公平，这是很多来找我做咨询的夫妻都认可的，但是，正如一位丈夫告诉我的，"一到那时候，生气还来不及呢，哪儿还顾得上什么理智不理智""什么话顺嘴就说什么呗"。道理谁都会说，但情绪不好的时候，的确很难去思考道理。看样子，怎样在气急败坏的情绪里保持冷静，才是最最重要的。我不能保证你在情绪低落的时候，也会遇到一个人让你脱离情绪的苦海，但我可以教你一种方法，让你自己帮助自己。

这是一个心理学的小练习，是一种叫作意象对话的方法。这个练习会帮助你在情绪即将失控的时候，及时调整自己，让自己能够不被情绪左右。

找一个合适的姿势，坐下或躺下均可，只要你觉得是一个放松的姿势就可以了，闭上眼睛，让自己静一下，然后想象，一个无边无际的、蓝色的大海，海上波涛汹涌，狂风大作，好像一切都被海吞没了。此时，你想象有一个月亮挂在天边，一个圆圆的、亮亮的月亮，它静静地看着这海，一束月光投向海面，任由这海翻起巨大的波浪，月光始终静静地照着、照着……

有很多朋友，在做了这个练习后都说，自己好像比以前成熟多了，不再生起气来就没个完，有一些过去准闹僵的场合，现在也不会闹僵了。

这个练习的神奇之处就在于，你会知道你自己正在生气或者即将生气，当你知道自己在生气，你实际上就拥有了一份定力。事情往往会被我们搞糟，是因为我们被情绪带走了，成了坏情绪的俘虏。**当我们有了一份定力，就不会轻易被情绪左右，我们会保留一块冷静的地方，时时纠正一些错误的判断，帮助我们平静下来，用一种**

很难再保持一份平常的心态,当然也就很难再去为对方着想,而且很快地,会勾起其他对对方不满意的话来,这些在闹矛盾的当时都会成为让人伤心的利器,两个相爱的人就无意间玩起了相互掷刀的游戏。

这个游戏很残酷,因为掷刀的双方是彼此很熟悉的人,他们知道对方的命门在哪里,这个刀比起古龙笔下的小李飞刀来,有过之而无不及,刀刀取人要害,刀刀扎人心脏。而且,这个游戏的残酷之处更在于,后一刀总比前一刀扎得狠些,是一个没有赢家的游戏,两个人在游戏中均是鲜血淋漓。这个游戏有时会中途停下来,有时一辈子演下去,而离婚是逃避这个游戏的唯一办法。小微正是属于这种情况,在冲突中彼此伤害,令她产生了逃避的念头。"与其两个人这样痛苦地过下去,不如分开,也许还能做朋友吧。"小微如是说。

而我告诉小微的一段话,只是让她稍稍换了一个角度,从内心的自怨自艾中出来,不是逃避这个游戏,而是干脆打破这个游戏规则,重新审视离婚这件事。结果,小微发现:"他其实对我很好的。"小微以前想的是吵架后的痛苦,她的注意力只集中在受到的伤害上,这种痛苦的感觉令她对婚姻有所怀疑,在这种情绪下得出的结论无疑是片面的。我在肯定她结论的前提下,让小微自己去考虑,离婚后她是不是不会后悔,当她把注意力放在是否真的需要离婚这个问题上时,她也就开始离开那个消极的情绪了。此时,小微重新找回对丈夫的好感,也不是一件奇怪的事情。

夫妻之间争端起来后,能够持续吵架的原因,很大程度上是由于不平衡的心理。可能有很多人都有过这样的经历:两个人各说各的理由,一个会说,你一点儿也不肯理解我;另一个就会说,你怎么不先理解我?妻子说,你怎么都不让着我;丈夫就会说,我也是确保离婚后不会后悔,有一些缘分,错过了,就失去了,它不会在原来的地方等你,想好。我走时拍了拍她的肩膀。

三年过去了,小微没有离婚,她一直过得挺幸福。

听起来似乎很奇怪,但这是事实。

当然,不仅仅是我的一番话起了作用,事实上小微很爱她的丈夫,当时小微打算离婚,倒也并不是为了吓一吓丈夫,她的确是这么想的,她的态度的确是认真的。

夫妻之间经常会闹一些矛盾,有一些矛盾本来是小事一桩。就像小微,她后来居然回忆不起来两个人到底为什么吵架了,只记得双方都在气头上。小微自己本来很委屈,想说一说而已,还略带了一点撒娇的味道,但小微的丈夫已经有一些不高兴了,他根本没听出来小微的话外音。小微当时说:

"我就知道你现在不肯让着我了。"

后来与丈夫冷静地谈过后,小微才知道丈夫把这句话理解为:

"你当初是骗我的,结了婚就对我不好了。"

当时丈夫很生气,心想,原来我在你心中是这么坏的一个人,所以他的回答是:

"对,我是个坏人,我一无是处,行了吧!"

小微听了这句话很愤怒,心想,我不过是想找个台阶,大家就别找不痛快了。他居然这么不懂我,好像我在故意找他的碴儿,真是岂有此理!

不用说,小微当然要还击,结果两个人越说越伤心,说到最后,两个人都觉得不应该结婚,他们之间缺乏了解,两个人其实是互相利用的。这个结论很可怕。

两人吵架的时候,免不了要说一些伤人的话,听了伤人的话后,

"相互掷刀"的游戏
拥有情绪定力,才不会在夫妻吵架中恶语伤人

三年前,小微坚决地跟我说:"我要离婚!"

当时吓了我一大跳,小微和她的老公是令所有人羡慕的一对璧人。结婚后的小微,经常丢下谈兴正浓的友人,如兔子般绝尘而去,理由很简单:要回家为夫君做饭!而且非常理直气壮。其夫也是十分爱小微,所以也就爱屋及乌,对我们一干朋友,礼遇有加,让人十分受用。小两口的感情如山涧的涓涓溪水,让人羡慕得不得了。怎么能说离婚就离婚呢?

当时小微情绪很低落,在这种时候,我们作为朋友,很容易犯的错误就是——安慰她。安慰朋友本来是天经地义的事情,但有些时候,她需要的并不是安慰,尤其在这种时候,她陷落在悲伤的情绪中,这种情绪像无边无际的海,而且波涛汹涌,此时的安慰对她而言,几乎起不到什么作用。她需要的,其实是一份自我的定力。有了这份定力,她就能够冷静地去分析自己的事情,而不会淹没在情绪的海洋里,无力自拔。我只是告诉她,离婚可以,但是,你要

生冲突的可能性越大,所以在选择配偶时,对方的生活环境和价值观与自己的是否相同是要考虑的一个重要方面。

但即使是"门当户对"、价值观相同,双方也会有许多的差异。如果你不能容纳这些差异,开始努力"帮助对方改变缺点",你十有八九会发现,对方不但不虚心接受意见,而且还会"顽固地坚持自己的错误"。

这是人性的特点。任何人都不愿意在别人——哪怕是自己最爱的人——的强制下改变自己。你越想改变他,你们之间的冲突越大。婚姻破坏的责任往往并不是一方"坏",而是双方各持己见,造成双方的怨气。而当人们在一件事情上有怨气的时候,会无意识地发泄在其他事情上,这样,双方互相激发,积累的怨气就会日见增加,直到难以负载。

真正懂得夫妻相处之道的人,首先会容纳对方和自己不相同的习惯。即使自己认为是一个坏习惯,只要没有什么大的害处,也不试图改变对方。这样,你在面对对方一些让你看不惯的习惯时,就可以从容对待了。

在做心理咨询时,经常有一些不甘心的丈夫或者妻子问:假如双方的某些习惯完全不可能相互容忍,不可能调和,那怎么办?这个时候,必须至少有一个人有所改变。**你不要企图改变对方,你应该试图改变自己。因为你是自己的主人,改变自己比改变别人要容易,而在你自己改变之后,对方也会有所改变。**比如丈夫喜欢吃虾,你难以改变他,那不妨先改变自己,捂着鼻子为他烧一次虾。这样,他反而会更加体谅你,会更自觉地减少吃虾的次数。

解决了虾米、芝麻和绿豆后,你婚姻的殿堂就会变得干净而明亮。

事后，两个人还是和解了，但是丈夫感到妻子没有过去那么理解他了，妻子也感到丈夫不那么爱她了。

几年后，这对夫妻闹到了快要离婚的地步。原因是什么，他们都说不太清楚，大约是丈夫说妻子蛮横、不讲理、不理解他；妻子说丈夫不爱她。如果有个人说，是不是因为做丈夫的爱吃虾而妻子不爱吃，这夫妻两个肯定会说他胡说八道。

实际上，多数夫妻之间的矛盾都不是什么大是大非的问题，都是这种虾米级别的小问题，俗称"芝麻绿豆大的事儿"。可是就是这些虾米、芝麻和绿豆，在破坏一段婚姻上的效果，比什么父母反对、什么远隔千里都要大得多。观察失败的婚姻，你会发现在他们前进的路上，撒满了虾米、芝麻和绿豆。

夫妻的生活环境不同、经历不同，必定有许多不同的习惯、不同的价值观，这些大多是谈不上谁对谁错的问题。你爱吃虾，我讨厌虾，谁也不算错。同样，丈夫生在陕西，喜欢蹲着吃饭，这并不是妻子说的"土气"，不过是一种习惯而已。妻子生在上海，做的菜虽然好吃但是量很少，也不是什么"不舍得让人吃饱"。他喜欢读书，未必就是"不懂生活的书呆子"。她喜欢化妆，也不是"浅薄虚荣的女子"。他喜欢看足球，她喜欢逛街；他喜欢晚睡晚起，她喜欢黎明即起，不过是一些不同的习惯而已，不能说全无对错可言，但毕竟不是什么要紧的问题。

但是往往夫妻双方都对对方的习惯感到不舒服，如果在心里把这种不舒服归结为对方有缺点，就会产生不满，产生直接或间接的攻击性行为。于是引发了对方的不满，而这些不满在两个人之间循环加强，最后成为一个很大的裂痕。

两个人在婚前的生活环境越不同，这些不同的小习惯越多，发

虾米、芝麻和绿豆
配偶"缺点"很正常，接纳不足才久远

有对恩爱的新婚夫妻，丈夫酷爱吃虾，感到吃虾是人生最大的享受；而妻子却闻到虾味就想吐。比起纯洁的爱情、共同的理想什么的，这本来是一件极小的事情，但是就是这样一件小事却使得双方的感情大受影响。

丈夫没有虾可以吃，就总觉得不幸福。虽然他不会因此否定双方的感情，但是至少有点不愉快。这点不愉快就会使他对待妻子的态度有些差，比如妻子高高兴兴地做了饭，他不但没有赞美她的厨艺，还挑剔了她的技巧。于是妻子也有点不高兴，但是没有说什么。吃完饭，在丈夫兴高采烈地和妻子说他的学术思想时，聪明的妻子明察秋毫地指出了他的观点中的一个小漏洞。丈夫知道这的确是自己的一个疏忽，但是感到这个小漏洞和自己的新发现相比，是不值得一提的，妻子的话有点吹毛求疵，不禁有些扫兴，便忍不住反击妻子，说她没有理解他思想的精髓。妻子愤怒了，说丈夫自以为是，文过饰非，于是夫妻爆发了一次争吵。

事你把明天的饭今儿一块儿吃喽。"饭当然不能两天攒一块儿吃,种子当然也要一年一年这样种。奶奶的花儿除了过冬,在我的记忆中没有缺过。可惜很多人都不明白这个道理:爱情的花,不是只种一季,你懒过一年,就少了一年看花的喜悦,春天就在不知不觉中过去了。

后，我乐颠颠地去厨房做饭，发现少了几个盘子，跑到饭厅去找，饭桌上罩了一块布，我奇怪极了，掀开一看，一桌很棒的菜哦，还冒着热气呢，我大叫：'老公——'，一转身，一束鲜花突然出现在眼前，老公贼兮兮地躲在花后面……"

这样的情景，听着都是一种享受，更何况当事人那一脸沉醉的笑呢。

还有一个朋友，在结婚纪念日的时候，曾经很发愁了一阵子，他觉得似乎应该给孩子妈买点什么，但想不出买什么好。孩子妈说你随便买，他也就觉得这事好像没那么重要了。到了那一天，女人望穿秋水等来的他居然空着手回来，那种失望可想而知了。她说了一句"你从不肯为我费一点心思"，眼泪就滴滴答答地落下来。他只好再出去买一点东西，可是，她看都不看那东西一眼。伤害已经造成了，这种补救未免太过于牵强，他没有弄明白，礼物之所以为礼物，其根本并不在物品本身。

情人节到来之际，我为他出谋献策，可以提前买几枝玫瑰，便宜，养在办公室里，待到那一天，再包扎一下送给老婆，保准老婆眉开眼笑，他点头称是。可我没想到，情人节前两天，我听到的是这样的消息：他昨天买了一个扫描仪，为的是给还在吃奶的儿子扫照片，他认为这样会出现一家子其乐融融的景象。我当时一阵阵的后怕，我要是一时没忍住，提前把送玫瑰的"好消息"告诉他爱人，那就完蛋了。

小时候，在农村的奶奶家有一个大园子，春天刚来的时候，她都会撒上一些花种，所以园子里总是开满各色的鲜花。我问过一个荒唐的问题：为什么不能多撒一点种，这样就不用年年都干活了。老太太用沾满泥的手指头戳着我的脑门说："懒虫！你想得美，有本

种子年年这样种

想幸福持久，就要勤快地种养爱情之花

我发现，在情人节捧着玫瑰的女人，漾着满脸幸福的笑，那一瞬间，她是天底下最美的女神呢！

可是，等一等，结了婚、有了孩子的"女神"们呢？丈夫们从护花的毛头小伙子转变为父亲时，他们更关心的可能是事业，是孩子，往日的风花雪月已随着孩子的"哇哇"哭声而烟消云散了。于是，男人们顺理成章地认为，昨天需要精心呵护的"女神"已长成了参天大树，她自己有根，自然就会汲取水分。可是，这些懂道理的大树们偏偏就望眼欲穿地等，等自己的丈夫送一点礼物，哪怕不是情人节的玫瑰，哪怕是个普普通通的日子，哪怕是晚餐桌上突然出现的一小截蜡烛。可惜男人们不愿给枕边最近的人费这心思。

有个女性朋友，有次跟我讲："我老公可有意思了，有一回啊，他说他晚上不回来了，我想自己得惨兮兮地一个人吃饭了，谁知道我回家一开门，他突然从门后跳出来抱住我，我简直高兴死了，然夏自己说过："我有时打电话给如兰,绝不是想骚扰她。我是自己的内心里衔接不上,我需要对她的关怀。我不认为我虚伪。"

自认为是好人,却遗弃"儿童",这怎么衔接得上?当然他需要他对如兰的关怀。

实际上,如兰不是像他想的那么脆弱。如兰很有社会意识,注意到了夏没有注意的影响问题。她没有像一个孩子见到父兄一样激动。

倒是夏自己实际上还像一个孩子,所以他想到:她还是个孩子,我也是。两个孩子手牵手走得蛮好的,突然走失一个。他说:"小林,别让她哭啊!"

是他想哭。

夏离婚没有不对,不离婚也不是不可以,像两个孩子一样一起生活也可以很快乐。那么夏应该怎么做呢?如果夏看到了这篇文章,悟了,他就会知道。

如果你有一个关系,但是出了问题,想想,你们实际是什么关系?想明白,你也就知道该怎么做了。

孩子手牵手走得蛮好的,突然就走失了一个。

我说:"小林,别让她哭啊!"

虽然离婚了,可是夏对如兰还是感情很深。我们看一看夏对如兰的感情是什么样的?是"为她担心,怕她伤心"。在夏的心里,如兰是一个无依无靠的、脆弱的女孩。他要为她负责,为她安排。

这种爱,正如夏后来意识到的:"是永远无法解答的父爱或兄长的爱。"

父爱或兄长的爱也很强烈,但是和男女间真正的爱情是不同的。**真正的爱情是把自己和对方都看成是成年人,有独立的自我,而不是孩子,不是脆弱无依的孩子,是相爱而不仅仅是保护**。父兄和未成年的女孩之间的关系是:女孩是不独立的,是受保护的,如果得不到保护是危险的、苦痛的。所以父兄有一种责任,就是不可以遗弃女孩。

我们看了夏的故事,发现夏有一种内疚:"是我害她苦痛。"为什么他最难过的不是在情人节而是在春节,因为春节是家庭的节日,是父母兄弟姐妹团圆的日子。

夏的内疚是因为他——父兄,遗弃了一个女孩。遗弃"儿童"是有罪的,为了补过,他要安排好别人替他带孩子:"小林,别让她哭啊。"

夏的内疚是因为如兰从4岁没有了母亲,父亲跟一个女人走了,把如兰交给她奶奶带,而如兰的奶奶现在也去世了。而现在的他,是父亲的继承者,不自觉地像如兰的父亲一样思考。夏感到自己是坏人,为了证明自己不是坏人,证明给自己看,他也必须对如兰更关心一些。

下面所说的是他们之间的一件事：

那一年快临近春节，我就在想这不是个好节日。我找到她的弟弟妹妹，告诉他们：除夕夜能不能带着恋人或爱人回去和你姐姐一块过，吃年饭？（如兰4岁丧母，父亲再婚后也不和她联系，她是奶奶带大的，她奶奶已去世。）他们淡淡地答知道。

实际上距离春节还剩十天半月，过节的气氛已经十分浓烈了。那些日子我精神恍惚，脾气暴躁，面目可憎，我敬佩那些离完婚就快乐的人。我打电话到如兰的单位，如兰不在；跑到家去，家里没人。她会上哪儿呢？结果那天夜里快11点了，我站在屋外等她，她沿着路边孤魂野鬼似的回来了。我喊住她，她吃了一惊，然后要我赶紧离开。我说这是为什么？她说离都离了，让人看见影响不好。

我说："找你好几天了。"

她说："干什么？"

我说："春节快到了，你怎么安排？"

她说："我准备和小林一起回她们家过年。"

小林是她的好同事。也许小林也是同情她才邀她一同回去的吧！可是在别人家，纵然热闹，未必真能排除苦痛，说不准更容易受到刺激。

第二天我向小林证实了这件事。我说："谢谢你了，如果方便，到你家那几天把活动安排得满满的。"

小林生气地说："你这么关心她，干吗要离婚呢？"

这种话，最好不要问我。

至今我仍在想，那时，她还是个孩子，我也是。两个

两个孩子的故事

真正的爱情，是把自己和对方都看成是成年人

和一个人交往，很重要的是知道你和他的关系。表面上看你们有一种关系，而在你心里的关系也许不同于表面的关系，在他心里的关系也许也不同于表面的关系。例如，两个人原本是同学，后来合作经商。表面的关系是合作者，但是在其中一个人心里认为两个人是朋友关系，这样合作过程中就会出现许多矛盾。一个人以朋友的方式与对方相处，应该写借条协议的都不写，而另一个人会觉得这不像话……

知道彼此心里的关系，对方的一些不好理解的行为就变得好理解了，他也知道你应该如何对待他了。

下面的例子可以说明这个问题。

夏和如兰离了婚，他们之间没有发生过什么大冲突，离婚的原因只是因为双方都感到婚姻不够美满。离婚后，夏还是一如既往地关心前妻如兰，常打电话或跑去看她。夏女人往往喜欢聊一些琐琐碎碎的事，丈夫们对此大多不感兴趣。男人们喜欢谈的事，妻子们也并不太关心。如果双方都不倾听对方，努力进入对方的兴趣范围，夫妻间所谈的事就会越来越少。只有努力互相了解，信任之树才能健康成长。一个了解男人的妻子不会说："我没办法不怀疑他，我们一起上街时，他总看漂亮女人。"因为她知道，几乎每个男人都会这样做，这并不意味着他会背叛婚姻；而一个了解女人的丈夫也不会为妻子小小的卖弄风情而担心，因为他知道每只小鸟都喜欢炫耀漂亮的羽毛。

信任是一棵树，它需要你为它疗伤、灭虫、浇水……需要你精心爱护才能越长越大。而你的努力所得到的报答，是一种爱情的花朵和幸福的果实。

有的伤是在树的根上，也就是说，有些人不信任配偶是因为自己性格中的缺陷。这是一些不自信的人，他们总觉得自己不如爱人美，不如爱人聪明能干，不如爱人有声名，因而他们总担心爱人会成为仅是"我爱的人"而不再是"爱我的人"。还有一些是占有欲强的人，他们认为爱人是自己所有，爱人的所有生活都应该是自己的。前一种伤较好医治，只要告诉自己"他和我结婚就说明我值得他爱"，就可使受伤的树根复壮。而后一种伤医治起来则比较困难，必须脱胎换骨。

有的伤是在树干上——在成长的过程中，这棵树受到过伤害。有一对夫妻本来相互很信任，但是有一天，妻子坦白说自己曾失贞，这个坦白深深伤害了丈夫。虽然他表示谅解，又过了许多年，树已经长高了许多，可是树干上的旧伤仍旧在，仍然使丈夫时时产生嫉妒。

树干上的伤可能还会更久远。我的那位朋友就是这样。在她很小时，她的父亲离开了她的母亲和她，因此，在她内心深处，总认为男人是不可信的。

要治疗树干的伤，就要先把掩埋着树干的岁月尘沙挖掉。静静地坐下，回忆反省过去，找到过去的伤，然后问自己："所有的男人都一样吗？我有充分证据证明他也会抛弃我吗？"如果答案是"否"，你树干上的伤就被治好了。

更多的伤是在树叶上。如果丈夫忽略了与妻子的感情交流，使妻子感到冷漠，妻子的信任之树就缺少了阳光，树叶就会枯黄；如果丈夫言行不一，妻子的信任之树上就生了虫，树叶就会被蚕食；如果夫妻间缺少沟通，信任之树就没有了清水的灌溉，树叶就会萎谢。

婚姻与信任
治好嫉妒，才能让信任之树开花

嫉妒是婚姻的大敌，哪怕它是以甜美的方式出现。

有一位朋友深爱她的丈夫，到了爱不释手的地步——她真的是从不放开丈夫的手。除了上班，她一分钟也不愿意丈夫离开自己的身边。她的丈夫说："我如果在同楼的朋友处聊上二十分钟，她就会来拉我回家。我如果和其他女性说三句话，她就会哭三个小时。"这位妻子则说："只要他不在我眼前，我就会特别担心。我会想象他和别的女孩在一起。如果他说找朋友一起去踢球，我就怕他是骗我。他说让我信任他，我也真的想信任他。我知道他爱我。我也从来没有发现过他对我说假话。但是我就是摆脱不了那个担心。你不知道，当我看到他和来访的女同学谈得那么高兴，我心里多难过。"

我对她说："你以为信任是你想要就能有的吗？信任不是一只戒指，你花钱买来后它就一直戴在你的指上。信任是你楼下的那棵桃树，它需要你们两人精心呵护才能成长。"

信任的确像一棵树，嫉妒就是这棵树的伤病。

的呢喃、用种种浪漫的情景来征服她——因为这都是激发情感的。

男人有较为纯粹的思想，女人的思想更是感情的工具。当一个男人议论原始社会的群婚制时，他脑子里只有原始人，而他的妻子就会想到他自己："他是不是不满意一夫一妻制？"因此想到他今天曾和女人说笑，然后她就会大力斥责群婚制。

"对女人来说，情感永远胜过理念。思想往往只是情感的外衣。"知道这一点，男人就不要和女人争论道理，而要想一想她坚持这个在你看来完全错误的道理背后，肯定有一种情绪，猜一猜这情绪是什么，再针对情绪做调节。女人也要去体察自己的内心，并善于表达自己的情绪。

这样做不能保证夫妻矛盾可以解决，却为解决矛盾提供了可能性。这就够了。在矛盾中，男人和女人才会一天天相互了解。

把情感问题转化成认识的、理念的问题，这是不利于解决问题的。因为矛盾的各方会在理由上兜圈子，而难以面对真正的问题。前面提到的这个妻子经常和丈夫辩论：吃素会不会影响健康？妻子说吃素久了会营养不良；丈夫说吃素对健康有益，至少不会得冠心病。烧香会不会污染空气？妻子说烧香污染空气；丈夫说香净化了空气……

这样是永远不可能争论出结果的。唯一的结果就是两个人的感情越来越疏远。

要解决问题，必须把表面上的理念性问题转回情感问题。你自己要先弄明白，你掩藏在冠冕堂皇的理由背后是些什么样的情绪？你们争论的真正原因是什么？然后，要用恰当的方式表达自己的情绪。

例如，例子中的女性可以用不带攻击味道的语气告诉丈夫："实际上我可以尊重你们的宗教信仰，我只希望你能更多地关注我。我不是生活在自己父母身边，而是在你家里，难免会感到有些无助，因此我情感上就依赖你。现在，我感觉在我和你的妈妈之间，你不够看重我，所以我情绪上难以接受。"

把自己的真实情绪表达出来，并不意味着肯定可以解决矛盾，但至少让双方知道了矛盾何在，为解决矛盾创造了前提条件。如果连你自己都以为和别人的矛盾是认识上、思想上不同，连你自己都不知道自己真实的情感，那就连一点解决问题的希望都没有了。

思想是属于头脑的，情感是属于心的。或者用严格的科学语言说，思想主要是大脑新皮质的功能，而情感则是脑的边缘系统功能。对女人来说，后者的力量远大于前者，因此，女人不需要男人用严格的符合逻辑的语言证明他爱她，她需要他用鲜花、用"我爱你"

的地位。媳妇在"反迷信"这个冠冕堂皇的旗帜下,所做的也是争夺丈夫,证明自己对丈夫有影响力。她强调"你一个有知识的人,怎么能听一个没有文化的老太太的呢",是在亮出自己的强项:"我比你妈有文化。"但是,在这场比赛中,媳妇失败了。因为,这个年轻女子的雄辩战胜不了她丈夫对母亲的依恋。在情感面前,理智是苍白的。

我说:"你觉得丈夫太听他妈妈的话了,不听你的话,对吧?他是不是在情感上很依赖他母亲,反而对你比较疏远?"

这句话问到地方了,她滔滔不绝地说了很多,都是关于丈夫对母亲和妻子的态度的不同。最让她耿耿于怀的是在他们结婚前,双方父母见了一次面,这也就是订婚的意思吧,在酒桌上,她的男朋友竟然没有坐在她的身边,而坐到了他自己父母中间的位置。

剥开"信仰之争"的外皮,我们透过这个故事,看到了婆媳之间旷日持久的争斗。我们也知道了那个丈夫为什么站在母亲一边:他坐在父母中间,仿佛是一个小孩,而不是一个准备结婚成家的成年男人。实际上,按年龄他是成年,但在心理上他还是一个坐在爸爸妈妈之间的小孩子。我们也知道了这个来访者为什么幽怨重重:因为她感觉到自己不被丈夫重视、关心。这类丈夫一般在性的问题上可能也相对比较淡漠——不和父母住在一起时还好,和父母在一起时尤其可能如此。原因是在父母身边强化了他心理上儿童的一面。我相信,这就是她身上带有诱惑的气息的原因。虽然她绝对不是有意诱惑谁,但是,不满足的她自然会带有这种气息。

表面上女人的观念之争,实际上往往只是一种借口、一种掩饰。有时,这种掩饰做得太好了,以至于连这女人自己都被自己骗了,还真以为自己是在为了一个道理而争呢,这个例子就是这样。

息，我不是说她在诱惑男人，而是说她身上有某些东西会诱惑男人。

她告诉我，她的婆婆特别迷信，一天到晚烧香拜佛，从来不吃一点荤腥，不仅不吃肉，葱姜蒜也一概不沾。在婆婆的影响下，丈夫也信佛。而她是个无神论者，对此感到难以忍受。

我不相信她仅仅是因为思想观念或信仰不同而这么烦恼，信仰自由的道理她也不会不知道，于是我让她举例说几个难以忍受的情景。

她说，一件事是早晨她婆婆喊丈夫去阳台上烧香。在阳台上，婆婆设了一个小佛龛。她反对丈夫去，丈夫一开始也同意不去了。"一个大男人，就跪在那儿，多难看。"

还有，婆婆总是自己用一套厨具，吃自己的菜，所以她这个儿媳妇只好做两种菜。

她还不能忍受丈夫总是看宗教书籍："以前在学校，他爱好挺多的，可是现在呢，没事就躺在床上看书。我想和他说说话他都没有兴趣。"

她说，她现在经常和丈夫争论，力图改变丈夫的信仰，让丈夫成为无神论者，但是毫无效果。

我问她："在你看来，为什么丈夫会这样顽固呢？"

"都是他妈给他的影响，他就是听他妈的话。可是，你一个有知识的人，怎么能听一个没有文化的老太太的话呢？"她愤愤不已地说。

听到这里，我已经证实了自己的想法。她真正不满的，不是丈夫信佛，而是丈夫太听他妈妈的话。在这个家庭里，信仰之争的背后是婆媳争夺对同一个人的支配权，是婆媳在比赛谁更有影响力。婆婆发泄对菜里有葱花的不满时，同时也是在压倒媳妇以确立自己

情感之争

解决情感烦恼，先要把理念问题转化回情感问题

对女人来说，情感永远胜过理念。女人不会像有些男人那样为一种思想、观念而争得死去活来。即使表面上女人也有观念之争，实际上却仍旧只是情感之争。我曾经接受咨询的一个案例就很能说明这个问题。

她来到我的心理咨询中心，说想了解一下如何说服别人，让对方不再迷信。作为心理咨询师，我知道我不能马上回答这个问题。这个问题只是水面上的一个水泡，水下面还有未露头的鱼。如果我见到水泡就扑过去，水下面的鱼就不会露头了。如果我说："你应该对他讲科学，用科学战胜迷信。"道理是对，可是一点也不会有用。我要先知道：她想说服谁？为什么她对反迷信格外起劲？她还有什么别的动机？

我先找了一下对她的感觉。她20多岁，相貌还可以，肤色白皙，称不上美女但也绝不难看。穿一件暗红色上衣，化妆较明显而且发型也做得很好。我感觉她身上弥漫着一种令男人感到诱惑的气沟通，通过相互包容，最终由凡人夫妻变成神仙眷属。这是可能的，但是需要时间和努力。

如果你现在的婚姻没有进一步改进的余地了，而你对神仙眷属式的婚姻的渴望又完全不可抑制，你可以考虑放弃现有婚姻，冒险去寻找那个一千里都找不到一个的和你极为合适的人。但是，也许你会找不到。

是冒险寻找神仙眷属，还是甘心做凡人夫妻，这要看你自己选择。但是，切记不要用神仙眷属的标准要求凡人夫妻，否则，凡人夫妻会变成地狱冤家。

不表达自己的需要，对方怎么可能知道呢？谁有精力一天到晚猜测你的心思呢？你不表达，就难以沟通，就容易产生误会，从而产生矛盾冲突。

期望自己的婚姻能成为神仙眷属，期望对方深爱自己、理解自己等，这是人之常情，不能算错。但是，仅仅靠期望，你不会得到神仙眷属式的婚姻。强求是没有用的，强制要求对方按高标准做反而会给对方带来压力。何况有些人要求对方按神仙眷属的高标准做，自己却并没有回报同样的爱。虽然你希望得到最好的，但是你必须清醒地看到自己的婚姻现状。如果现状是：对方爱你，但是这爱不是生死不渝的那种；你们相互理解，但是达不到心有灵犀；你们感情很好，但是也都有私心，那么，最好还是按凡人夫妻的方式生活。

不要考验对方的爱情，宁可相敬如宾。不要追求心有灵犀，还是多做交流，明确告诉对方你需要什么。包括夫妻财产的使用也不妨有一个双方都能接受的商定。

和朋友一起经商时要"先小人后君子"，先把分配利益的方法讲清。如果你们是 24K 纯金一般的纯粹的君子，可以不用"先小人"，可以不必多说。如果你还考虑自己的利害得失，就不妨"先小人"，这样可以避免矛盾，结果如同君子。如果你不是纯粹君子，却偏要按君子方式做，结果反而会不好。

婚姻也一样。如果是凡人夫妻，却偏要按神仙眷属的方式做，结果反而会连凡人夫妻都做不好。

如果你现在的婚姻有进一步改进的余地，你可以把它逐步转化为神仙眷属式的。但是要知道，这需要双方长期的努力。双人舞演员之间默契的配合是长期训练的结果。你们也要有这种准备。通过基础，要求双方的性格特别和谐，也要求有其他一些内部和外部条件，还要求双方善于解决矛盾。如果条件不具备，而夫妻又不甘心做凡人夫妻，过分强求成为神仙眷属，这样反而会引起婚姻冲突，在少数夫妻中弄不好会连凡人夫妻都做不成，把婚姻变成地狱一般。可见，过高的期望是有害的。

男人女人都有对婚姻期望过高的问题，相对来说女人更严重些。举一个极为常见的例子：为了证明对方的爱情，女人装出很不讲道理的样子，让男人生气。如乱发脾气做大小姐态，或指手画脚唯我独尊，任性胡为而不考虑对方。在她看来，丈夫既然爱她就应该能包容这一切，换句话说就是，"我做得不好，他也应该对我好，这才能证明他对我的爱情深"。

在神仙眷属中，一方有时也会任性，但是，由于双方有固有的和谐与深厚的感情做基础，所以这种任性往往不会带来危害，甚至反而会增添情趣。但是，如果你们只是凡人夫妻，却非要这样做，也许一开始丈夫还能一如既往地爱你，但是日久天长，总有一天丈夫会忍耐不住，于是婚姻中的战争便开始了。可见，有些事神仙眷属可以做，凡人夫妻不可以做。杂技大师可以背朝前骑车，而你不可以。

再如，有些人不表达自己的愿望，希望对方能"心有灵犀一点通"。如希望在自己生日时，对方送上自己最喜欢的礼物；在自己需要爱抚时，对方及时给予缠绵；在自己不愉快时，对方能猜出原因。他们说："如果我说出自己要什么，他才给我，那还有什么意思？"这是对相互理解期望得太高。

心有灵犀，神仙眷属是可以做到的。因为他们之间极为相似，相互理解容易。但是，对大多数夫妻来说，谁都没有"他心通"，你成手心里的宝。"

神仙眷属式的夫妻永远像初恋,像诗,像传奇……

凡人夫妻就平凡多了。

凡人夫妻也有感情,但是这爱却谈不上伟大,只是一种相互依恋。凡人夫妻的爱中难免有杂质。她选择他也许是考虑到他收入高,嫁给他有面子。他也许觉着她比较温柔听话,娶她会让他在家里有地位。结婚后,倒也互相关心互相喜爱,相处得也还算温馨和谐,但是有的时候也难免考虑自己多于考虑对方。

凡人夫妻之间达不到"心有灵犀一点通"的程度,所以常常有误解,有矛盾。

凡人夫妻看问题的观点不完全相同,因此在生活方式上、用钱上、子女教育上都会时时有些大大小小的矛盾。

凡人夫妻对对方是喜欢的、亲近的,但是也有些不满。虽有不满,还是一家人。

凡人夫妻的婚姻是柴米油盐,是平凡中的温情。

地狱冤家的婚姻是可怕的。

记得古人评价这种婚姻时说过这类话:如果怨毒深,就会做夫妻。因为人可以逃避敌人,却难以逃避朝夕相处的配偶。他(她)可以时时刻刻折磨你。

地狱冤家的婚姻中充满了怨恨。有怨恨却不愿意分离,似乎生活的目的就是"让他没有好日子过",就像毒蛇相互纠缠和相互折磨。

谁都希望自己的婚姻如神仙眷属,谁都不愿意自己的婚姻似地狱冤家。但是,真正得到了神仙眷属式的婚姻的人微乎其微,许多男女连凡人夫妻都当不了,而是遇上了可怕的地狱冤家。

神仙眷属是人们向往的,但也是难得的。它要求有深厚的感情

神仙眷属·凡人夫妻·地狱冤家
别用神仙眷属标准来要求凡人夫妻，否则会变成地狱冤家

神仙眷属是人们所渴望的夫妻关系。

神仙眷属式的夫妻相爱至深、情同鱼水。每一方都全心全意地爱着对方，即使是贫贱、疾病、坎坷，双方的爱也没有丝毫减弱。为了所爱的人会毫不犹豫地舍弃自己的一切：财富、地位、名誉和生命。可谓生死与共、矢志不移。

神仙眷属式的夫妻心心相印、心有灵犀，互相了解对方如同了解自己。因此，他们几乎从不会有误解。一方的愿望不需要说出来，另一方就已感知，并能体贴入微地做到。两人间存在真正的默契。

神仙眷属式的夫妻志趣相投，价值观和喜好也完全一样。因此他们几乎从不争吵，除非是为了逗趣吵着玩儿。一方做的每件事，另一方都会由衷赞同。

神仙眷属式的夫妻相互爱慕、相互欣赏。谁都认为和对方在一起没有丝毫遗憾，"他（她）就是我心目中的爱人。"因此绝不会出现一方移情别恋的事情，"哪怕老得什么事也做不了，我还把你当

"他看了我一眼,有些伤感地说:'你外表给人的感觉很美,也很温柔,可是一说话……'"

心理学中的"反向作用"是指一个人在掩饰自己的感情时,常常矫枉过正,做出与内心想法相反的行为。这个女孩子呵斥他、生气、粗暴,正反映出她心里对他的喜欢。不懂女孩子的男孩子,误以为她不爱他,伤感又无奈;而懂女孩子的男孩子,则会高兴呢!

我又有些后悔，我故意迟到了10分钟，不就是要显示一下自己的身价吗？怎么会把谜底说漏了？怕就怕他知道我在乎他。

"走进电影院，电影已经开演了。找不到引座员，我们摸黑儿找了两张椅子坐下，刚看了不到5分钟，引座员打着手电过来了，把我们请到了另外两张椅子上。我有些生气，又不便于发作，只好闷闷地看电影。看了一会儿，我才想起，还不知道什么片名呢，便问身旁的一位观众，他小声告诉我：'《离婚合同》。'我一听觉得挺晦气，于是扭过脸来问他：'看什么不好，怎么选了这个片子！'他不好意思地回答：'朋友给的票，我也不知道是这个片子。'"

他竟然粗心到这种地步。也难怪她怀疑他是不是喜欢她，难怪她不敢暴露出她自己对他的喜欢，万一落花有情、流水无心，她不是太没有面子了？

"电影没看完，我们就出来了。秋风习习，月色溶溶，我们在街上漫无目的地散步。他不再像第一次那么诙谐和幽默了，时而竟发出一声轻微的叹息。"

他没有明白她为什么生气，想："这个女孩太凶了。"

"许久，他才扭过脸对我说：'今天晚上有女足转播，7点半开始。'我看看表说：'都快9点了，回去也看不上了！'"

她还是喜欢他，希望和他在一起，不愿意他回家。

"他的双眸一闪：'我可以看下半场！'"

逃的愿望太强了，怕了这个女孩。

"我说：'你既然想看女足，为什么约我出来？'"

又怨，又怨，她的面子把事情搞坏了，本来男孩子（真是孩子，女孩子要对他好一点，他就有风采，女孩子一生气，他就逃跑）还是喜欢她的，这下子完了。

子考虑，选离女孩子家近些的。"

这就是自我意识。

"尽管如此，我还是高兴地接受了，挂电话时我说了一句：'晚上见！'他马上更正说：'不是晚上，是明天！'我一时窘迫得不行，明天的电影我却听成了今天，好像我多急着见面似的。"

她的失误暴露了她的急切，他的更正显示了他的幼稚、不敏感和不够投入，所以他不知道她的急切，也不知道她的窘迫。他不懂得她。

"第二天，我精心打扮一番。说实话，我见过不少男朋友，从来没有比那天更注意感觉，新鲜而又紧张。我迟到了10分钟，这是我故意的。下了汽车，我没有在车站见到他，心里不由咯噔一下子，莫不是他等我不着，自己走了？"

可见她多在乎他。

"正在四处观望，他走过来了，温和地笑着说：'你不是说骑自行车来吗？我一直在存车处等你呢！'"

"本来，我是想骑车来的，但我的眼睛近视，要骑车必须戴眼镜，我不爱戴眼镜，因为不好看，临时决定坐车来了。你怎么那么呆！存车处等不到我，不会到这里来看看？"

因为在乎，而且要面子，绝没有办法说"因为我骑车要戴眼镜，不好看，我想让你看到好看的我"。窘迫的她自然"窘"羞成怒了。

"他或许没有想到我会呵斥他，一脸愕然地望着我，有些不悦地说：'我这不是过来了吗？'"

可见他不成熟不懂女孩子，也不会做，何必为自己辩解，一笑了之就可以了嘛，哄哄女孩子就可以了嘛！

"可是，我一抬手腕，说：'我都等了一刻钟了！'说完这句话，

表里不一是女孩

用相反的态度来掩饰真情,是恋爱伎俩

"我 25 岁,大学毕业后在一家生意不太好的公司工作,收入一般。我曾经和一个大款恋爱过,后来离开了他。这大款知识贫乏而又自以为是。他已经结婚,而且没有离婚的打算。在这之后经人介绍我认识了一个大学教师,他挺拔英俊、谈吐幽默。第一次见到他,就在公共汽车站谈了 4 个小时,谈到末班车到来。我心里喜欢得不得了,从来没有谁让我这么动心过。"

显然,她对他感觉极好,双方很和谐。

"回家后,母亲和介绍人问我对对方的印象如何?由于虚荣心,我只说'感觉一般'。"

她是那种要面子的女孩,不愿意承认自己动心。

在前面,她和他的交往中,她没有多少自我意识,所以交往很自然,现在,自我意识已经产生了。

"当天下午,我接到他的电话,约我第二天晚上看电影。我有一点不高兴,因为电影院的位置居中,男子汉应该有风度,为女孩要装着对足球也感兴趣，还要装得清纯动人，对婆婆妈妈的事不感兴趣；男孩子要装得温和而整洁，还要装着对逛商场也不讨厌；甚至你会愿意为恋人而改变自己的一些特点，好让他（她）更喜欢你，这都很正常。

问题是一个人装一次绅士淑女并不难，难的是一辈子装模作样不露真相。"远路无轻担"，婚后日子久了你就会发现，任何为了适应或讨好对方的努力都会使你感到疲惫不堪。

相反，如果你俩在各方面都很接近，你不需任何伪装和改变就能让对方喜欢你，那你婚后就不会有这种疲劳的感觉了。

如果你正面临结婚与否的抉择，我希望你能顺利通过这一心理检查。如果你有一两题答案不理想，或许你仍可以结婚，但一定要有遇到严重冲突的心理准备；如果你有三四题答案不理想，请慎重地再考虑一下，因为婚姻是关系到生活幸福与否的大事，须认真对待。

也不能不考虑到未来的冲突。

假如他（她）现在的缺点加强了三倍，你能忍耐多久？

婚姻能否成功不取决于你对他（她）的优点有多欣赏，而在于你对他（她）的缺点能否忍耐。恋爱期间，人们都自觉不自觉地扬长避短，展露优点而掩饰缺点。另外，恋爱期间你们也不是朝夕相处的，对方的缺点暴露得不明显，所以你如果发现他（她）有一分缺点，这分缺点在婚后可能就会变成三分，这一点你应有足够的心理准备。

不要对他（她）改正缺点抱太大希望。须知，"江山易改，本性难移"，你十有八九会失败的。

如果你能忍耐超过七年，你可以结婚。因为经过七年漫长的日子后，你也许会发现你们都有所变化，或许你已不必再忍耐了。

他（她）需要的你能给予吗？你需要的他（她）能给予吗？

这里所说的需要固然包括物质需要，但更多的是指心理需要。比如，一个女孩子依赖性强，希望丈夫能如父兄一样关心她，保护她；而她的男友却是一个不成熟的男孩，希望妻子能如母亲一般关爱他。若这样的两个人结了婚，婚后都会有很大的不满足感。

若是一个男人支配欲很强，愿意做家庭中的主事者，希望妻子做贤妻良母，或小鸟依人似的依恋他，而他的女友恰是这种人，他俩的需要就互相满足了。

为了适应他（她），自己需要改变或掩饰的地方有多少？

恋爱中，人们多多少少总会伪装一下自己：女孩子要精心打扮，

热恋勿忘心理检查
用四个问题来检测感情的相容度

生活中不幸的婚姻随处可见,问题多来自夫妻间心理及个性上的矛盾。若能在热恋时做个心理检查,看看相爱着的两个人在心理上是否相容,是否适合共建家庭,不幸的婚姻也许可以避免。以下四个问题可供你在做恋爱心理检查时参考。

你与他(她)所希望有的生活方式一样吗?

如果把婚姻比作一辆汽车,当你坐进汽车时应该先问问车上的另一个人打算把车开到哪里。如果他(她)的目的地和你的目的地相同或者相距不远,那你可以上车。如果他(她)的目的地和你的目的地全然不同,比如他(她)要去山上,你要去海边,这辆车你还是不上为妙,不管这车多漂亮、多快,免得你们发生争执。

同样,如果你想要的生活是平静的、安宁的,而他(她)喜欢的是有刺激的大起大落的生活;你喜欢富有的生活,他却厌倦挣钱也不愿意让你去为挣钱忙碌,那么,虽然你们现在感情似乎很甜蜜,掉,我唯一的出路就是离开赌场。走出商场,走在繁华的淮海路上,我感到今天的阳光格外明亮。我知道,明亮的是我的心。"

茜儿终于领悟了。

有根据每一个人的情况，分别采用不同的方法。

我用种种方法，让来访者知道自己的内心，让他们领悟自己的误区是什么。**心理咨询的目的就是领悟，领悟不同于知识，领悟是一种恍然大悟的体验。一旦领悟了自己的心结在哪里，就可以从苦恼中解脱。**我使用的主要方法叫作意象对话技术，这是我自己创立的心理治疗方法。用这个方法，我可以让90%以上的来访者有所领悟，而且治疗的速度比我使用精神分析等方法快四到五倍。

在心理咨询中心，茜儿整理了自己的心理。在心理咨询的帮助下，慢慢地体会自己，发现自己。她也常让我为她出主意，告诉她该怎么办。但是我从不回答，因为只有她自己的心才能为自己作出决断。我只是不断地让她叙说并且体会自己的感觉，通过体会去了解自己的感情是什么，让她反观自己，看自己在做什么。

另外，我还鼓励她关注生活中其他的事。她本来是兴趣很多、爱好广泛的女孩，这几年的"苦恋"让她忘了这一切，每一天想的都只是这一个人一件事。我建议她重新找到自我，重新投入到自己感兴趣的事情中去。我不知道她将在哪一天走出误区，但我知道，总会有那么一天。

前几天，我忽然收到了她的短信，她说她已经离开了那个人。

"我那天正在挑选衣服。在镜子里我看到自己，穿着短大衣，风情万种，忽然间我忘了这几年来萦绕在心间的这件事，忘了他和她。我突然很奇怪地想，我怎么了？我怎么会为那么一个人、一个自私粗俗的人如此自苦？一霎时我恍然大悟，我明白了你告诉我的，我只是在'赛车'，在争夺，而那个人根本不值得。这就像赌博，我投入的情感、时间越多，我就越不愿离场。可是，要想让自己不毁

童年的影响

心理咨询和治疗可以帮助来访者了解自己心里的奥秘，从而调节心理，消除心理困扰。我们看到了许多女性有"和另一个女人竞争"的误区，甚至她们也知道自己的行为不值得，但是如果不了解自己行为背后的心理奥秘，她们是无法改变自己的。

平时，人们对自己的潜意识心理是不知道的。对由潜意识支配的行为，他们也不会知道自己为什么会那样做。在深入的心理分析中，心理学家往往可以证实许多女性这种"和另一个女人竞争"的心理有童年期经验的影响。

例如茜儿小的时候，她的父母离了婚。父亲被一个在她看来很粗俗的女人吸引而放弃了家庭。而茜儿的母亲性格软弱，未作任何"抵抗"就离了婚。在潜意识中，现在的茜儿是把自己认同为母亲，而她的争夺，也正是她希望当年的母亲做的事，仿佛她是在替母亲争夺父亲。邱俐则是从小和姐姐争夺父亲，她们长大后又用同样的模式和别的女性争夺男友。

先要知道，才能改变。通过心理分析，她们知道了自己的潜意识，知道了自己的心理受到了童年经验的影响，才可能调整自己的心态，走出误区。

调整心态

在我做心理咨询的近30年中，遇到的类似情况可以说数不胜数。在爱情困扰的事件中，这类事件大约占三分之一以上。感情之苦，真的如大海茫茫无边际。

我在心理咨询中，没有一个固定的方法用于来访者。因为每一个人都是独特的，每一个人需要的调节方法也是不尽相同的。我只郁郁寡欢。

邱俐和她们不同,她是一个"胜利者",可是她也来到心理咨询中心说她不幸福。邱俐的生活就是不断地从别人手里抢夺男人。她的历届男朋友原来都是伉俪情深的有妇之夫,或者是有珠联璧合的女朋友。一旦她看到一对相爱的男女,就忍不住要爱上那个男性。于是她用尽心机,要把这个男人夺过来。她总是可以成功,但是她发现那些男性也总是在得到她之后很快就后悔,她得不到他们的爱。每次只是在成功的时候才会有短暂的快乐,但是随之而来的却是无比的空虚。

女性经常会陷入这个误区:为了争胜而"爱"。他越是有别人,女人越自以为这个男人值得爱。打一个不很美的比喻,就像女人在买东西时,看到大家都抢购某种商品,就以为这必定是种好东西,就也想得到。另外,如果别的女人和自己争一个男人,她决不愿放弃。因为她觉得情场胜负好像是一种对自己价值与魅力的评判,而那个男人仿佛是个评委。一旦自己失败,就意味着自己不如那个女人有魅力,不如那个女人出色。女人不会像男人一样,开车时比赛谁快谁胆大,在开车时女人一般温和无争。但是在感情上,两个女人一旦"赛车",她们那不顾一切的劲儿是男人们绝对比不上的。青春、前途和命运她们都敢拿来一搏,但求战胜对手。

就以这里的茜儿为例,我猜想,如果没有那个竞争者出现,也许茜儿根本就不会迷恋上那个同事。如果她哪一天成功地夺来了那个男人,那男人死心塌地爱她,也许她反而会对他厌倦。而在有竞争时,茜儿就顾不上别的了,她只想要得到他,要胜过对手,而从未想过自己的努力与付出是不是值得。

走出爱情的误区

为了争胜而"爱",结局注定会输

爱的误区

茜儿坐在心理咨询中心的椅子上,无奈地把头埋在手里。只有在这里,她才能放松自己一直绷紧的神经,让自己宣泄出那焦虑、痛苦、怨恨交织在一起的复杂感受。茜儿是一个坚强的女孩,而且她也很注重自己的形象,所以她即使是在悲伤流泪时,也总是先动作优雅地从坤包里取出面巾纸盖在眼睛上,让自己无声地流泪。把头埋在手里,这个动作对她来说,已表示情绪很强烈了。

"我就是不明白,"她的声音忧郁又沉重,"我有哪一点比不上她?我比她漂亮,比她更有内涵,比她更温柔体贴……"

茜儿为和一个女孩争夺男友,已经奋斗了三年。人生中的其他一切都不管了,她只想赢得他。

小静和茜儿的情况很相似,也是另一个女孩夺走了她的男朋友,她没能把男朋友拉回来。在后来的几年中,她念念不忘的就是自己的失败:"怎么连这样平常的男孩都不要我?"她变得孤独、沉默、魔法控制。然后，她会请丈夫望着她的眼睛，再一次轻轻地念起这咒语：

　　太阳升起的时候，爱人在我身旁。

　　太阳落下的时候，我在爱人身旁。

太阳落下的时候，我在爱人身旁。

这是多么自然优美的诗歌。当火红的太阳升起来的时候，在晨风和鸟声中我们望着太阳和霞光，手握那绿色的嫩叶，轻轻地念起这两句话的时候，心中的爱情一定会如朝阳一样热烈，如晨风一样纯洁，如嫩叶一样充满生机。每天早晨施用这样一种魔法，爱情将永远美好如初。

这两句咒语也是一个很好的恋爱秘诀。那就是说，**要恋爱成功，必须尽量多和意中人接触**。从太阳升起到太阳落下，我们总是能在意中人的身边，日子久了，熟悉中自会产生亲密，亲密中也会产生爱情。我们对一个只见过一面的熟人，总比陌生人要亲切。爱情也像植物一样，是逐渐生长起来的。每天在意中人心里生长的小苗上浇水，这小苗自然会渐渐长大。假如有几个青年同时追求一个少女，最后的成功者未必是那个最引人注目的人，却一定是在少女身边椅子上坐得最久的人。

何况这个魔法还要求我们把树叶或菜叶给意中人吃，这就要求我们亲手做菜请他吃饭，才能在菜里掺上魔法菜叶。而一个常常亲手做菜的人，当然会给意中人留下一个勤快而且体贴的良好印象。两个人一起做菜吃饭，又是一个多么温馨的家庭的画面。坐在热气腾腾的饭桌前，吃着一双充满爱情的手递过来的菜，这对一个人是多么温存的打动。

在遥远的古代，不知道有多少淳朴的青年人用过这种魔法。我相信，他们一定都成功了。当有情人终成眷属后，某一天，他们一起做好饭菜，一盆盆的菜和汤冒着热气，他们相互依偎着，大口大口地吃着菜，青年人忍不住告诉他的妻子，他过去使用了什么样的爱情魔法，妻子听了，回报给他一个热情的吻，告诉他她将永远被

爱情魔法

恋爱成功的秘诀，是尽量多和意中人接触

所谓魔法就是一种巫术。古人们相信某些特殊的语言和仪式具有一种神奇的力量，可以做任何人力所不及的事情。

魔法已经式微，相信科学的人们不再相信这些所谓迷信。可是如果说人们完全不再渴望魔法，那也不是事实，总还有一些是人们感到难以做到的，比如，让一个不爱自己的人爱上自己。

那天逛小书摊，就看到了一本漏网的迷信书，可见现在想获得爱情而得不到以至于想求助于魔法的人还是有的。出于好奇随便翻看了一下，有一种爱情魔法给我留下了很深的印象，让我为它朴素的美心动。

这种爱情魔法很简单。要用的东西，是一根带着嫩叶的树枝。施术者，要迎着朝阳手持树枝轻念咒语，然后把枝上的嫩叶切碎，想办法掺到意中人的菜里让其吃掉。一次不行就再做第二次，如果怕被他发现，还可以用菜叶代替树叶。两句简单的咒语是：

太阳升起的时候，爱人在我身旁。

灵魂的性爱是女人的万种风情，是水莲花的娇羞，是西班牙女郎的热烈，是美人鱼的神秘，是妖冶，是诱惑，是弱柳扶风，是丰肌玉骨；它也是男人的刚健，是叱咤风云的勇气，是大男孩儿的笑容，是潇洒风流，是"酷"。灵魂的性爱是眉目传情、偷期密约，是心有灵犀，是温情牵挂，是思念关怀，是男男女女的一个个故事。

我不爱用"爱情"这个词，因为这个词已被用得太滥了。但是**灵魂的性爱显然更接近经典的爱情——它不是性欲的解决，而是被异性的灵魂吸引，被对方灵魂的性感吸引，主要是属于心的。**

灵魂的性爱不排斥肉体，性的结合会使之更完美，但是它不依赖于性的结合。相爱的人也许从没有过肉体接触，故而让人永远也忘不了。

爱上一个人不一定要占有对方，为爱而牺牲仍旧可以获得巨大的满足。

灵魂的性爱使性超出了生理快感的领域，而达到了美的领域。

多种多样，常见的是亲情，还有的是欣赏、喜欢、感激或依恋等。

这是灵魂的性爱，也就是一个男性灵魂和一个女性灵魂之间的相互吸引、相互交流。

很多人从来不知道世上还有这么一种性爱。

其实，灵魂是有性别的，只不过未必男人的灵魂都是男性，女人的灵魂都是女性而已。我们平时称灵魂的性别为：男人味或女人味。

灵魂的性别是一种性别气质：男性灵魂是阳刚，是主动性，是勇气和魄力，是英雄气概，是征服性，是保护弱小，是火；女性气质是柔美，是接纳性，是关心和体贴，是温顺，是诱惑性灵魂。

这不是"男权社会"的偏见，而是人性。女性主义者试图让女人变得像男人一样阳刚的努力屡屡失败，不仅男人不接纳，多数女人也不接纳，原因正在于此。女性不应该是男人的附庸，但是女性不能为了解放，在精神心理层面"阉割"自己，剥夺自己的女性灵魂特征，做心理上的"变性手术"。当然，一个人灵魂中带有一部分异性的特质是正常的，例如一个女孩儿气质上有男孩儿气，但是她不能失去自己真正的女性气质。

有灵魂的性别，就有灵魂的性爱。

一位军官迷恋上了热烈、诱惑的卡门——这个美丽的妖女似的人物，她仿佛有魔法，轻轻一碰就让他燃起了爱火。他无法自制，飞蛾扑火一样投向她。这是对另一种女性灵魂的性爱。

年轻英俊的国王骑马竞技，少女一见倾心，一双眼睛便舍不得离开他。她愿意"用自己的长发拂去他脚上的尘土"。她愿意献身于他，愿意为他做一切，愿意做他爱情的奴隶。这是女性对男性灵魂的性爱。

灵魂的性爱

有心灵参与的性爱会超越生理快感，达至完美

性有两种：没有灵魂的性和有灵魂的性。

没有灵魂的性和动物的性一样，是单纯的性交。它可以让人感到很舒服、很欢愉，犹如抽烟、喝酒、洗浴或游泳一样，是生理上的舒服。如果这快感更强烈，那就会像吸毒一样使人通体舒畅。

这种性无关乎灵魂，所以没有选择性，不论是哪个异性，只要他（她）身体相貌还可以，都可以成为对象。提到这种性，人们就会想到色情活动，就会感到厌恶。

有很多性学读物在介绍如何提高这一方面的性能力、性技巧。学习这些技巧是很有益的，但是仅有它又是不够的——那样，性生活只不过是体操运动而已。

有灵魂的性是指有心灵参与的性爱。记得有篇文章说，"性冷淡是心冷淡"，可见**性与心有密切关系，若你讨厌配偶，一般来说你不愿和他（她）做爱（有例外）。反之，当你和配偶感情好，你就愿意和对方共享鱼水之欢**。在这种性之中，两个灵魂之间的关系慕力量，通过放弃自我，她们让自己融入对方，让对方替自己拥有了力量。

由于自卑，她们害怕面对生活的困难和责任，靠着爱情上不断的变换，她们可以回避生活。

爱情和性，是她们的毒品，她们对此成了瘾。一旦没有了这些，她们的痛苦堪比戒毒。

痴情女子们就是这样陷入了错爱。

想让不懂爱的人爱你，只会失败。失败会进一步让你自卑。

不要在这里证明自己的魅力。去寻找一个真正爱你的人，一个"好男人"，一个懂得爱、珍惜爱的人，你才会证明你是可爱的。

关键是要提醒自己，不要用男人做父母的化身，不要试图在他身上实现你童年的愿望。他不是你父亲。意识到这一点，你对他的爱恋就不会那么强，那么不可抵御了。

要相信世界上有另一种爱，更真更美的爱。那是一种心心相印，是理解和关怀，是灵魂的交融。那种爱不需要焦虑不安来维持它，那是相互的欣赏、爱怜，是知音，是人间天堂。

相信这种爱是存在的，只要你去找，你就能找到它。

你有你独特的魅力，你有你可以得到的真爱。只要你睁开眼，也许现在就有一个人正在爱着你。

让自己习惯幸福。

离开"野兽"，一时会很难过，正如戒除毒瘾的人，但是你只要坚持，这种难过就会渐渐过去。

你会有新生的感觉。

你会有新的幸福。

美女为什么要爱"野兽"？

和好男人在一起，她们感到平淡无味。

美女为何爱"野兽"？

美国心理学家罗宾·诺伍德发现，这种爱得过分的女人有些共同特点：她们都来自一个不幸福的家庭。在童年，她们都缺少关爱，也没有得到过安全感；她们内心中都有自卑感。

这可以说明一些问题。

我无意否定痴情女子们的感情，但是我希望她们更多地了解自己。因为她们在恋爱中的表现，反映着她们心中自己也未曾了解的一些欲望和需要。

来自不幸福家庭的女人，从小缺少父母的爱，她们幼年时最渴望的是什么呢？是把不好的父母变成好父母，把不够爱她们、让她们害怕的父母变成爱她们的父母。

幼年时她们没有做到，因而她们自卑，她们怀疑自己不可爱。

这可以告诉我们，为什么她们希望用爱的魅力感化"野兽"。她们真正做的，是把男友当成父母的化身。她们真正的愿望，是感动父母。她们要做的，是证明自己的可爱。

童年不幸福，使她们习惯于这种不安全、不安定的关系。她小时候觉得，父母的爱是有条件的，是要靠努力去争取的，是要靠取悦换来的。

这也就让我们知道，为什么她们选择了不安定的关系，以及和痛苦相联系的爱。她们已经习惯了，她们不曾见到过没有痛苦的爱、和谐的爱、美好的爱。她们不相信有另一种更好的爱存在。

她们献身，是为了获得完全的依赖，完全的放弃自我。她们缺少力量，因此她们把自己献给一个有力量的男人，如同小时候服从父母。哪怕这个男人是野兽，他不也有一种自私的力量吗？她们羡

美女为何爱"野兽"

别在痛苦的情爱关系中，找寻童年缺失的爱

我常常会遇见一些为情所困的痴情女子，她们不幸爱上了这样一种男人。

他，是女孩子眼中那种所谓"很男人"的人，是能让很多女孩子觉得他身上有一种特殊的"劲儿"的人。然而内心深处他却是个自私自利、毫不懂得珍惜女子感情的人，甚至当他不需要这感情时，便会粗暴地抛弃和践踏它。说得难听些，当他们发作起来，就像"野兽"一般无情无义。

可是痴情女子们却一如既往地爱他，为他神魂颠倒，心甘情愿为他痛苦，怀着无望的希望为他牺牲奉献。

"爱上一个不回家的人……依然无怨无悔。"对某些女人来说，这简直就像一种宿命。她们明知对方是个"坏"男人，还会渐渐地越来越深地陷进去，有如飞蛾投火。

她们不是不曾遇见真正爱她们的男人，可是她们对那些男人不屑一顾：你真的是个好人，不过也仅此而已。

认为他们能在婚外得到真爱。个别的也许会得到，但是绝大多数只是徒劳无功。原因很简单，当你没有清除恋父或恋母情结时，你的情人仍旧是父母的化身而已。你和丈夫（妻子）之间的矛盾都必将在情人身上重现。当你利害之心很强时，特别是有些男人出于好色贪婪之心而去寻求婚外性行为时，只能得到不纯净的爱和性满足。心不会打开，你无法认出谁是你的真爱，用不了多久，你就会感到厌倦。

　　找到真爱不容易，许多人早已灰心，只求有个还好的婚姻，但是还有不少人在渴求着它。我能对他们所说的最好的话就是：要让自己独立而不再依赖父母，不是说不再爱父母，而是说作为一个成熟的人、独立的人去爱，不要太依恋。要让自己纯洁，不要总考虑利害、考虑世俗的种种得失，勇敢地开放自己的心灵。这样，你就可能遇见你的真爱！

的缺点。真实的父亲老了，改变已不那么容易了，而这个父亲的化身还年轻，改造他还来得及。

但是这种改造往往会失败，因为，丈夫毕竟不是父亲。

对男人来说也一样。

小时候对父母的爱越不完善，长大后就越难于摆脱对父母的依恋而独立。在恋爱时，也就越容易受到恋父或恋母情结的影响。于是你找到的人只是父亲或母亲的化身而不是你的所爱。你会觉得你爱得很强烈、很狂热，但是你的爱没有那种巨大的幸福。当然也有一些幸福时刻，但是和真正爱情的那种巨大幸福相比是微不足道的。

种种世俗之见也会污染心灵。

例如，世俗告诉我们要计算利害得失，但这种计算将污染心灵的"眼睛"。你将会考虑对方的条件：他（她）的地位、财富、名望、权势……或者他（她）的相貌、年龄、风度等。你会计算和他（她）结婚是不是吃亏了？他有没有前途？她是不是善理家务？这样，**当你以一颗被利害污染的心灵去接触人时，就算遇见了那"天赐给你的爱人"，也不一定能认出他（她）来，也不一定会震撼，因为他（她）也许不符合你的"择偶标准"。**

以利害之心去择偶，只能成为一场交易、一个婚姻合作社、一个合伙公司，却不可能得到真爱。

不幸福的婚姻之所以如此之多，正是因为人们往往用利害之心去择偶。这可以满足物质的需要，满足虚荣心的需要，满足性的需要，满足到了年龄就结婚不被人家称之为老姑娘或老童子的需要……但是满足不了对真正爱情的渴求。

一些已婚者追求（或者至少暗暗期待着）婚外恋，有的已实践着婚外恋，其中大部分人是因为渴求爱（特别是女性）。我却并不有这样一个例子：一位妻子告诉我，她的丈夫总不能全心全意地爱她，因为他爱着另一个女人。他虽然只见过这个女人一次，而且是在梦里。他告诉妻子，那次梦中相会是他一生中最大的幸福。

这位丈夫梦到的，就是他灵魂中的异性。

生活中有幸遇到自己的真爱的人极为稀少。那种天作之合、天生和谐的婚姻如凤毛麟角。

多数人找不到自己真爱的原因是他们心灵的眼睛被污染了，因而错把不是真爱当作真爱。他们的心灵不够纯净，所以得到的爱也不纯净。

最常见的情况是：男性把母亲的形象（女性把父亲的形象）当成了自己爱人的样本，找了一个像母亲（父亲）的人做爱人。因为男人在小时候最爱的人是母亲，女孩则往往爱着父亲。心理学家称之为恋母情结和恋父情结。越是依恋性强、不够成熟独立的人，恋母或恋父情结对其影响就越大。当他（她）恋爱时，会对不仅外貌像，而且性格像父母的人"一见钟情"。但是这种"一见钟情"是错误的，因为你所爱的不过是她（他）像你母亲（父亲）的地方而已，并不是其本身。

有时，你对父母不满，会找一个看起来和父（母）完全相反的人做恋人。但是这还是恋父或恋母情结。你是希望通过这个恋人，实现改造父母的愿望。似乎你的丈夫（妻子）是个经过你改造的、更理想的父亲（母亲）的化身。

有时我们会看到，一个女人的丈夫尽管有很严重的缺点，但她还是决不离开他，而且努力改造他。"这是爱。"她会说。但是这往往不是真正的爱情。如果细加询问，你会发现她的父亲可能也有同样的缺点。她不是在爱丈夫，而是在爱父亲，是在努力想改掉父亲

谁是你的真爱

想遇见真爱，先要内心独立而纯洁

当你寻找爱情的时候，或者在两个异性之间苦苦选择的时候，再或者清楚地意识到身边的人并不是真正属于你的时候……你也许会问自己："是不是有一个人，一个上天安排给我的人，他（她）才是属于我的真爱？当我在茫茫人海中遇见他（她）时，会心动，会和他（她）心心相印，会了解他（她）如同了解我自己，会和他（她）融为一体，会毫不犹豫地与他（她）终生相守？"

心理学大师荣格说：每个男人的灵魂中都有一个女性的成分；每个女人的灵魂中也都有一个男性的成分。你灵魂中的那个人是什么样子是固有的，它就是你心中对未来爱人的活生生的画像。

假如你有幸遇上了一个和你灵魂中的人完全一样的异性，就会出现那种被称之为"一见钟情"的表现：如同被电击或被一种强大的力量击中，你不会思想了。你的心会告诉你："不错，就是他（她），这就是我的爱。"你不需要再去了解他（她）了，因为你如同了解自己一样了解他（她）。你灵魂中的画像已和他（她）相吻合。

当你困惑不解，不知道你对他（她）是爱是恨是冷漠，不知道是该安静地走开还是勇敢地留下来时，你可以让自己开个"三方会谈"。这样，总是"剪不断，理还乱"的种种心绪，就可以理出一个头绪来了。也许你仍旧不能解决内心的冲突，但是至少你知道了，是在哪一点上你们联系在了一起？又是在哪一点上还需要新建立联系。

"爱有几分能说清楚，还有几分是糊里又糊涂"，爱永远不可能完全说清楚，但是有了"三点式"分析法，我们在爱中就可以多一分清醒，少一分迷茫，多一分理解，少一分错误。

直到不顾一切地叫着，疯狂地做爱。而当一切结束后，来者就转身回到自己房间去，仿佛这一切没有发生过。

"性中心"不和谐往往是由于双方不匹配，欲望强的一方对另一方很轻视、很无情。

"三方会谈"

最理想的婚姻是两个人在三个"点"上都相互吸引。他们在思想上相互是知己，在智力上相互匹敌，在情感上真心相爱，在性上和谐。换句话说，在客厅他们是挚友，在厨房是亲热温情的一家人，在床上是狂热的有生命力的动物。

这种婚姻是极为罕见的。你也不要刻意去追求它，因为你也许追求一生也得不到，却失去了虽不这么完美，也还说得过去的婚姻。

当一个人为"是不是和他结婚"或"离婚"而矛盾时，他与对方在"头""心""性"这三点上不会都没有联结的纽带，如果都没有纽带，双方就会很容易分手了。**三点中有联结点，也有排斥点，于是会产生种种矛盾。**如理智上认为对方不合适，但是情感上却恋恋不舍，明知不该爱却不能不爱；或者，情感上并不喜欢对方，但是却因为性的纽带而联系在一起。

当"头""心"和"性"讨论时，你会发现他们的价值观是多么不同，当他们之间有矛盾时，对同一个人的态度和评价也会截然相反。有一位女士曾滔滔不绝一小时讲她为什么想离婚："他一点不懂关心人，冷漠；他的价值观与我差异太大……"但是当她的"心"讲话时，"心"只讲了一句："我不敢离开他，离开他我害怕。""性"也只说了一句话："我觉得不够。"而最后这位女士还是没有离婚。我想，是她的心不许她离开。

正如某女士在想象"心"这个小人儿说话时,她想象中的心说:"我与丈夫的感情与其说是男女之情,不如说是兄妹家人。下班回家,我做饭,他看电视,我觉得我是个充满母性的大姐姐,他像个受宠的小弟弟。我知道他有缺点,不爱干活啦,对我有时冷落不关心啦。可是这些缺点比优点更让我喜欢他——就像母亲或长姐不喜欢那个完美的男孩,偏喜欢那个不完美的男孩一样。"这种情况下的婚姻是"亲情婚姻"。有家的温暖,却较为平淡,缺少明显的性别意识。

有些不幸的人,"心中心"对自己伴侣的态度是不满意不喜欢的,于是他们时时会感到婚姻的不幸福。

"性中心"

"性中心"重视性爱。他是最少社会性的,最生物性的中心。他要求于异性的,是给予自己最充分的性爱快乐。

"性中心"和谐的夫妻关系是激情狂热的,在性上双方深深地相互需要,如饥似渴。性爱是令人激动的,疯狂的,灼人的,仿佛两只动物一样,他们忘记了你是谁我是谁,你是什么性格我又是什么性格,只知道我是男人你是女人,或我是女人你是男人。"性中心"和谐的巨大力量可以把相互不喜欢,有时甚至是相互仇恨、讨厌的男女联系到一起。

有一对夫妻就是这样:他们的感情完全没有了,女人轻视那个男人,认为他只是个土包子;男人也轻视那个女人,甚至当面骂过她"贱货"。白天两个人各住一间屋子,见面都不打招呼,但是到了晚上,有时是男人,有时是女人,都会悄然到了另一个人的床上。两个人一言不发,但是性的激动却越来越强,抚摸、喘息、呻吟,欢的是和自己"观点一致""谈得来"的人,喜欢在智力上与自己匹敌的人,对这种人有种悦纳的情感。知识分子夫妻中颇有一些是"头中心"与"头中心"相爱的,他们的兴趣在于谈论争辩。这种"头中心"的爱情实际上性别意识并不强,感觉上如同好朋友。这种"头中心"的相爱带来的是"友谊式的婚姻"。

"心中心"

"心中心"重视情感。他不大重视现实条件,重视的是情感的种种需要。夫妻间"心"的关系是多种多样的。有的是一方宠爱另一方如同宠爱一个孩子,有的是两个人如同两个孩子互相依恋,有的是相爱如经典爱情故事。有的时候,两颗"心"发生冲突,那又是痛苦烦恼轻视厌恶仇恨之源。凡此种种喜怒哀乐,种种忧伤痛苦,种种甜蜜幸福都可以发生在这个层面上。

"心中心"是有性别意识的,但是这种性别意识的重点不在于性行为,而在于精神上的性。女性的性别意识体现在女性的优雅、柔美,体现在把自己奉献给爱人,体现在被动性。这是一种月光般温柔的精神。而男性的性别意识体现在男性的阳刚、强健,体现在为爱人降龙伏虎,体现在主动性。这是一种如阳光般炽烈的精神。这二者结合就是真爱。

不是每个女人都能开发出"女性精神"的,也不是每个男人都能开发出"男性精神",更不是任意两个"男人和女人"总能相遇相爱,因为这种纯粹的爱是很难得的。

在"心中心"的夫妻关系中,最常见的是亲情依恋的关系。长期共同生活后,两个人如同相邻生长的两棵树,根枝都缠在一起,分也分不开,如父女,如母子,如兄妹。

如同一个小团体，是由几个不同的"人"组成的。有矛盾时，一个"我"想爱，另一个"我"却讨厌，也许还有第三个"我"持第三种意见。

英国作家D·H.劳伦斯写了一本非小说类著作《人的秘密》，认为人有两个中心：一个在身体上部，是理性的中心；另一个在身体下部，是性的中心。两个中心仿佛两个独立的人，各自有自己的爱憎。

劳伦斯的直觉是出色的，用这种方式来分析人心理的层面也是极恰当的。但实际上人至少应分为三个中心："头部中心""心胸部中心"和"性中心"。

为了澄清你对伴侣的态度，心理学家可以分别弄清你的这三个中心——换句话说，你这三个不同的自我对伴侣的态度。

"三点式"探测

方法很简单，就是让你想象自己的头、心、性器如同三个小人儿，想象他们能说话，然后让他们分别表示态度——如同这三个人在开会讨论。这样你就可以知道：那个爱对方的是谁？讨厌对方的是谁？自己心里是谁和谁在发生矛盾？

"头中心"

"头中心"重视理性。有时他是以现实的态度看婚姻的。对方的社会地位如何？经济地位如何？……虽然女性号称更感性，但是实际上在决定婚姻时，女性更多地用"头"。这种"头"带来的婚姻多为"现实婚姻"，感情平淡，冲突也不明显。

"头中心"也不全然是冷冰冰的计算，也有自己的感情，他喜

爱情的三个中心

用"三点式"分析法，可厘清所有爱恨情仇

"为什么自己对这个人又爱又恨？我真打算和他（她）结婚吗？我要不要与他（她）分手？"当你内心为此"剪不断，理还乱"时，不妨依照心理学家建议，采用"三点式"分析法。

人的心理是复杂的，多层面的，因而在心理内部经常会出现矛盾，如对一个人又爱又恨，又讨厌又离不开，或竭力想爱却怎么也爱不起来，想忘却怎么也忘不掉等等。在决定建立关系——结婚，或破坏关系——离婚之际，这些矛盾会格外激烈，使人犹豫彷徨，难以决断。一个自我说："这个人不错，天天献花，体贴周到，事业有成，跟了他会幸福。"另一个自我却鄙夷不屑地说："看他那副胖乎乎的样子。"再如对丈夫不满的妻子想离婚："他太差劲了，一点小事就和我吵架，下了班就看足球看报纸，和他在一起没一点幸福浪漫。"而她的另一个自我却会在离婚将发生时说："我还是舍不得他。"

当你内心矛盾时，你才会认同这个心理学原理：**一个人的心理**

活着，往往心里的爱情也难以保持得很长久。想一想临死的情侣最爱说的一句话是什么？是"别忘了我"，你看，还是不放心。

人们都愿赞颂忠贞不渝、白头偕老的爱情，也正是因为这种爱情少见。物以稀为贵，长久的爱情自然是很珍贵的。

情人们如果发现爱情消亡了，不必太伤心，更不必寻死觅活。要知道这是很普遍很常见的事，换句话说，是正常现象。韭菜根留着，新韭菜自然还会再长出一茬来。要是爱情几十年不消亡，那才是稀奇的事呢，换句话说，是不正常现象。当然不正常也不是坏事，正常的大象是灰色的，白象是不正常的，可白象倒是珍兽。

从辩证的角度看，爱情和人生一样，不可能完美。你希望这份爱可以天长地久，但接下来发生的事实可能并非如此。永远甜蜜幸福如初，只有非常少数的关系结局能如此。

古人说："大都好物不坚牢，彩云易散琉璃脆。"**爱情是个好东西，爱情也是个不结实的东西，难以保持长久，所以对爱情的消亡不要抱怨。**倒是爱情还在时要好好珍惜，像珍惜那转瞬即逝的日出和那娇美的昙花。

爱情是个不结实的东西

不长久的才叫爱情，请用平常心对待

情侣们最爱说的一句话是：永远爱你。我不明白为什么他们要一遍遍重复这句话。如果说是因为永远的爱重要，那么永远要吃饭难道不重要？失去恋人不一定会死人，不吃饭却注定会死，为什么他们不发誓说永远要吃饭？

所以，**誓言的作用都是为了让对方放心，而这也正是因为对方不大放心**。正如要证人在法庭上宣誓说真话，是因为他们有可能说假话。不说永远要吃饭是因为他肯定永远要吃饭；总说永远爱你是因为他不一定会永远爱你。这个道理其实情侣们心里都明白，就是都不愿意承认。

当然终生相守不离婚的夫妻多得很，但终生相爱的——却没有那么多。相守、相爱，一字之差，意思却有很大差别。狱卒和囚犯总是在一起相守，但谁也不会说他们相爱。终生相爱至死不变的情侣是有，那也不过是他们爱情的寿数长一些而已，并不是爱情就一定能永恒。感人的爱情故事里常有情侣中一位先死去，剩下另一位

第二章

用两性情感上的独立将自己持久滋养,还是在脆弱依附中日渐凋零?

不要考验对方的爱情,宁可相敬如宾。不要追求心有灵犀,还是多做交流,明确告诉对方你需要什么。真正的爱情和婚姻是彼此滋养,把自己和对方都看成是成年人,有独立的自我,而不是脆弱无依的孩子。是相爱而不仅仅是依附,或只是你一个人的爱。

女性对爱和归属的需要太强了，她们往往会为得到别人的爱而失去自我。

我们曾介绍过一种"美人鱼"式的人格，那也是一种为别人活的人，但是，洋娃娃和美人鱼的性格是不同的。"美人鱼"性格的人，大多是从小被忽视较多的孩子，她们是用一种自我牺牲的方式，有时甚至是带有一点自虐的方式来追求别人的爱，是用爱别人来换取别人的爱。而"洋娃娃"性格的人，小时候是得到了别人的爱的，不过长大后太害怕失去爱，虽然长大，还是把自己当作"父母的玩具"，用自己的"美丽、可爱"来换取别人的爱。在心理上，美人鱼和洋娃娃都是不独立的人格。

"洋娃娃"性格有它可爱的地方，它给了女孩一种"小鸟依人"的特点，使她可爱，而且这种女孩子一般会很显年轻。在做助手类的工作时，这样的女孩子也很善解人意，不固执。

但是，如果总是要取悦亲人，就会有一些问题。比如，在考大学时，这些女孩就肯定不会按照自己喜欢的专业报考，而会完全听父母的；在恋爱结婚时，她们大多也是完全听父母的话；在结婚后，她们又会对丈夫过分依赖。久而久之，她们忘了自己喜欢的是什么，只知道别人喜欢的是什么，内心会有一种失落，甚至是忧郁。严重的话，她们会感到自己的生活没有意义，会感到自己在渐渐枯萎。

我对这个女孩的建议是，**偶尔做个洋娃娃没有关系，但是在决定自己的生活的大事情发生时，一定要提醒自己，不能是一个洋娃娃，而要按自己所喜欢的去做、去选择。活出自己，才最快乐。**

子中的形象肯定不是自己现在的样子。这是我经常用的方法，在过去的文章中也提到过。

她想象了，结果在她的镜子中出现的是：洋娃娃。

原来她是一个洋娃娃。

而且她补充说，这个洋娃娃是一个非常漂亮的小女孩的形象，但是里面的填充物比较奇特，不是棉花或海绵，而是稻草。

在日常生活中，如果有一个洋娃娃里面装的是稻草，那是很奇怪的，但是在想象的意象中，这并不奇怪。

这个意象的意义是：我就像那个漂亮的洋娃娃，外表很漂亮，但是，我"肚子里是稻草——实际上是个草包"。洋娃娃是没有生命的——象征着她认为自己没有生命力，没有自己的生活；洋娃娃是一种玩具——象征着她认为父母虽然喜欢她，但就像喜欢一个玩具，没有给她自己的生活。别人喜欢她，也不过是喜欢她的外表。她的生活意义也只是在取悦别人。洋娃娃里面是稻草，说明她认为自己没有真才实学，缺少真正的知识。

我这才发现，洋娃娃是可爱的，但也是自卑的。她对自己所达到的成就并不感到满意，因为那不是她的追求，是为了别人而做的；她对自己的知识不满意，因为那不是自己真正需要的知识，她觉得自己是"草包"。

她是在为别人活，不是为自己活。她的生活的中心是要取悦别人，取悦自己的亲人，让他们能喜欢自己。在她的生命中，得到爱和归属的需要占据了绝对的优势，**她为了让亲人喜欢自己，实际上牺牲了自己的需要，从而成为一个洋娃娃——没有自己的生命。**

我相信我的判断是对的，我告诉了她，并得到了证实。

我发现，在女性中这样的"洋娃娃"是很多的，也许是因为

洋娃娃的故事

把赢得别人喜爱当作生活中心，会成为没生命的"洋娃娃"

洋娃娃是我的一个朋友。她很漂亮，也很聪明，一向是好学生，很轻易地考上了大学，读了研究生。她有这么多的优点，本来是很容易成为一个骄傲的女孩子，但是好在我们没有发现她骄傲。她很喜欢交朋友，待人很热情，性格也很开朗，所以她也就很自然地有了很多朋友。

我觉得她的性格不错，出于职业习惯，就要分析分析她。就像昆虫学研究家发现了一个美丽的新品种蝴蝶，首先想到的是要把这个蝴蝶制成标本一样，我也很想把她制成标本——当然我不是把她钉在木板上，我只是要她的心理和性格的标本。而制作一个心理和性格的标本的方法是利用意象对话技术诱导她的想象，从而知道在她心目中的自我意象。这个意象就是她的标本。

我让她想象看到一面镜子，我告诉她说，你想象这面镜子不是一般的镜子，是一面魔镜，它可以照出你的"原形"。我让她不要有先入之见，不要猜想自己会在镜子中看到什么，只告诉自己说，镜

应该直接对他说:"我对你这样做很愤怒。"

刚才说的梦里,有一个人在往女孩的身上泼水。泼水象征着"泼凉水",也就是承受方压抑自己,当压抑自己太多,就会变成"美人鱼"。

我告诉这个女孩,不要把苦恼的包封得太紧,应该学习把那包中的脏东西倾倒出去。你可以用音乐的河水带走烦恼,也可以向你的朋友倾诉,让她们帮助你消除……

做美人鱼,表面上可以很快乐,但是在内心深处,往往有太多的苦恼。

我们可以看到这个形象是温柔的,对王子来说,她是滋养和帮助,是无私的奉献。

美人鱼的象征形象还有金庸小说《鹿鼎记》中的双儿,《倚天屠龙记》中的小昭。这些人物都温柔如水,一往情深。另外就是"鱼"的意象在梦中和性是有关的,鱼水之欢在我们古代就是性爱的象征。所以在小昭和双儿的"奉献"中,我们分明可以感觉到女性的性意识,把自己奉献是女性性感的一个重要特点。美人鱼是很具性感的。

"美人鱼"女孩虽然很美好,却有一个缺点,那就是这些女孩太替别人着想了,往往忘了为自己而生活。

我遇到的那个梦见美人鱼的女孩就是这样一个人,在外表上,她是一个很快乐的女孩。她对别人都很好,别人有什么苦恼,都会找她去说,她就会去安慰别人,但是她自己有什么苦恼,却从来不和别人说。

我问她:"你的苦恼是怎么解决的?"她说:"我心里有两个包。一个包是敞口的,装着快乐;另一个是封得紧紧的,里面是我的痛苦——所以我感觉不到苦恼。"

这就是美人鱼的弱点,她们把快乐散发出去,她们帮助别人,但是她们也有苦恼伤心和愤怒,这些她们都埋在了心里。在她们心里,有一条细细的链子在束缚着她们的手脚,这条链子就是片面的理解"对人要善良",因为她们只想到要对人善良,忘了自己的情绪也不应该压抑,压抑自己太久了,自己的身体和心理健康都会受害。

在那个梦里,女孩子手脚上的链子就是这个束缚。

作为心理学家,我们经常要告诉她们,**每个人都有痛苦、烦恼、对别人的愤怒等,我们应该学会用一种恰当的方式宣泄这些情绪。**当你遇到一件让你愤怒的事情,当这件事确实是对方的不对时,你当然，她说的是一个梦。

在梦中，一个人梦见自己是美人鱼或者想象中的自己是一条美人鱼，大多是有象征意义的。美人鱼象征的是一种性格的特点。

有时在意象对话心理咨询的过程中，我让女孩们自由地想象，有的女孩也会想象自己是美人鱼，所有这些梦见或想象出"美人鱼"的人性格都是很相似的。这不是偶然的。在潜意识中，人是经常用动物来象征自己的性格的。而用什么动物象征什么样的性格也是非常有规律的。我说"我见到过美人鱼"，实际上指的是有的女孩子的性格是可以用美人鱼来象征的。

美人鱼是一个潜意识中的原型形象，有这个形象的大多是温柔痴情的女子。这温柔和痴情的品质更多来源于鱼的象征。鱼是水中的动物，而水又是情感的象征，所以鱼也象征着重视情感。有一句话说"女人是水做的"，这里说的女人大概是"美人鱼"家族的女人。她们柔情似水。

鱼还象征着滋养和财富。所以美人鱼对她的爱人如同鱼，无私奉献，她滋养男人而依顺男人。

鱼一般是没有武器的，所以美人鱼一般也是没有攻击性的，她容易被伤害，假如她爱的人不珍惜她。

美人鱼原型人物的典型当然是丹麦童话作家安徒生的《海的女儿》中的美人鱼，她具有所有美人鱼原型意象的特征。故事中的王子乘船遇到大风浪，船翻了，美人鱼把他救到岸上。她默默爱上了王子。她用舌头在巫婆那里换来了一双人的腿脚，然后变成人的样子去找王子。不幸的是她没有办法对王子说出自己的爱情。之后，她为了王子的幸福而牺牲了自己的生命。

美人鱼

用牺牲自我的方式换取别人爱的女孩,都是美人鱼

你见到过美人鱼吗?也许你会说:"不可能有,美人鱼是传说中的动物。"但是有一部电影中却有另一种说法——美人鱼可以变成一个美丽的女孩子,活在我们中间,而我们都不知道她是美人鱼。

我就见到过这样的美人鱼,而且我还知道人是可以变成美人鱼的。最近,我认识的一个女孩子差一点就变成了美人鱼。

这个女孩子是这样对我说的:

> 我在海里游泳。我是在水下潜游。我发现,在我的双手和双脚上都系着细细的链子。链子很长很轻,当我在水里时,这些链子对我没有什么影响,但是当我一离开水面,这些链子就变得很沉重。
>
> 有一个人在往我身上泼水。我知道,当水泼多了之后,我的身上就会长出鳞甲来。当我身上的鳞甲多了之后,我就会变成美人鱼了。

对于生命中所经历的创伤，通常我们的第一反应是逃避，本能地会有很多方法来逃避，也正是因为逃避，我们失去了疗伤的最好时机，而让小小的伤口成为痼疾。**痛，要让自己痛透；哭，要让自己哭够。只有把所有的痛苦都发泄出来，创伤才有真正愈合的可能。**

对于艾葭，我帮助她通过想象一遍又一遍地回到当初让她愤怒、伤心、难堪的情境中，让她在当初的情境中不再只是受伤害的角色，而变得有力量进行反击，有勇气表达愤怒，有机会诉说伤心。她在想象中终于对哥哥说出："我和你拼了！我要咬死你！"对语文老师说出："你知道你的所作所为让一个崇拜你的学生多么伤心和失望吗？你根本就不配当老师！"对当初的男友说出："我爱的，只是我想象中的你，压根儿就不是现实中的你！"当这些积压在心底很久的话说出来后，艾葭说她真正从心底感觉到了轻松，由内而外的轻松。

人是多么脆弱，又是那样顽强。因为脆弱，我们每个人都可能存在着不同程度的心理问题；因为顽强，我们都有面对和解决这些心理问题的能力。**只有全面地了解和勇敢地接纳真实的自我，真实的快乐、自信和力量才会降临到我们心中，我们才能更好地了解和接纳他人，更好地和他人共处。**当然，这个了解和接纳的过程是漫长而曲折的，对于艾葭，对于所有的人，都是如此。

一年以后，艾葭因为工作的关系远赴美国。我在北京阳光灿烂的春天里收到她寄自西雅图的来信："我想，每个人其实都是一本书，不过阅读自己要比阅读别人更难。生活在继续，书里的内容会不断丰富，那么，对自我和他人的阅读就不会停止。生命，将会因为这种阅读而深厚而美丽，是吗？"

是吗？是的。

妈妈，其实这次比赛得二等奖的本来是我，是我的语文老师"走后门"将我的名字改成了那个女生的名字，因为那个女生是他的亲戚，而在全国比赛中得奖按规定考初中是可以加分的！我妈妈告诉我这事儿的时候，我真的有一种五雷轰顶的感觉，倒不是稀罕这个奖，而是语文老师在我心中完美无缺的形象坍塌了，我有一种被欺骗愚弄的感觉，伤心极了，哭了整整一夜……这件事对我打击太大了，它让我对人性失望到极点，再也不相信任何人了，和人相处总保持着戒心，哪怕是最好的朋友。

还有一件事，是我读大一的时候，就像吃错药似的，不知怎么那么喜欢一个男生，其实事后想起来他真的没有什么特别，才不惊人貌不出众，可是越是这样越觉得自己窝囊——连这么一个男生都抓不住。当时我特别喜欢他，为他做很多事情：洗衣服、打饭、抄笔记……他眉头皱一下我就担心是不是惹他不高兴了，就是那种患得患失的情绪。后来这个男生还是和我分手了。我几乎要发疯了，觉得没有他就活不下去了，我去找他去求他，一点儿尊严都没有了。他可能挺烦我的吧，一开始还对我敷衍敷衍，后来干脆躲着我，甚至说一些很难听的话。我整天心里没着没落的，真是一天天地撑，才将那段日子给撑过来。撑过来以后我倒不伤心了，只是非常非常后悔，我后悔自己怎么会那样喜欢上一个人，把宝贵的感情放在那样一个人身上，无私无求受尽屈辱，但是我却永远没有机会反击他了！真是后悔呀！直到现在，我还常做一个梦，梦见一个男人在追我，我拼命地逃啊逃啊……

我的父母,是那种很传统的父母,不苟言笑,少言寡语,不善于表达自己对子女的关爱。现在想起来,父母还是很爱我们的,只是当时我们感觉不到。父母对子女管教极严,特别是对我哥哥。哥哥比我大四岁,小时候非常顽皮,还特倔,为此挨了父母不少打。相对而言,父母对我就宽松了许多,我是女孩子,人也比较乖巧,有什么好吃的好玩的都先尽着我,这可能让我哥哥挺妒忌挺恼火的。

那时候只要父母一上班,我哥哥就找碴儿欺负我——让我坐在小板凳上,不许动,动一下就用缝衣针戳我;捏我的眼皮,不许哭,一哭就捏得更用力了;夏天的时候让我给他扇扇子,稍微慢了点儿就是一巴掌,还吓唬我:"你要敢告诉爸爸,我就掐死你!"我特别害怕,不敢哭不敢反抗不敢告诉父母,特别无助。有一次我实在受不了了告诉我爸爸,他也没在意——兄妹打架再正常不过了,吼了我哥哥两句就完事了。我哥哥更加有恃无恐,那时候我真是恨死他了,晚上躺在床上在心里一遍遍地发誓,总有一天我要报仇!报仇!现在我和哥哥的关系挺好的,但想起小时候的这些事心里还是不舒服,不愿意去想。

我读小学六年级的时候,特别崇拜我的语文老师,在我心目中他什么都好,简直像神一样,为了得到他的赞扬,我非常努力地学习语文,所以语文成绩特别好。六年级下学期的时候,我和另外一个学生经过选拔参加了全国小学生语文知识竞赛,比赛的结果是我名落孙山,那个女生获得了二等奖。当时我挺难过的,不是为自己,而是觉得没有给语文老师争光。后来,学校里有一位老师偷偷告诉我满了忧郁;"缨子"背对着别人代表着自闭与内向;"皮皮"代表她有活泼调皮的一面;"乐乐"只有八九岁,代表她的纯真与脆弱;待在车里按喇叭却不出来表示她活在自我的世界里,没有对外界敞开心扉,但又渴望别人的关注和关怀;车子不能发动说明她充满了驾驭不了自我、找不到人生方向的无力感;凤凰代表的是最健康完满的心理状态,在这段想象里出现表明她有达到这种心理状态的潜能。

此后很长时间里,我帮助艾葭进行了多次"意象对话",随着逐步深入,她的想象从最初的雪山、草地等比较美好的意象变成了蛇、烂泥塘、骷髅等很丑陋恐怖的意象,这也说明她对自我的认识越来越全面和深刻。

通过这些"意象对话",艾葭逐渐认识了自己性格中的各个侧面:自卑、自闭、忧郁、无力、冷漠、脆弱、没有安全感、易受伤害……当一个真实的、不完美的、有瑕疵的自我一步一步呈现在自己面前时,这对当事人是一个很不舒服甚至是非常痛苦的过程。那段时间艾葭对我说得最多的是:"我受不了了!""我怎么会是这样的?""朱老师,我们换一种方法吧!"作为心理咨询师,我在这时给了她最坚定的支持,鼓励她:"这是一个过程,相信我,这个过程肯定会过去,过去后,你就能踏上一个更高的台阶。"

在艾葭有能力面对自己的负面性格之后,那些曾经的她自以为已经遗忘和愈合的形成这些负面性格的创伤就自然而然地不断"浮出水面"——艾葭对我倾诉了她人生中一些痛苦的经历。

> 通过这段时间的心理咨询,我也常常分析自己,常常陷入回忆,这是我以前很不愿意做的事情,也从来不愿意对别人说。

消除，这些负面的性格及形成这些负面性格的原因永远存在、积压在那里，久而久之，就会形成心理问题。我想首先要做的，是帮助艾葭全方位地去了解自己的性格，让她负面的性格逐渐呈现，事实上，这个呈现的过程也是一个释放的过程。

我采用了"意象对话"的方法。所谓"意象对话"，就是运用象征性的意象诱导来访者做出想象，以达到调节和改变其心理状态的目的。这种方法可以有效地化解来访者的主观抗拒，更快地看到问题的所在。在艾葭的想象中，她性格的各个侧面都化成了一个个单独的人——

> 我看到了好大一片草地，绿茵茵的。（草地上有什么？）我看见一个十七八岁的女孩，背着双肩书包，背对着我，正走向茂密的森林，她叫"缨子"。森林的远处是雪山，阳光照在上面，白得耀眼，还有河流、松树，还有一头老黄牛在吃草？它的眼睛又大又深，充满了忧郁……（你看一看，草地上还有什么？）又走来了一个小男孩，叫"皮皮"，大脑门，歪戴着一顶棒球帽，还做鬼脸呢，很可爱。"缨子"不见了，草地上停着一辆蓝色的吉普车，有一个八九岁的小女孩"乐乐"坐在里面，拼命地按喇叭，但是她不出来，她发动车子，车子却动不了。这时候有一只凤凰飞了过来，停在车子上……

我告诉艾葭，在她刚才的这段想象里，森林代表的是她内心深处原始的部分；雪山代表的是感情的缺乏；河流代表着一种隔离；老黄牛代表着勤劳与诚恳，但老黄牛忧郁的眼神表示她的心里也充别有什么东西?"她想了想,回答我:"左手里有一个铅球,右手里,好像是一片羽毛。这有什么意义吗?"我告诉她:"球沉甸甸的,代表的是长期压抑的比较沉重的消极情绪,而铅是一种金属,金属代表的是包裹着消极情绪的一副盔甲,这说明你并不快乐,最起码不像表现的那样快乐,只不过你很善于隐藏。"

听我这么说,艾葭有瞬间的茫然,随即很急切地反驳:"才不是呢!我想象出铅球,是因为昨天我小侄子打电话告诉我,他在学校的铅球比赛中拿了名次!我相信我的心理是很健康的,你这是职业病,看谁都觉得人家心理不正常!"我笑了笑,没有再说什么。

大概两个月后的一个晚上,我很意外地接到艾葭的电话:"朱老师,这些天我一直在想你和我说的话,当时我根本不能接受,可能是因为我潜意识里的一些东西被你一语中的吧。一直以来我都认为自己是个快乐的人,我身边的人也都这样认为,可是谁都想不到其实我有时候是很忧郁很怕见人的。像今年春节,七天假期,你知道我是怎么过的吗?我把电话线拔了,买了一大堆零食,窝在沙发里没日没夜地吃零食、看碟,整整七天没下过楼。而且我常常觉得活着没意思,干什么都没意思,总有一种自杀的冲动,我也不知道这是为什么。我不愿意和人打交道,但很多人在一起时,我又很快乐,倒也不是刻意装出来的,可能那种开朗也是我性格中的一面吧。我想我性格中一定还有许多面,是我不肯面对也不愿接受的,所以我才常常莫名其妙地抑郁……"电话里,艾葭和我约好时间要正儿八经地做一做心理咨询。

艾葭的想法很对。的确,**每个人的性格都不是单一的,我们更愿意接受和表现那些正面的,比如开朗、乐观、善良等,而负面的,比如自卑、自私、暴力等,就将它们深深隐藏。可是隐藏并不等于**

我的伤痛在快乐背面

想读懂生命这本书，请先了解并接纳真实自我

艾葭是我最要好的大学同学的朋友，认识她是在同学的生日聚会上。那天晚上艾葭无疑有些喧宾夺主，穿着大红的唐装，端着酒杯到处找人碰杯，神采飞扬笑语不绝。

同学给我介绍："这是艾葭，'开心果儿'，走到哪里就将笑声带到哪里。""是吗？"我看着人群中那个活泼的身影，或许是出于一位心理咨询师的直觉吧，总是觉得眼前这个女孩子的快乐只是浮在表面的，就像是一条河，河面上倒映着蓝天白云绿树红花，但在那深深的河床底部，却沉淀着许多东西。

此后由于同学的关系，我和艾葭又有过几次见面，这种感觉越来越强烈。有一次大家在一起聊天，记不清是聊什么话题了，艾葭的情绪突然有些低落。我注意到她有一个动作：右手攥着左手。从心理学的角度解释，左手和右手分别代表着内心的两种冲动，右手攥着左手，代表的是压抑。

我对艾葭说："你现在闭上眼睛想象一下，你的左手和右手里分小酌也就罢了，千万不可以沉溺其中。

那么，已经沉溺于忧郁这种酒中的女人该如何走出呢？

首先，要放弃梦想和自恋。要知道并且时时提醒自己，梦想虽然美好，但是那只是一个梦。在梦中得到的快乐永远不可以和现实的快乐相比，梦可以给我们一些满足，但是梦的满足不可能真正满足我们内心的渴求。梦里的海鲜大餐虽然好，实际的一碗热汤面却更能滋养生命。

其次，要把注意力从自己身上移开，去关注别人，关注世界，投入地去做一件事或一项工作。当注意力转向外界，她们就会发现，有些人有些事是很值得关注的，她们渐渐会爱上外界，甚至会爱上别人。她们会发现，爱别人的快乐超过自恋的快乐。她们会发现，真正的人生虽然不完满，却是美好的。

持，她们不愿意让自己快乐，因为快乐就意味着放弃了梦想，意味着和这个现实世界和解。

这是她们难于接受的。

她们忧郁，痛苦，但是越忧郁，她们就越能感觉到忧郁后的快乐，那就是自我欣赏的快乐：我是这样忧郁，我是这样不同凡响。

作为心理咨询师，我并不总是要设法让这些忧郁美人解除忧郁，如果她们的忧郁不太有伤害性，而且我感到她们并不真的希望改变，我就由她们继续忧郁去。但是，如果她们的忧郁太强烈，以至于心理上的危害比较大，我就要提醒她们戒断忧郁，恰如一个男人喝一点酒不妨，喝太多酒就需要治疗了。

如果你是一个忧郁美人，不妨听我说一席话。

你知道吗？**虽然忧郁有它的美，但是实际上它是一种心理发展的不成熟。**忧郁美人往往在过去对一些情感有一种根深蒂固的不满足。她们在心里隐隐有一种感觉，感到别人对她们不够爱，于是她们就采用了自己爱自己作为替代，从而越来越自恋。自恋又割断了她们和别人真正的心灵联系的纽带，使她们的内心更加孤独，因而她们更需要自恋，以让自己得到安慰，然后，她们离别人也就更远。

她们的爱也就越来越难以得到满足。

自恋是不成熟的，一个成熟的女人应该懂得爱人和被爱，有一个开放的心灵。一个自恋的人可能并不会感到自己的状态不好，因为他们有自我欣赏的快乐。但是一旦有一天她们走出了自恋的状态，她们爱和被爱，她们会发现，那快乐是自恋的快乐所不可以比拟的。

忧郁是这些女人的酒，酒饮得多了就有害处。她们的内心会越来越封闭，生活会越来越沉闷，生命力会越来越弱。因此忧郁的酒，品味忧郁。她们迷恋忧郁如同忧郁是一个朋友，虽然让她痛苦但是又让她不舍得离开的朋友。她们感到忧郁有一种独特的魅力，一种妖异的魅力，一种变态的美。她们受忧郁的折磨，又欣赏忧郁的美。

她们喜欢紫色，她们的忧郁是紫色的，而其他女人的忧郁是灰色的混合。她们的心理也是矛盾的，混合着隐藏的热情和冷漠。她们往往是倦怠的、无力的、懒散的，在光线暗淡的屋子的角落，只是偶尔，她们会突然燃烧，变得光彩耀眼，引人注目。她们有一种神秘的美。

和酒一样，忧郁的味道不一定好喝，所以不嗜此物的局外人不理解地说：这东西有什么好？明明忧郁伤害女人的心灵，但是忧郁的女人自己却不能自拔于这个嗜好，就像一个嗜酒的男人不能自拔于酒一样，虽然这个男人也许已经因酒伤害了自己的健康。

正如男性的诗人中多产酒徒一样，女性的诗人中多产忧郁嗜好者。

我见到过很多这样的女人，她们往往有她们的美，因而她们的忧伤也就格外感动别人。作为心理咨询师，我发现让她们走出忧郁是比较难的，因为她们不想走出。

用深层心理学分析，**嗜好忧郁的女人是自恋的女人。她们的心灵对外界是比较封闭的，她们关注的对象是自己，她们欣赏品味的是自己。**自恋的女人有许多种，有的欣赏自己的活泼热情，有的欣赏自己的性感魅力，而这些女人欣赏的是自己的忧郁之美。

在她们心目中，她们忧郁是因为她们高贵，因为她们有更高贵的追求和期待，因为她们和凡俗之辈不同，她们心里有一个最美好、最浪漫的梦想。而这个最美好的梦想在这个平凡的世界难于实现，才使她们如此忧郁。她们的忧郁代表她们在内心中对美好梦想的坚

忧郁是女人的酒
走出被抑郁包裹的自恋,才能体会世间快乐

忧郁是女人的酒,让一些女人沉迷其中,不能自拔。忧郁的女人虽有一种美,但更像是插在瓶子里渐渐枯萎的花。如果戒掉了忧郁这毒酒,这枝花就插到了生活的土地上,她会生根发芽,继续成长。

忧郁是女人的酒,有的女人沉迷在忧郁中,恰如有的男人沉迷在酒中。

我见到过不少嗜好忧郁的女人,一眼就可看出她们和其他女人不同,其他女人有时也忧郁,但那是因为她们遇到了不幸和痛苦的事情。其他女人自己并不愿意忧郁,她们喜欢快乐和平静。其他女人一旦环境改善,情绪也就改善了。还有一种女人是有病态的忧郁症,她们是一直忧郁的,但是她们的忧郁是痛苦无望的,她们不喜欢自己的忧郁。

嗜好忧郁的女人则不同,她们的忧郁虽然也是痛苦的,但是她们在痛苦中感到有一种奇特的享受。她们忧郁,她们又享受忧郁,

麻木、冷漠。听到有的人救了人，结果反而被讹诈，人们不仅愤怒，而且也会害怕自己惹上这样的麻烦。这类事情多了，人们封闭了自己的心灵，失去了体会别人感受的能力，体会不到别人的痛苦。

这就是鲁迅所说的"麻木的看客"。

上面所说的冷漠的原因，有一些是外在的。是的，在社会生活中肯定会有不合理的事情，但是，我们还是有办法自己治疗自己的"冷漠病"的。**我们自疗的第一步，就是自己担负起一份责任，让自己尽量在行为上不冷漠。**在我们看到歹徒行凶时，至少去打一个报警电话；在我们看到有人落水时，至少找一根竹竿；在我们看到有人需要帮助时，至少伸一下手。

也许你所做的，对改变这种冷漠的社会风气所能起到的效果并不大，就像故事《这条小鱼在乎》里小孩只能救几条小鱼，而对成千上万的鱼的死很无奈一样，但是"这条小鱼在乎"。

当你帮助一个人的时候，你知道在帮助谁吗？你在帮助你自己。当你在救一个人的时候，你知道你在救谁吗？你在救你自己的心灵。

冷漠的"冷"字，代表没有温暖、关怀，"漠"字代表心灵如荒漠，没有水的滋养。当你温暖别人的时候，就温暖了自己；当人间有爱的时候，人们就会激动得流泪，泪水会滋养你，让你成为真正的人。不要骂那些冷漠的外人，让我们自己试着不再冷漠，好吗？

冷漠是疾病

温暖别人，实质是在温暖自己

在心理学家看来，冷漠不是一种道德缺陷，而是一种心理的"疾病"。

冷漠是心理疾病，它的症状就是失去了人的正常能力：爱别人的能力、关心别人的能力、设身处地地体会别人感受的能力。失去了这种能力的后果不像盲人失去视觉能力那么明显，但是它的害处却不比失明小。盲人只是看不到光亮，冷漠者却是看不到爱，而爱是心灵的光明，有了爱，这个世界才真正美丽，值得我们去活。

冷漠的产生主要源于两种情绪：一是愤怒，当人有很多愤怒却压抑下去之后，就会转变为冷漠。例如，夫妻吵架久了之后，有的会转为冷漠："我已经懒得吵了。"二是恐惧，当人受到伤害，而又没有办法保护自己时，就会产生冷漠，就像多次挨打的孩子一样，麻木了。

我们社会的冷漠也是这两种情绪的后果：人们看到了许多令人愤怒的事情，但是也害怕"多管闲事"反而会危害自己，所以变得

复本来面目。

  但是这样做也很难,因而我们需要时时保持警觉,要时时留一些时间,让自己面对真实自我,一定要常常真诚待自己的亲友,一定不要忘掉摘下面具来。不然,我们会陷入兰陵王的悲剧之中,失去本来面目。

社会",已圆滑到了如鱼得水的地步,他们如此自然地扮演他们的角色,以至于那好像成了他们的天性。他们会很成功,有名、有利,但是我们和他们自己都隐隐感到他们缺了什么。实际上他们缺的是本来面目。他们也许很谦和,因为他们戴的是"笑面面具",但是和兰陵王一样,他们已失去了真的感情。

兰陵王传说中,他的母亲以生命为代价终于唤醒了他,使他恢复了本来面目。这象征着,让一个已戴惯面具的人恢复本来面目,重新得到真感情很难。只有被亲人的强烈的爱触动,被强烈的痛苦(类似母亲死去)触动,才能突破"面具"这一屏障。摇滚歌手崔健唱道:"因为我的病就是没有感觉,给我点儿刺激,大夫老爷,给我点儿爱情,我的护士姐姐。"戴惯了面具,人就会"没有感觉",因为他的肌肤已经被面具盖住了。而治好"没有感觉"也要靠"爱"和痛苦"刺激"。但是,这一回归本来面目的道路是很艰难的。

曾经有个皇帝命令大臣写一部历史给他看,大臣写了一部几百卷的史书。皇帝嫌长,让大臣简缩。过了几年,大臣简缩到几十卷,皇帝还是嫌长。大臣又用了几年简缩为几卷,皇帝仍不满意,于是一简再简。最后,皇帝快死了,他让大臣用一句话写完人类的历史,于是大臣说:"人们出生,受苦,死去。"

历史的外貌千变万化,而其实质很简单,一代代人做的事实质上都差不多。用"受苦"两个字概括太简化了;但是仅用短短的兰陵王传说,却可以写出不知多少人的心路历程。

每个人都要面临兰陵王的难题:**如果我们永远像孩子一样不戴面具,在人生的战场上,我们会失败;如果戴面具,我们会成功,却失去了自我,失去了本来面目和真情真感。也许较好的解决办法是:去战场时戴上面具,扮演自己的角色;回家后就摘下它来,恢**

心中最深处的共鸣。

心理学大师荣格说过：在每个人的无意识中，"容纳着从我们祖先的生活中积累起来的丰富财富。如果我们将无意识人格化，则可以把它设想为集体的人……掌握了人类一二百万年的经验……会做千百年前的白日梦。他经历过无数次个人、家庭、氏族和人群的人生。"在我们心灵的深处，我们都曾有过兰陵王的经历，都体会过他的烦恼和痛苦，而且在今天我们仍旧经历着兰陵王的痛苦。一个主题，从远古到今天在一次次被重复。

表面上很奇怪的神话和传说，如果用心理学破译，实际上是对人类心路历程的写实。

当代每一个青少年都和他一样，天真纯洁，勇敢无畏，也和他一样，凭真实面目在社会中难以成功。于是戴上了面具，面具象征着一种伪装出来的情感。当代每一个青少年在刚刚进入社会时，都发现自己不可能完全表现真实的自己，而必须表现出某种样子，从而给别人一个合适的印象。

这实际上就是一个无形的面具。兰陵王的面具是凶狠的，也许当代青年的面具是谦和的，但是作为面具本质却是一样的。社会还在鼓励青少年戴另一种面具，这就是社会角色——你是什么人，就要按这类角色的方式行为去做。

故事中，兰陵王的面具后来摘不下来了，他的面具像个水蛭一样附在他的灵魂上，他成了一个像面具那样的残暴的人。这象征着什么呢？象征着**一个人长久地装扮成什么样子，扮演什么角色，就会被这个样子这个角色占据，他会失去自己的本来面目，天长日久，渐渐他会没有了自己的真实情感。**

生活中我们不也常可以见到这类人吗？他们已变得如此"适应

重现本来面目

时时面对真实自我,才不会被虚假面具侵占

我没有看过根据民间传说拍摄的电影《兰陵王》,只是听别人讲了讲情节,而这个故事却深深地打动了我。过了这么久,我还是忍不住要为它写下一点什么。

兰陵王传说是这样的:兰陵王本是部落中一个勇敢善良的少年。他相貌很俊美,不幸的是,他的相貌却成了他的障碍。在战争中,敌人轻视他。尽管他很勇敢,但还是没有威势,他失败了。苦恼的他想寻找一个新的面目,最后终于找到了,那是用神木刻成的狰狞的面具。他戴上了这个面具,成了敌人闻风丧胆的英雄。但是新的不幸又降临了,面具占有了他,他成了像面具一样残酷无情的暴君。他无法摆脱面具。

故事的最后,是他的母亲以死以血的代价才唤醒了他,使他摆脱了这可怕的面具。

原始的传说之所以很能打动人,是因为它所说的是人的心灵史,是自远古以来,一代人一次次经历的心路历程,因而它能唤起人们了忧虑，不知道老之将至。如果你和他一样，每天生活得充实而又快乐，忘掉了自己的年龄，你会惊讶地发现，这反而是最好的美容方法。你的面容将闪烁光彩，快乐将使你无比美丽。

青春的性格就像一个女孩子，你越追求她，讨好她，努力抓住她，她越对你不屑一顾；反而当你不管她，只尽情快乐地生活，尽情展示自己的风采的时候，她却会爱上你。

不担心失去青春，你真的会更美丽。

徒劳。她们不同于一般女性，一般女性依然有些怕老，所以要靠美容显得年轻些。如果把自己比作产品，一般女性只是在包装自己，让自己的外观更好些，而"扮嫩"女性则仿佛是卖假货，她们试图让人们相信一个虚假的"年轻女孩"存在；一般女性让人们看到的自己比实际更美些，但还是自己，"扮嫩"女性则想让别人看到一个假少女——而不幸的是，大多数人都完全可以看得出她是在扮假。

她们错过了很多，如果她们徒劳地要抓住青春，只会让她们继续错过，错过她们的现在。过去的美已经过去，而现在的美正在现在。如果让过去的过去，不要错过现在的美，她们仍旧可以不必遗憾。

在一个女孩子18岁的时候，她会认为一个30岁的女人"老得不成样子"了，但是在一个48岁女人的眼里，30岁的女人却仍旧是青春靓丽。如果在30岁时模仿18岁，她就会错过了30岁时的美。而在她48岁时，将无比遗憾地惋惜她的30岁。

接纳现在，不错过现在，就会发现在晚春也有晚春的美丽。落英缤纷，绿肥红瘦时，有一种更醇、更成熟的美。不再像少女一样清纯天真，却会有岁月风雨带来的宁静、平和；不再有少女的娇羞，却会有女人的热烈；不再有少女的肌肤，却会有女人的风韵。如果说青春少女的面容是初放的鲜花，在鲜花一瓣瓣飘落的年龄，成熟女人身上的气质如同花的香气，花落留香，在花已杳无踪迹的时候，它的香气却仍然如故。比如，冰心先生、杨绛先生，在她们已经很老的时候，她们的芳香却依然沁人心脾。

充分享受今天，渐渐你就会忘掉年龄。过去有个叫孔丘的人——虽然是个男性——说过这么一段话：发愤忘食，乐以忘忧，不知老之将至云尔。意思是，我学习起来不知疲倦，高兴起来就忘们死死抓住青春，想把青春留住。

但是青春是抓不住的，青春就像你手里的沙子，你抓得越紧，它就会越快地从指缝流走；青春就像树上的花，你不可能把它绑在枝头不让它落。"无可奈何花落去"，花落是无可奈何的。她们拼命想抓住青春，结果反而使自己在别人眼中变得可笑。

实际上，她们也知道这一点，虽然她们会欺骗自己，徒劳地骗自己，相信自己年轻，但是在她们内心中，她们知道自己老了，也知道自己假扮年轻骗不了别人，然而她们没有别的办法，她们只能这样做。

有些人会告诉她们："你不妨在穿着上、举止上更端庄些，更适合自己的年龄，这样看起来更和谐、更美。"但是这些劝告者的话在一百次中大概只会有半次有效。只因为那些女性不敢听从劝告。因为听从了这种劝告，她们就等于承认了自己的年龄，承认了自己已不是青春少女，她们对自己的欺骗就会被揭穿。

如果我们每个人的生活都是一首流动的乐曲，当重新聆听它时就会发现，**所有极度害怕变老、努力"扮嫩"的女性都有一个共同的特点：在她们青春年少的时候，她们并没有真正享受青春，她们往往错过了最美的花季。**也许是害怕冒险，也许是忙于事情，也许是情感受挫，她们的青春没有得到应有的快乐、浪漫、幸福，在她们的花季，她们没有充分地开花，没有充分地活过。

如果她们有过最美的青春，当她们树上的花瓣落下来的时候，她们会坦然得多。虽然也会惋惜，但是她们可以接受。然而她们还没有充分地活过，还在等待着以后的浪漫，却突然发现花季已过，可以想象她们有多么的恐惧。

我很懂得她们的痛苦，因为我已不是少年。但我也懂得她们的

女人扮嫩
掩藏年龄，是不能接受真实的自己

记得若干年前，当时我还是一个青春少年，对女性之美还很无知。曾看了一部电影，女演员的年龄比女主人公大了不少，所以当电影里她欢快地跑向恋人时，看起来很滑稽，当时年少不懂事，我忍不住仰天大笑。

如今自己也是年过半百的年纪了，对女性担心红颜消逝，惋惜花季不长的心情，现在的我更可以理解了。生活中常常见到这类女性，分明她的年龄已是晚春，每天树上都有落红飘下，每天都是绿肥红瘦；分明她的一颗心已经历过好几番风雨，早已没有了少女的清纯，但是她们却仍要努力装出少女清纯的笑声，做出小女孩撒娇状。她们或穿学生时代的衣服，或故意以短裙袒露肌肤诱惑人。每当看到这些辛辛苦苦"扮嫩"的女性，我心中都感到她们的心里很累。

女人的年龄可以不告诉别人，但是不可能不告诉自己。生理上的变化和心理上性格上的变化都在告诉她们青春将逝。她们知道自己在渐渐变老，而且她们内心非常害怕变老，也正是这种害怕让她理状态一般更乐观、开朗。如果女孩太贪恋男性的爱慕,并且把持不住自己,容易过早恋爱。太多时间用于恋爱,了解世界和自然的时间就会太少,这样她的综合素质会受到影响。

相貌不美,就有一点吃亏了。小时候被抱着出门的时候,过来逗你玩的邻居都比较少。以后,得到的关注也多不到哪里去。寂寞的人生,让她们更容易形成内向、自卑的性格。如果我们安慰她们说,"相貌并不重要",那么我们绝对是最笨的骗子。

设想一下,一个美女撒娇,大家会觉得很可爱,但是假如一个长得很丑的女子撒娇呢?人们会觉得不可以忍受。古代越国女间谍西施大概有"心口疼"的毛病,经常皱眉头,有个可怜的东施小姐试图模仿,但是东施"天生丑质",结果没有得到任何男子的怜惜,嘲笑她的话都成了成语。

在这样不好的心理环境下,有些丑女就会产生深深的自卑,而自卑,又可形成嫉妒、小心眼、敌意等不好的性格。俗话说"丑人多作怪",就是这个道理。

但是,也有一些不太漂亮的女性,甚至丑女,知道在相貌上自己不足,就致力于提高自己的修养才学,结果不仅不自卑,反而形成了待人谦和、体贴的性格,或者以气质的出色掩盖了相貌的不足,反而让别人感到别有风韵。她们虽然不漂亮,但是气质却让许多挂历美人相形见绌。

给你一大笔钱,对有的人来说是一件好事,但是有的人却不会用钱,吃喝嫖赌,反而染上了艾滋病。**美貌就是上帝给人的一笔财富,善用者就可以把它兑现为一颗快乐、善良和自信的心,不善用者就兑现为傲慢轻浮。**所以美人的心和丑人的心会有什么不同,还要看这个人是怎么对待上帝赐给她的这笔"财富"。

性心理状态会比较好"，而自己不美的女性，自然愿意说"相貌平凡的女子心灵更美"，而且愤愤不平地说"男人不注重心灵，只知道贪图美貌"。

我也是人，所以我没有最后的结论，何况美女中良莠不齐，不美的女性中也是鱼龙混杂，如果比较美女和不美女性的心理健康、人格优秀者的比例，也没有什么意义。我只是把相貌可能对心理带来的各种影响简单介绍一些。

天生丽质的女性，生活处境和其他女性有所不同。

因为美丽，自然比较惹人喜欢。在小时候，班干部的相貌一般就比普通同学好一些，说明老师也喜欢"养眼"的学生。

幼年受到的喜爱比较多，就会培养出对人际交往的自信和喜欢，所以美丽的一个作用是增加了她社交的机会，增加了她社交的爱好，所以美女一般比较外向。

也许因为遇到的对自己好的人比较多，所以有的美女在内心中形成了一个"人大多是善良的"观念，如果是这样，她长大后就比较善良，心理健康。

但是，由于她们招人喜欢，别人什么都愿意帮助她们，因此有的美女形成了依赖性很强的性格，不够独立，而且因为什么都很容易得到，没有养成勤奋和学习的习惯，反而长大了不够聪明，这是很可惜的。好在不是所有的美女都会陷入这个误区。

还有的美女甚至恃宠而骄、自高自大，结果反而为美貌所害。

在青春期以后，女孩的性意识开始产生，身体也开始变化，美女更容易被男性注意。这时，相貌对女性的心理影响要看这个女孩的家教和过去的性格基础了。如果女孩家教比较好，则美貌对她很有好处，因为男性的爱慕是女孩自信的来源。而一个自信的人，心

美女的心有什么不同

请把美貌兑现为一颗快乐、善良和自信的心

有人问我：美女的心和丑女的心，会不会有什么不同？

真的，这个问题很值得研究。之所以过去这方面研究比较少，实在是有一些特别的困难。主要的困难就是研究这个问题的都是人。

如果是男人，往往好色。一见美女，目眩神移，顿时失去客观评判能力，就得出结论说："美女一般来说心理状态比较好。"心理学中把这称为"光环效应"，对美女，他们的评价往往偏高。

也有例外，假如是吃不到葡萄的男人，或者假道学，往往会得出相反的结论："美女往往庸俗浅薄，反倒是丑女才'心里美'。"

我也承认有的美女很浅薄，但是这些"金玉其外，败絮其中"者在美女中的比例有多少，比不美的女人中的浅薄者比例大还是小？这很难说。我们很容易高估"浅薄美女"的比例。因为，美女引人注目也引人遐想，所以一旦美女行为庸俗，也容易给人留下深刻印象。实际上也许"浅薄美女"的比例并不大。

女性的结论更不可靠。自己比较美，大概都会同意"美丽的女

愿意面对自己的婚姻正濒临破裂的事实，也不愿意面对自己在工作中不可能达到自己希望的样子这个事实，所以，她的"眼睛问题"实际上是她无意识中找到的一种回避这些问题的手段。一天到晚纠缠在眼睛的大小上，她就没有时间去想学历、婚姻和工作压力。这是一种逃避。她不敢抛弃这个痛苦烦恼，因为眼睛的痛苦烦恼是回避更大的痛苦烦恼的唯一方法。

所以我们的心理治疗就是抛开"眼睛问题"，鼓励她、支持她面对生活中真正的难题并找到解决方法，一旦解决了这个难题，眼睛问题就可以不药而愈了。回避问题虽然可以一时减少心理压力和焦虑，但是问题依旧存在，给她的压力也依旧存在。

我们都有一些烦恼，如果我们仔细分析自己的内心，这些烦恼是不是也是一种回避其他问题的手段呢？是不是也是缓解焦虑的手段呢？也许别人说你很苗条了，但是你自己还总是觉得体形不够好，终日为减肥烦恼；也许你为了脸上的小小雀斑而烦恼；也许你为了一些莫名其妙的小事烦恼。

如果你无法抛开这些烦恼，那么你可以仔细想一想，这些烦恼是不是你回避其他问题的手段，你的家庭婚姻和事业是否才是你真正的压力和烦恼来源。你可以鼓起勇气面对你真正的问题，不要回避——真正的问题看起来难解决，实际上是可以解决的。家庭关系可以调节，工作方式可以改变，而你为了逃避真正问题而制造的假问题：眼睛一大一小，身体还是偏胖，或者脸上有小雀斑，才是没有办法解决的问题。

的。我们自以为我们的思想是自己的，而实际上它完全不像是自己的，因为我们无法控制它。它的行动有它的目的，这些目的是我们不知道的。

于小姐的心理病史就显示了这一点。

她说早在她结婚前，她就有一段时间总要想眼睛问题，恋爱和结婚时，生活很快乐，这个问题也一度消失了。近期，她和丈夫逐渐产生了很多矛盾，她比较任性，丈夫在婚前对她百依百顺，但是在婚后就不同了。她感到丈夫好像要为婚前吃的苦头而报复她一样，对她的态度越来越不好。工作中她也有许多压力，比如正面临一个很重要的考试，有些书需要读，可是偏偏在这个时候，心理的问题又出现了。她又开始想眼睛大小的问题，以至于无法读书。

她的父母和丈夫对她想"眼睛问题"很不理解，认为她是没事找事，而对她心理分析的结果表明，她认为眼睛有问题的确是在没事找事，但是这种没事找事是有心理意义的。实际上，她反复纠缠在这个无聊的"眼睛问题"上，是为了让自己不去想其他问题。眼睛问题固然让她烦恼，但是比起其他问题，这个烦恼还比较小一些。

所谓其他问题，对她来说，一个是她对自己的期望很高，本希望自己考上好大学，结果没有考上大学只读了一个大专，这是她自己不敢去想、去面对的，一想就会非常烦恼失望；另一个是她对婚姻的不满意，她本希望找一个高学历的丈夫来补偿自己的不足，但是丈夫的学历比自己还低，而且在其他方面也不令自己满意；还有就是她对自己在工作中的成就期望也很高，但是在她内心中，她怀疑自己不能做到像自己期望的那么好。

如果她关于"眼睛问题"的烦恼消除了，不再想眼睛问题，她就不得不面对这些问题，而这些问题的烦恼更大更难于承受。她不我仔细看看她的两只眼睛，的确稍稍大小有异，不过差别很小，实际上如果仔细去看，大多数人的眼睛都是大小稍稍有一点差异的，所以她的眼睛应该说完全正常。我从来没有注意过自己两眼大小的差异，经她一提醒，我发现我的两只眼睛也是大小不同的。我让她看我的眼睛。

"那么，你看东西时会不会有什么影响？"她问。

"会有什么影响呢？"

"也许会影响看书。"她说，"我总在想，大的眼睛和小的眼睛看到的东西也许是不一样的。"

她告诉我，她是一个公司的职员。她总是担心眼睛大小的差异会影响视力，在看书或其他用视力的时候，她就会注意感觉"两只眼睛的感觉"，看两只眼睛的感觉"是不是相同"。这样，她看书的效率大幅度下降，看一页杂志对她来说都是一件很困难的事情。

她曾经找过眼科医生，医生反复向她保证她的眼睛完全正常，为了让她放心，还对她的眼睛做了详细的检查。她也知道按道理应该没有问题，但是她还是没有办法放弃"眼睛大小不同会影响视力"这个想法。

她也找过几个心理咨询师，大家用各种方式试图让她接受这个基本的道理，眼睛大小和视力无关，只要瞳孔没有被遮住，看到的东西是一样的。她也完全知道自己的想法是错误的，但是一直忍不住这样想。

我们可以说她有心理疾病，因为她的想法很少见。但是实际上，我们多多少少都会有过这样的想法。一个观念或念头让自己痛苦烦恼，但是我们没有办法放弃它。虽然我们知道这个想法是没有意义

不敢抛弃的烦恼
勇敢面对真正的问题，才不会被莫名其妙的烦恼缠身

我们有一个天真的想法，认为人们都想要快乐幸福，不想要痛苦烦恼，但是如果认真地观察人，就会发现不是这么一回事。人往往是那么紧紧地抓住痛苦烦恼不放，仿佛小孩子抓住母亲的手一样，仿佛财迷抓住钱一样，仿佛落水的人抓住救生圈一样。

于小姐就是一个例子。

来做心理咨询的于小姐，相貌虽然说不上百里挑一，但是也很不错了。江南女孩子的苗条秀美，整齐端庄的白领服饰，五官端正……不过在这一点上，她和我的看法显然不同。

"你注意到了我五官的缺陷了吗？"她问。

"没有。"我老老实实地回答。

"我的眼睛一大一小。"她说，"这件事让我烦恼了好些年了。"

当时她没有回答，回答这个问题是在经过长时间咨询后，她已经奋力战胜了恐惧，战胜了自己依赖的欲望，变得很独立。那时她回答说："如果没有这个事件，我永远是一个不懂事的孩子，受宠爱的孩子，永远不会真正独立；而且，我也不会懂得珍惜别人、关心别人……我过去对丈夫的去世一是害怕、二是自责，而另外还有的是一种怨恨，仿佛怨恨一个抛弃了妻子出走的丈夫。也许就是这种怨恨，使我在梦里把他梦为魔鬼。但是现在我感到他的去世仿佛是他为我做的一个牺牲，我感到他是一个天使，是从上帝那里来的，也是为了我的心灵成长而离开我的。他离开我，是让我学习自立。我感到他的眼睛仿佛在天上关心地看着我。我爱他，感激他。我比任何时候都爱他，但是我也知道，现在我已经可以去爱另一个人了……"她还说，"我现在意识到过去的我有一种傲慢，一种幸运者的傲慢，我实际上对其他痛苦中的人没有真正的关心。而经过这一切，我改变了，我不那么傲慢了。我知道了人是多么脆弱，人的心里是多么孤单，我现在才知道什么叫真正的关怀。"

"我是不是可以把你的故事讲给别人听？"我问，"不说你的名字，你知道，你的故事可以让人们相信痛苦、灾难和心理障碍都是有意义的。即使是你遇到的这样的情况，也有它的积极价值。"

"可以，"她说，"告诉别人，有时，魔鬼是化了装的天使。"

她是一个基督徒，虔诚信仰上帝，她祈祷上帝帮助她，但是上帝似乎也遗弃了她。她对心理咨询也没有抱什么希望，她说："只有上帝能救我，但是，他似乎听不到我了。也许是因为魔鬼来到了我身边吧。"

我帮助她理智地思考，让她领悟到，她的自责是不合理的，因为她不可能预见到丈夫会心脏病突发，她也不知道他正面临着巨大的压力（他从不对她说这些），在困倦时听到丈夫叫而没有答应也是常见的现象。我让她理解，自责背后是她的一种幻想。幻想自己听到了丈夫的叫声，醒了，及时去了医院。幻想她可以不遇到这个灾难。

我用种种方法，让她在心理上放弃这个幻想，放弃"如果这一切都没有发生……"的思维，接受现在的现实。她很悲伤。然后，我从她的信仰谈起。我对她说，你把上帝看作是一个万能的，而且非常溺爱你的父亲，他不应该让你受一点点苦，应该满足你的一切需要。但是人必自助而后才会有天助。假使有一个"在天的父"，他也不应该是一个溺爱的父亲，而应该是一个懂得怎么教育孩子、锻炼孩子的父亲。你不要怀疑他，你应该想想他给你这些苦难是为了你好，你可以想一想他的目的是什么。

我们相信，**一个人遇到什么样的命运，偶然中实际有很多必然。**丈夫突然去世，对她是一个偶然，但是她之所以会感到这个事件如此突然，是因为丈夫在压力很大的时候，没有告诉她。而丈夫之所以不告诉她，是为了不让她紧张，因为她"从小是被宠大的，经受不了这些紧张"（她丈夫和朋友说的话）。命运中出现的事件，和她的性格是有关系的。

我对她说，假如这个灾难是有意义的，它的意义是什么？

一次成功的心理咨询或心理治疗。

有过这样的例子。

  一个女孩从小生活很顺利，自己也很优秀。长大后顺利考上了名牌大学，然后又被保送上了研究生。往往才女不美丽，可是这个女孩却偏偏是才貌双全的美才女。往往美女嫁得不一定好，但是她的丈夫是一个很成功的企业家。她的生活似乎是由鲜花塑造的，她的笑容似乎永远灿烂，她感到一切都那么美好。

  可是后来变了，"快乐的乐章演奏完了，低沉的音调中，'魔鬼'来了。"她说。

  丈夫心脏病突发而死，据说，是因为工作压力太大，而且企业多个项目失败，负债累累。在他去世前的晚上，他一切照常。半夜，她隐隐约约听到他叫她，但是她困了，懒得理他。第二天早晨，她醒来，他已经没有呼吸了，一瞬间她非常地恐惧。

  她从此失去了睡眠，她没有一天不失眠。3年多，1000多天，每天她的睡眠时间不超过3小时。好不容易睡着后，她也会突然惊醒，心怦怦地跳。或者她刚刚睡着就梦见他，每次都是魔鬼一样可怕的样子。

在咨询中，她感到很自责，她说如果她知道会这样，她本应该在他叫她的时候醒过来，也许她还可以救他。她说"他做了鬼会来索我的命，因为我没有救他"。她说她不可能再爱别人了，但是他在她的心中也不再是一个可爱形象，他很可怕。

魔鬼是化了装的天使

心理障碍，为你提供了发现自己的机会

我有时会对来做心理咨询的人说：祝贺你有了心理障碍。对遇到了不顺利的人说：你遇到了一个好机会，千万不要白白放过。

这听起来仿佛是一种嘲笑，所以一般我不轻易说，但是在我自己心里，我真的感到心理障碍是一个祝福。

心理障碍可以提供一个机会，一个让我们发现自己、发展自己的机会。心理障碍把我们过去不引人注目的小弱点放大了，迫使我们改变自己。在挣脱心理障碍的过程中，我们的心灵经历了锤炼，所以**在心理障碍解决后，我们不是仅仅"像过去一样健康"，而是比过去还要健康。**

破房子遇到了雨天，是房子的心理障碍，但是正是它让我们知道了房子哪里漏水，如果堵住了漏洞，那么雨过天晴时，这座房子会更加"健康"。

当然，很少有人知道怎样面对心理障碍和挫折，也很少有人能够利用心理障碍或者挫折而发现自己、发展自己——除非他经历了能控制，意味着我们自己能有办法解决自己的问题，减少和消除自己的烦恼。

　　知道这个道理，我们就可以更客观地看待我们生活中的真实的别人。不要用自己的想象去歪曲他们。当你发现，"别人"并不都快乐的时候，你也就会发现，你自己也并不总是倒霉。当你发现，"别人"不都是小人的时候，你也就会知道自己也并不总是受害者。也许是自己做人的方式不够好才遇到了问题。

　　当我们的心中充满了爱、自信和智慧的时候，我们会像爱自己一样去爱别人。耶稣说要"爱邻如己"，实际上耶稣真正的意思是，我们要爱自己，因为邻人就是我们自己。

总注意你呢。

为什么在有些人眼中,"别人"会成为那个样子呢?

是因为你自己的想象。

一个人想象中的"别人",和真实社会中的别人关系并不大,而是和这个人自己的心理关系密切。人有两种相反的需要,一种是找到自己和别人的共同点,证明自己和别人一样;另一种是找到自己和别人的不同点,证明自己的独特性。由于有后一种需要,想象中的"别人",往往就是和想象中的自己的对比,是自己的反衬。如果说在想象的世界中,自己是画面上的主人公,"别人"就是画面上的背景。越是在情绪化的想象中,别人就越是起到"背景"的作用。在一个人的想象世界中,"别人"这个形象的作用就是衬托"自己"的形象,因此"别人"是和"自己"刚好相反的。

自己忧郁,就会想象别人快乐。别人的快乐可以更明显地衬托出自己的忧郁。自己胆怯,就会想象别人有侵犯性,别人的侵犯性让自己的恐惧有了正当的理由。自己是天使,别人就是地狱,别人的邪恶正可以让自己的受难者形象更为高大。

"别人"是谁,如果你问我,我会回答说:"别人"不是别人,别人就是你自己。正像一句古话所说,境由心生。别人也是你自己的心所造出来的。你有什么样的自我形象,就会创造一个与这个形象成对比的"别人"的形象。

因此,只要我们改变了内心中的自我形象,"别人"也就会改变。当你自己不把自己当作胆小鬼,别人的眼睛也就不会咄咄逼人了。

"别人"就是你自己,"别人"并不是别人。知道了这个道理,你不必过多地责备别人,不要怨天尤人,因为你的烦恼,归根结底要自己负责。这不是坏事,我们自己能负责,也就意味着我们自己虽然这些"别人"得天独厚，但是，似乎他们的为人并不怎么好。我的来访者经常会说起他们的劣迹。

"别人都欺负我。"抑郁的来访者说。

"别人都是那么势利眼，而且总在背后找我的毛病。"难怪他的人际关系很差，因为他身边都是小人。

"别人都瞧不起我，用轻蔑的眼神看我。"这个来访者是社交恐惧症，他还相信别人有一种神奇的能力，就是一看他的表情就知道他心中正在想坏念头。

"众人皆浊我独清，众人皆醉我独醒"，"众人"好像也就是"别人"的意思，而这个古代独清醒的诗人投水而死了。

法国哲学家萨特说："他人是地狱。""他人"当然是"别人"了。从来访者的叙述来看，这些"别人"的确是像地狱一样邪恶。

"别人"真是这样子的吗？客观的、理智的观察者当然会说"不是"。

抑郁者往往以为他们是世界上最倒霉的人，但是客观的、理智的观察者发现，实际上并不是这么一回事，比他们更倒霉的人多得数不胜数。有些抑郁者的生活甚至被别人羡慕着，他们比别人更有钱、有更好的工作；别人也不是天天都快快乐乐地生活，每一个人都有烦恼、不顺心和忧愁。

别人的运气也并不是总那么好，作弊违章被抓到的人，在这个世界上每天数以万计。别人也常常得病，所以在每个医院里才有许多的人。而且别人也有心理疾病，所以才有许多我这样的人做心理咨询师。

别人也并不都是那么坏。别人不都是小人，也不会都兢兢业业地找你的毛病，因为他们还要花很多时间为自己谋生，哪里有时间

"别人"就是你自己
想象中的"别人",都是自己的反衬

我是一个心理咨询与治疗师,一个收费很高的心理咨询与治疗师。我发现一个非常奇怪的现象,许多人花很多钱来做心理咨询,却不谈他们自己,而总是谈"别人"。

"别人都一天到晚快快乐乐,没有烦恼,只有我活得这样惨,医生,你救救我吧。"这是抑郁的来访者经常和我说的话。

"别人都没有事情,可是我一到考试前就紧张得要命,睡不着觉。"这个来访者是因为考试焦虑而来咨询的。

"别人抄都没有事,怎么倒霉事偏偏让我遇到了!"这是一个因考试作弊被处分的大学生。

如果我是一个外星人,根据他们的叙述我可以得出的结论是,这些"别人"真是很幸福,他们从没有烦恼,没有病痛,没有灾祸;他们从不会紧张,不会焦虑,更不会失败;他们相貌美丽,不需减肥;他们运气奇好,作弊违章都不会被发现。"别人"当然不会有心理障碍,因为他们几乎可以说是"万事如意"的人。

因为追求完美是心理的情结,所以不是讲道理可以说服的。如果你不幸是一个完美主义者,你会发现每当你对自己说出一个不应该追求完美的理由,你的心里就会冒出来好几个应该追求完美的理由。这就是你潜意识中的情结,它像伊甸园中的蛇一样能言善辩。

一个戒烟的人会发现自己心里冒出来很多不戒烟的理由,一个正在减肥的人会发现自己心里总有一个声音在劝自己多吃一点东西也无妨。同样,在你试图想改变自己的完美主义时,心里也会冒出很多说完美主义好处的理由。而你如果真的决心戒烟,你用不着多想什么,只要坚决地不吸烟,过一段时间,烟瘾消失了,那些吸烟的理由也自然烟消云散了。**同样,你如果想改掉完美主义,就坚决地放弃完美追求,忍耐一些小小的不完美。**忍耐是痛苦的,就像戒烟一样痛苦,但是等你戒掉了完美主义这个坏习惯后,就会发现,你的生活会变得更轻松、更快乐。

己的行为的完美，或者是追求让配偶完美。在一开始，追求完美者会得到一些成功，因为他们的努力，他们可能会表现优秀，但是，因为完美是没有止境的，他们会感到越来越累。

有一次我做心理咨询，来访者说他压力很大，没有一分钟的空闲。我说："假如我用心理学技术，让你在六小时干完八小时的工作，剩下的两小时你要干什么？"他回答说："我要做工作，把工作做得更完美。"

所以，完美主义者最后总会有不堪重负的一天。

完美主义者是不容易被说服的，一是他们认为"我们应该追求更好、更强"，二是他们认为追求完美虽然很累，但是"这样会使我们更成功"。当然，我们可以讲很多道理说明追求完美的害处，但是没有用。因为，虽然他们在道理上也可能同意我们的意见，在感情上却接受不了"不完美"，仿佛在他们心里有一个人在说"你应该完美"。这个心里的人就像传说中伊甸园里的那条蛇一样，总用一个"完美"的幻象诱惑着人。

隐藏在他们心里的这条"蛇"，实际上是他们心理的情结。

心理学分析表明，**追求完美实际上是心理的一种症结。它形成的一个原因是：童年时父母教育方式不恰当，对子女行为过于苛求，批评过多。**子女为了让父母满意，就形成了追求完美的习惯。即使到了成年，这个潜意识中的习惯还是根深蒂固。

完美主义形成的另一个原因是内心缺少安全感。有的人在潜意识中，感到只有做得十全十美才可以安全。这些人最容易在工作中追求完美，好胜心强。追求完美的行为如果严重，甚至会产生心理学称为"强迫行为"的症状，比如严重洁癖、忍不住想一些没有意义的问题、反复检查门锁等等。

你和神不一样

忍耐小小的不完美，完美主义者才能真正活轻松

有一个故事。一个丈夫有幸娶到了一个极为美丽的妻子，妻子唯一的不足是有一块小小的胎记。一开始他还没觉得有什么，但是后来他越来越不能容忍这个不美的胎记。他越来越注意这块胎记，甚至不再注意妻子的美。他总是在想，假如没有这块胎记妻子会多么完美。不知是幸运还是不幸，这个丈夫正是外科医生，于是他决定自己动手术去除这块胎记。

但是，一动手术才发现，这块胎记的根子很深，于是他决定深挖，再深挖……后来，挖得很深，胎记的根子挖掉了，但是他的妻子也死了。

这个丈夫说："这个世界上没有完美，只有神才可能是完美的。"

我们在生活中经常可以遇到一些追求完美的人，或者是追求自你心理上的母亲是谁，就意味着你和她的关系中有母亲和孩子的成分。

母子关系不只是生物的关系，更多的是情感的关系，心理上的母亲是你所依恋的对象，你对她也许会有不满，但是你离不开她。

夫妻双方，如果你是对方心理上的母亲，那么你要有警觉了。**比如妻子，在心理上不妨有时做"母亲"，但是有时也必须在心理上是"朋友""爱人"，或是"女儿"。如果妻子总是扮演心理上的母亲角色，而压过了她本来应该有的主要角色爱人，则这对夫妻的关系是不够好的。**丈夫会显得幼稚，没有男子气，妻子会感到情感不满足。在这样的关系中，双方应该有意识地减少妻子扮演心理上的母亲角色。反之也一样，如果丈夫成了妻子的心理母亲，久而久之，丈夫比较容易有外遇。

少数人在刚才的想象中，很难想象出一个母亲，甚至可能很难想象出一个这样关心照顾自己的人，这说明他们在生活中非常缺少关爱。这样的人是不幸的，因为每一个人都应该要有一个"母亲"，否则，他的心理会枯萎，会缺少安全感，会产生心理上的一些问题。

如果你不幸是这样的人，可以不妨先想象出一个母亲来，比如，想象一个像观音菩萨一样慈祥的女性，想象她像母亲一样在照顾你，安抚你。这样的想象，对你的心理建设也是很有好处的。

你的母亲，就是你心灵的家。

操心，只知道玩，出去跳舞、练武术、学气功，对社会中的事情更是天真无知。但是恰好她有两个女儿，这两个女儿的心理却很成熟，处理事情很有分寸。所以一旦家里有什么事情，母亲很容易惊慌失措，每当这个时候，两个女儿就会出来处理问题，安抚或安慰母亲，哄她高兴。有的时候，做母亲的太任性了，女儿也会训训母亲，而这个做母亲的也就乖乖地听话了，这样女儿就会用一点好吃好玩的东西给母亲，作为安抚。两个女儿都说过，我们好像是妈妈的妈妈。在这个家庭中，母亲实际上是心理上的女儿，而女儿反而是心理上的母亲。

心理上的母亲可以是任何一个人，而且随时可以变化。有的男人遇到了一个很贤惠的妻子，在他疲劳烦恼的时候，妻子耐心而又体贴地照顾着他，丈夫有时甚至在妻子面前也可以像一个小男孩一样耍赖，而妻子也可以接纳，实际上妻子就是丈夫心理上的母亲。有的女人找到了一个模范丈夫，她在他面前使小性、撒娇，就像一个小女孩，而丈夫就像一个母亲，这时的丈夫就是心理上的母亲。

心理上的母亲也可以由其他关心体贴你的人充当，姐姐、大嫂、学校的老师、单位中的长者，都是可以做"母亲"的。

有一种方法可以让你知道，谁是你心理上的母亲。

你可以闭上眼睛，想象你变得很小，大概只有不到1米高，想象你感到很疲倦、难受、饥渴，好像是经过长途跋涉，或者是有病在身，你蜷缩在一个寒冷的硬板床上，身上的被子也很破。你闭着眼睛，又难受又害怕。这时，有人走进了屋子，她给你盖上了暖暖的被子，掖了掖被角，用手摸摸你的额角，然后喂你喝了热汤，告诉你不要害怕……，然后想象你看清了她的脸，她也许是你真实的母亲，也许是另一个人——她就是你心理上的母亲。

你知道谁是你的母亲吗

像母亲般关怀滋养我们的人,是心理母亲

"除了身世不明的人,谁都知道母亲是谁,还用得着问?"一个人回答。

"怎么,难道我不是我妈亲生的?"另一个人惊讶地反问。

"开什么玩笑,当然知道。"另一个人很有点不满。

这是我在问"你知道谁是你的母亲吗"这个问题时,别人的回答。

是啊,绝大多数人都知道自己的母亲是谁,但是我想问的问题是:"你心理上的母亲是谁?"

心理上的母亲,不一定是实际的母亲,是指在心理上起到了母亲作用,符合我们潜意识中母亲形象的人。

我们潜意识中,母亲是一个无条件关怀着我们、保护着我们、滋养着我们的人,谁是这样的人,谁就是我们心理上的母亲。

我知道一个家庭中的一个母亲,她的性格比较任性、不成熟,并且在小的时候被父母宠惯,在结婚后被丈夫宠惯,所以虽然年纪已经50多了,处理问题的方法还是很幼稚,而且她什么事情都不人的要求。

尽量不伤害别人，这是应该的，但是也不能为了别人放弃自己的需要，因为那将会伤害自己。自己和别人是平等的，为什么总要屈己从人呢？

长期压抑自身需要的人，往往很害怕自己会有些不可接受的坏的需要，而实际上却并非如此。有一次我和朋友聊天说到这个问题，一个朋友说："假如我需要上街去随便杀人，难道我也可以去杀吗？"当然不能。但是，杀人真的是内心的需要吗？如果你想上街随便杀人，那很可能是你心中积累了一股怨气无处发泄，这怨气也许来自老板，也许来自亲人。其实，你真正需要的不是杀人，只是发泄怒气而已。

因此，**要为自己活，不仅要有敢于为自己活的勇气，还需要有看到自己内在需要的智慧。**

我让她直面自己的心灵，问自己想要的是什么，她得不到答案。她说她从来都是揣摩别人想要什么，却从来不曾问过自己想要什么。

我采取了其他心理学技术，帮助她了解自己。她的"自我"在很小的时候就已经学会了放弃自己的要求，如同一棵长久见不到阳光的小树一样，是需要一段时间才能重新长出新叶的。

过了几天，她来电告诉我："我知道我自己想要的是什么了……"

"就只是这个？"

"是的，我以前曾这样做过，但是我认为那是浪费时间。现在我为自己做了，我感到心情好多了。"

就这么简单！但是，还有多少痛苦的人，不懂得做这件简单的事：为自己活。

草丛中,让人羡慕。而内心中的她,却是"一片漆黑,到处是灰"。

"为什么你会是这样呢?"我问她,"说说你的生活经历。"

她告诉我,她是长女,从小很听话,父母要她学习她就学习,要她考大学她就考大学。工作后,她也很能顺应外界的要求,当需要在工作上努力表现时,她踏实地工作;当人们重视财富时,她也成功地赚到了钱;该结婚时,她就结了婚……该做的事她都做好了,该得到的也都得到了,她不明白,她为什么感到不幸福?

我问她,她生活中最喜爱的是什么?

她回答说:"说不出,读书是为了顺应父母的期望,赚钱是为了适应社会的要求,就连结婚也不是有什么激情,而是因为男友的追求。"

这就是她的问题所在,这就是她忧郁的原因。她为父母活,为领导活,为丈夫活,为社会活,却从没有真正地为自己活过,难道还不值得为之忧郁?

心灵知道,外在的成功和外表的幸福犹如蜡制的苹果,好看却吃不得;犹如她想象的那座房子,外表虽美内部却是黑暗和灰尘。

我把这些道理告诉她,她叹息说:"是啊,我从未为自己活过。"但是她对为自己而活却有些害怕:"做我想做的事,别人会怎么看,怎么想?万一我做的事不道德怎么办?"

不曾为自己活过的人都是不敢为自己活,怕使亲人失望,怕周围的人反对或轻视,因此他们才只能做别人让他们做的事。

我鼓励她拿出勇气来,做自己真正想做的事。要对自己负责,对自己的生命负责而不是对别人负责。

如果你深入正视自己的内心,发现自己必须要做的事会带来和人的新的冲突,那也要这么想:我要为自己活,我不能完全顺从别

为自己活

要有为自己而活的勇气，和看见自己需要的智慧

我拿起心理咨询中心的电话，听到一女子一声幽幽的"喂"，我已知道，又是一个忧郁的人。

据我所知，这个女子似乎本不该忧郁。她受过高等教育，有很好的工作，有远超一般人的高收入，家庭生活平静安宁。但是忧郁却如虫一般日夜啃食着她的心灵之树，使正逢好年华的她日见枯萎。

我约她来面谈，她来了。整洁庄重的服饰，得体的举止，连说起自己的烦恼时，也不曾有失态的表现。

我用意象疗法，让她想象一幢房子。她说："我似乎看到了一座房子，是西式小别墅，红色屋顶，雪白的墙壁，是木头的墙，很美，屋外是一片绿草地。"

我说："想象你走进这房子，看看屋里有什么？"

"什么也没有，屋子里一片漆黑，到处是灰。"

是的，这就是她的心灵。从外表看，她有幸福的家庭，有成功的事业，一切都像想象中的那座房子的外观：白墙红顶，坐落在绿

他也就放松了。虽然想象不是事实,但是如果想象得栩栩如生,却可以得到真实的效果。与想象中的"父亲"说话,虽然不如和真父亲说话,但也可以让淤积的心理能量从"渠道"中流走。

《红楼梦》中跛足道人是用另一种方法来解决"河水淤积"问题的。他宣称世人所追求的一切事物都是空幻的,无意义的,不值得去追求,从而使心理能量不再向目标放送积聚,如同在上游切断水源,河水自然不会淤积了。

如果我们在街上任意问一个人,问那匆匆忙忙走过的千百人中的一个,看他有没有什么未了的心事,我想肯定会有。那么请告诉他不要把心事埋在心底,不要以为恨可以像尸体一样被埋葬,也不要以为爱可以像金银一样被收藏,**所有不了的心事会在心里呼喊,会像种子一样发芽生长,越长越大,了结它才是唯一解决问题的办法。如果心愿有可能实现,就实现它。如果不能实现,就想象它,向别人倾诉,让自己痛哭**。把种种心情发泄在日记上,这也是"了"。当一切心结都已了结后,就可以以儿童一样纯洁的心面对这个世界了,就可以忘掉过去,让困扰纠缠你的情绪如过眼云烟。

完成。它将会使这种怨恨越积越深，会毒害这个人的心灵，进而还会使他处理不好和与他父亲相似的人，如老师、老板、领导的关系。这种怨恨会像一条饥饿的蛇死死地缠着他，使他不能解脱。如果有一个人爱某人，却埋在心里，这也同样是一种未完成。这段爱也会越积越重，成为心理负担，并且妨碍他以后的爱。如果一个人悲伤却没有痛哭过，他会时时在想着去哭。同样，当一个人渴望金钱而未能富裕时，他的心灵会被金钱缠绕而不得安宁，因为在金钱上，他有件"事"未完成。

完成就是了结、了断，就是"了"。

未完成就是"不了"。不了，人就会时时念之，就会有烦恼，就会有情绪困扰和心理疾病。"了"了，人就可以把这段"事"放下，就可以不被纠缠，就可以轻装上阵而面对现在的生活，了便是好。

每当我们有了一个愿望，就会投入一股心理能量去追求它的实现。如果愿望实现了，这股能量就被消耗了或消散了。但是，如果愿望遭到阻碍，这股能量就会淤积，成为泛滥成灾的根源，也成为破阻而出的动力。遭阻，就是不能"了"。

心理治疗就似疏导河水，让它"了"。精神分析创始人弗洛伊德在治疗时就是让患者回忆过去创伤性经历，宣泄淤积的情绪。通过倾诉，将淤积的心理能量得以消耗掉或释放出来。心理学家赖克引导患者通过发怒、哭泣把过去没有表达的愤怒和悲伤尽情表达出来。当人能倾诉、能哭泣了，就会觉得"好多了"，因为至少他对情绪表达了，在情绪表达上"了"了。

格式塔疗法让患者想象空椅上坐着人，如果他怨恨父亲却没有说过，让他想象空椅上坐的是父亲，让他对着"父亲"说话，说出他心中的怨恨。当他说够了，他的心愿就完成了。"了"了，于是

了便是好
心理疾病的起因，都是"未完成"

《红楼梦》一开始，写甄士隐女儿被拐，家被火烧光，投奔岳父，岳父又势利，于是他便得了我们称之为抑郁症的心理疾病。当时还没有心理医生可寻，他只好忍耐。这天他上街，偶遇一跛足道人，听那道人自言自语道："世人都晓神仙好，惟有功名忘不了。古今将相在何方？荒冢一堆草没了。世人都晓神仙好，只有金银忘不了。终朝只恨聚无多，及到多时眼闭了……"甄士隐听了，便迎上去说："你满口说些什么？只见些'好''了''好''了'。"那道人笑道："你如果听到了'好''了'二字，还算你明白。可知世上万般，好便是了，了便是好。若不了，便不好；若要好，须是了。我这歌儿名叫《好了歌》。"说也奇怪，听了这些怪话，甄士隐的抑郁症竟然不药而愈。

数百年后，生活在遥远的欧洲和美洲的心理学家，在进行心理治疗时，竟然也发现了和跛足道人相同的原则：好便是了，了便是好。

格式塔疗法创始人皮尔斯指出：**心理疾病的起因都是一种未完成**。如果有一个人怨恨他的父亲，却不敢当面指责父亲，这就是未

第一章

让真实的自我在安顿中欢愉,或是始终伤感流离?

人是多么脆弱,又是那样顽强。因为脆弱,我们每个人都可能存在着不同程度的心理问题;因为顽强,我们都有面对和解决这些心理问题的能力。只有了解和勇敢地接纳真实的自我,真实的快乐、自信和力量才会如同种子在心灵中生出花来。

东西，但是当自己的心灵没有参与选择的时候，心灵会拒绝这些东西，于是心灵不能从中得到滋养，于是枯竭而空洞化。

所以心理学不能告诉你，什么对你是好的，但是心理学可以告诉你，你应该勇敢地去投入生活，勇敢地选择，你选择的结果对于你最终才总会是好的。因为你的心会感觉到哪个更好，而感觉真的得到了生命，从而感到活得有意义。而对你自己更好，也必定会对别人更好，因为一个充实的、满足的、幸福的和有意义感的人，总是选择去爱而不是恨。

去活出自己吧，去发现自己的意义，人生就是一个最奇妙的发现的历程。也许你能从这本书中发现一些有意义的东西。

它是我们感动时的眼泪，是在美的事物面前的惊讶，是我们喜悦时脸上的阳光，是我们痛苦悲哀时的安慰，是我们握着朋友的手的温暖……

而心灵最深的需要，可能就是人生的意义感。只有意义感能带来最持久和深刻的满足。是的，吃饱穿暖是生存的基础，但是吃饱穿暖了又能怎么样呢？是的，有人可倾听自己是好的，但是如果我们的人生从根本上没有意义，我们又有什么可以和别人说下去呢？是的，手机上的东西也可以满足我们的好奇心，但是那又怎么样呢？"杰克马"就算是有几百亿在手，那又怎么样呢？他自己很清楚地知道自己所需要的消费，几十万一年已经足够。而如果他询问自己的内心，我做这一切的意义是什么的时候，没有得到一个让自己无比充实的答案，那么这所有的钱也无非是一个可能有用的条件而已，而不是生命本身。

那么，什么可以让我们的生命有意义呢？

最有意思的心理学原理出现了，那就是：**每个人都需要自己选择或找到自己的生命意义**。没有任何人，能够告诉一个人什么是他的生命意义。这个人能从中获得意义的事情，对于另一个人也许会毫无感觉——就好比一个人所贪恋的美味，可能对另一个人来说不能下咽。每个人自己去寻找，去体验，自己主动选择而不是盲目听从别人，他就会在某个时刻突然发现：啊，这就是我所要的，这就是我想得到的人生。然后他就感到了心灵被滋养，生命被安顿，而他会明确无误地知道：有了这样的生命，我没有白活。

为什么有人会得空心病，会空虚，会感到无意义，不是他们得到的太少，而是他们没有和自己真正的心在一起。他们追寻着父母告诉他们应该去追寻的东西，或者追求着社会上多数人所追求的这个变化将成为世界发展的主流。这就是计算机技术将使这个世界变为信息化的社会。

在农业社会，人们所生产的主要是粮食。农业社会主要满足的是人们的生理需要。当然也不是满足所有生理需要，只不过"吃"是农业社会的中心问题。

在工业社会，人们主要的产品是工业品，是各种生活中要使用的器物。它满足的不仅仅是生理的需要，更多的是满足人们虚荣心的需要，我们要更好的汽车和名牌服饰，不仅仅是为方便和保暖，更是为了让别人羡慕。

而在信息社会，人们生产的将主要是信息。王大妈（或者李家婆姨、赵大娘）也许会不屑地说："信息能当饭吃，还是能当衣服穿啊？"是的，信息不可能填饱我们的肚子，不可能穿在身上当衣服，但是它可以提供心灵的营养。

在 21 世纪，吃饱穿暖将不是太大的困难，于是人们开始探寻心灵的需要。

实际上除了爱，我们的心灵还需要许多其他的东西，需要在痛苦的时候，有倾诉的地方，有一个人能倾听自己；需要有一个朋友，可以在闲暇的时候无边无际地漫谈；需要知道新的有趣的东西，让我们的好奇心得到满足；需要自己的人生有意义……

这些都是心灵所需要的营养，所需要的"盐"。大地不仅仅生长粮食滋养我们的身体，也生长鲜花滋养我们的心灵。黄山谷说过，人三日不读书，便觉面目可憎，语言无味。黄山谷所说的书，显然不是指高考复习题集，也不是地摊上半裸女郎封面的杂志，而是滋养、安顿我们心灵的书。

心灵的需要并不是阳春白雪的奢侈品，而是每一个人的需求。

凯文副教授，在北大这个中学生们梦寐以求的大学中发现，可能有近40%的学生会有空虚无意义的感受，以至于他已经有足够的案例可以把这命名为一种心理疾病了："空心病"。空心病的诊断一出，一时轰动了我的微信朋友圈和一些新闻媒体，难道无数中学生日夜苦读，最后等着他们的就是一款时髦新病吗？这也让大家太难以接受和理解了。

别人不理解也不奇怪，因为站着说话的人不腰疼，而没有经历过真正空虚的人也不知道空虚的感受是多么痛苦——中学生的空虚还算不了什么——北欧的一些国家是富裕而又闲适的，在发展中国家的民众眼里简直像天堂，但是，这样的国家中，自杀率却一向是世界上名列前茅的——因为他们空虚。这些为空虚而苦的人，最苦的是连诉苦的机会都没有，因为别人会说："你这样成功和幸运，你还有什么苦的呢？"就好比被群嘲的"悔创阿里杰克马"，在人们心中，他们应该是完全不知道苦恼为何物才对。

关于空虚，美国人本主义心理学家马斯洛的理论有最简单清晰的解释。他说人的需要是分层次的，低层次是生理的需要和安全的需要，比如饮食男女、攒钱防老，都是低层次的需要；中层次是爱和归属的需要、尊重的需要；高层次是自我实现的需要。低层次的需要必须要先满足，不然人连活下去都不可能，还谈什么心灵？但是，在低层次的需要满足之后，人就必须要满足中高层次的那些精神的、心灵的需要。如果这些精神和心灵的需要得不到满足，人显然不会饿死，但是会活得非常空虚。

马斯洛说，**我们的心灵需要爱，就像我们的身体需要盐一样。**

未来学家托夫勒的《第三次浪潮》，早就预言了世界将会有一个巨大的变化。我们看到他的预言正在渐渐变为现实。在21世纪，

自序｜愿：心灵被滋养，生命被安顿

多年前，有次偶然看到一段中学生的话："每天，我照常地学习、生活，可总觉得心里好像有点不对劲，似乎我不知道为什么学习、为什么生活，常常有一种很空虚的感觉。"

"空虚"必定是缺少了什么。比如我们感到肚子空，是因为缺少食物；考试前感到心里发虚，是因为缺少知识。而这个空虚的中学生缺少的是什么呢？显然，这一代中学生是不缺少食物的，他们学的知识也不少，他们缺少的是别的东西。

当时我想，最理解这个中学生的应该是那些有钱又有闲的贵妇人，她们有足够的钱，不必为生活奔波，她们本来以为这样的生活应该是非常快乐的，但实际情况却是，生活异常空虚，饱食终日，无所事事，简直是痛苦不堪。

但几年后，我发现最空虚的人可能并非贵妇人，而恰恰是当年那些空虚的学生中的佼佼者，也就是考上了最好的大学的那些大学生。现实中我得到了非常明确的印证，北京大学心理咨询中心的徐

灵被滋养，让焦躁被安顿。

第三个层次，把《滋养》作为"方药"来服用，它提供了许多可操作的心理学方法与技术，针对生活中可能出现的各种困扰，治已病、治未病，都可以用。

第四个层次，心理学专业人士可以从"医师"的角度来鉴赏品尝，把阅读《滋养》的过程作为一种高手间的同行交流，看朱建军先生如何开方子、如何熬药汤，如何使一服汤剂药力深厚老少咸宜，如何送服入口，治病救人。

《滋养》是一锅好汤，从里面汲取，它并不会减少，与人分享，它反而变得更多。

十全大补汤，我与各位共品尝。

意象对话资深心理咨询师

周烁方

却往往弄巧成拙。社交技巧永远是表面的，是否带着爱与理解与他人互动，这背后的态度才是实质。《先学会爱自己》才能够被人喜欢，先懂得《拒绝的艺术》，才不会《莫名其妙》地吃亏。《为何"人善被人欺"》？为什么《好心没好报》？带着理解与尊重和人互动，你才能学会用《最温和的批评》改变他人。带着爱与关怀和人相处，你就能够自然领悟《"他心通"秘诀》。当爱与理解朝向自己，就能够《做自己的局外人》，客观地处理矛盾。当爱与理解朝向他人，你就拥有了社交中的《所向无"敌"之术》。

其四是"生命的意义"。维持生存是动物的本能，寻找意义才是人类的天性。在找不到生命的意义时，一个人应该先问一问自己，是否担负起了自己的人生责任，是否接受了命运施加于己身的那些无法改变的"不公"。承担责任是自主的开始，自主的生活才能铺就通往"生命意义"的漫漫长路。《命运不是母亲》，人也不能永远做个孩子，唯有放弃《弱者的武器》，才能获悉《强者的秘密》。在生命的旅途中，《永不言败》是必要的态度，适时地《等待》也不可或缺，学会贯彻《低速度原则》，你就能获取《痛苦带着的财富》。不要总去想《都是谁的错》，收好《父母给孩子的最珍贵礼物》，把《快乐咒》挂在嘴边，在寻求意义的过程中，每个人的生命都是一个《神秘的故事》。

《滋养》这锅汤，可以从四个层次来品尝。

第一个层次，把《滋养》当作"保健品"来喝，它绝不会对你的健康有任何坏处，也少有中药的苦涩，喝了以后可以获得身心的愉悦，获得浑身的轻松。

第二个层次，把《滋养》作为"补药"来进补，它蕴含了中国传统文化的丰富营养，营养足、易吸收，喝了以后强心健体，让心说《滋养》是十全大补汤，并非单纯的玩笑。事实上，书中四大章的内容牵扯到人性、人生中的几个重要方面，不偏不倚，全方位把握、滋养和调理人心会遇到的普遍问题。

其一是"真实"。人身处现实社会，伪装往往带来便利，真实却造成冲突、使人害怕。为了顺应环境而迎合他人、伪装自己，本应是权宜之计，很多人却迷失其中，过上了"别人"羡慕的生活，却遗失了真实的自我。生命中最大的空虚莫过于此——过得"好"，但不是"我"。因此，我们不要做《美人鱼》，不要上演《洋娃娃的故事》，我们要相信《魔鬼是化了装的天使》，要知道《我的伤痛在快乐背面》，唯有鼓起勇气《重现本来面目》，才能《为自己活》，以健康的人格过有意义的人生。

其二是"独立"，尤其是在爱情里。常言说爱情使人盲目、爱情使人软弱，但不能放弃自我的人，却从来没有坠入爱河的权利与机会。可是爱情又需要独立的自我，因为爱情是两个人的事，一男一女，两颗星球相互围绕，两条河流彼此交汇，两股能量彼此限制又彼此滋养，衍化出生生不息的美丽太极图。没有了自我，谁和谁相爱？所以，我们既要承认《爱情是个不结实的东西》，更要带着一颗独立的心《一边美丽，一边等待》，才能知道《谁是你的真爱》。当我们遭遇《情感之争》，当我们和最亲爱的人玩着《"相互掷刀"的游戏》，唯有同时觉察到体内《爱情的三个中心》分别在说什么，才能走出《爱的牢狱》，收获《婚姻与信任》，体验到《灵魂的性爱》。

其三是"爱与理解"，人际关系最底层的实质。在人际互动里，尔虞我诈固然令人身心疲惫，委曲求全却也未必有好结果。在朋友相处中，批评与矛盾不应该成为禁区，而力求"善解人意"者这是一种很有趣的阅读体验，在被滋润和营养的同时，更清晰地意识到自己内心是干渴的、匮乏的，于是更加想去读。

近十年后，我才逐渐明白这种干渴与匮乏并不只是我个人的，它相当普遍，是许多中国人共有的。这种干渴与匮乏的原因，在于中华民族这棵大树在近几百年受了很重的伤，以至于许多树叶和枝丫与中国传统文化的根系断开了连接，华夏文明土壤中的养分输送不上来。作为枝叶，我们因此而干渴、匮乏，不知道自己从哪里来，也不知要到哪里去。缘于此，心灵需要被滋养，心灵需要被安顿。

中国有句老话叫"七步之内必有解药"，意思是说如果一个人在山林中被毒蛇咬了，那么在附近一定有能解这蛇毒的草药。引申一下，就是说人所面临的困难和问题，解决方案通常并不遥远，而是就在身边，就在日常生活所能接触到的地方。对于当代中国人来说，许许多多问题的答案就存在于我们当下的文化环境中：一部分是中国传统文化中的精华，比如儒释道思想，《西游记》《红楼梦》等小说则是它们的通俗化表达。它们曾经蒙尘多年，许多当代中国人与它们"对面相逢不相识"，而现在正是重拾文化自信，将其发扬光大的好时候。另一部分是近百年内汇入中国的西方文化，尤其是弗洛伊德的精神分析、荣格的分析心理学等。它们有待进一步消化与融入中国本土。但"他山之石，可以攻玉"，它们可以让我们从一个新鲜的角度自我审视，乃至解决一些问题。

朱建军先生在《滋养》幕后所做的，正是对这些东西方文化中的精华进行深度的体验、理解与消化，再用最通俗的语言谱写出来。此过程也仿佛一个高明的厨师，结合东方与西方特色食材的精华，融会贯通地熬制了一锅"十全大补汤"。

推荐序　来，干了这碗大补汤

朱建军先生是我的老师，也是我行过拜师礼的师父。给先生的书写序，这不符合我原本的设想。我以前设想，我什么时候好好出一本书，让先生来给我写序，充充门面壮壮胆。然而我自己的书迟迟未出，却先遇到了这个给先生的书作序的机会。开始时诚惶诚恐，静下来想一想，由我来写也是一件好事。写序的人不必比作者水平高，这恰好说明书中的内容很亲民、接地气，大家大可放心阅读而不必担心内容艰深或难以理解。就像一个笑话里讲的：我不会生蛋，难道还吃不出炒鸡蛋的香吗？

第一版《滋养和安顿我们的心灵》（以下简称《滋养》）出版于2006年，我遇到这本书是在2009年，正在读心理学研究生。那时候的我善于思考、喜欢精美繁复的心理学理论，故而对通俗类的心理学读物非常挑剔，觉得这类读物内容浮浅、言之无物。然而《滋养》一书从上手的那一刻起，就让我有种放不下的感觉。它清澈通透，比山泉更加甘甜；同时它又浓厚深远，比老汤更加韵味深长。

256 教师的焦虑
对未来的焦虑，才是学生负担的源头

258 "充话费送小孩"是个谣言
骗孩子让成人有优越感，却使孩子失去自尊感、安全感和归属感

262 父母给孩子的最珍贵礼物
让孩子相信自己被爱着

265 弱者的武器
夸大牺牲、以退为进，是弱者与别人竞争的心理把戏

268 三十而立
而立之年的心理困扰，促使我们重新审视人生

270 "老色鬼"们的自述
性骚扰者其实都是胆小鬼

274 是谁害死了诸葛亮
胃溃疡，是你的心"吃不消"

278 席慕蓉、三毛和琼瑶
用天赋特长做最棒的自己

281 一个神秘故事
潜意识中有无尽珍宝

285 跋　我愿意说给更多人听

第四章

用有担当的人生供养出生命的真正意义，或在不自主中空虚至死？

如果一个人希望有自己的灵魂，希望能更多决定自己的人生，从而有一个更健康的自我，至少，必须下决心自己担负起自己的人生责任。不自主的生活是最不能忍受的生活，这种生活会使人像秋叶一样日渐枯萎，因为不自主的人多数缺少一样东西，那就是人生的意义。

224 强者的秘密
　　强者的力量就在人格中

227 命运不是母亲
　　只有经得起考验的人，才会被命运眷顾

230 痛苦带着的财富
　　厄运，是你打通心理能量的好渠道

233 永不言败
　　不承认有失败，才是成功者的秘诀

236 等待
　　要相信"该来的自然会来"，千万别焦躁

239 快乐咒
　　懂快乐，心才是真的健康

241 都是谁的错
　　对待错误的正确归因方式是开放、不固守己见

246 论贪婪
　　贪婪很多时候也能成为生命营养

249 低速度原则
　　放慢速度，才能尽享人生美妙

252 依法治家
　　越任性的孩子，越想拥有会立规矩的父母

179 最温和的批评
　　看似不经意的一句话，更容易改变别人的态度

183 社交训练
　　用"现实检测法"消除社交中的主观乱想

186 周末的"三角心理"
　　听出别人的话外音，才能让彼此舒服

190 遇到别人尴尬时
　　社交的高境界，是在别人出丑时假装没看见

193 莫名其妙的转折
　　在谈判中轻易让步，自卑是罪魁祸首

198 为何"人善被人欺"
　　不敢愤怒和拒绝，是"老好人"的病根儿

201 "没事找事"社交术
　　带着爱去创造机会多接触，才能交到知己

204 脸皮不磨不厚
　　用"难堪训练"来使薄脸皮变厚

207 头脑里的监工
　　克服自我意识的干扰，才能战胜社交紧张

210 所向无"敌"之术
　　赞美，是社交的无敌妙术

213 做自己的局外人
　　从局外人角度看问题，就会客观处理人际矛盾

216 "他心通"秘诀
　　只有足够深地爱一个人，才能和他心灵相通

219 玫瑰故事
　　明确自己的角色和身份，才能在交往中恰当示好

第三章

用充满爱与了解的人际关系使自己安宁从容，或在陌生疏离中疲于奔命？

几乎没有谁真的需要别人出主意，他们真正需要的不过是别人的理解。理解源于了解。当你深爱一个人，在你心中，他就是你，你就是他，他的快乐和烦恼就是你的快乐和烦恼，那时，你就会了解他。交际的最高境界，不需要心理学技巧，只要有足够的爱就够了。

142 先学会爱自己
只有喜欢自己的人，才会被别人喜欢

145 学习感谢
好社交不仅需要技巧，更要有真情

148 "未必如此"和"人难免会"
想处处有朋友，就要会说宽容的话

151 不劝而劝
理解是最大的劝慰，用"意译法"劝人才见效

155 好心没好报
先关照别人的自尊，才能使安慰到位

159 脸家三兄弟
"出丑训练"，是克服社交羞怯的法宝

162 拒绝的艺术
不会拒绝别人，就没有好社交

166 了解"身体语言"
"猴子技术"，使你对别人的心思洞察秋毫

169 我们拥有共同点
培植友情，要善于寻找和创造共同点

172 朋友不是玻璃做的
用"和解"的态度，去应对友谊中的冲突

175 床下本来没有鬼
别用虚幻的紧张，来干扰社交中的平常心

096 情感之争
解决情感烦恼，先要把理念问题转化回情感问题

101 婚姻与信任
治好嫉妒，才能让信任之树开花

104 两个孩子的故事
真正的爱情，是把自己和对方都看成是成年人

108 种子年年这样种
想幸福持久，就要勤快地种养爱情之花

111 虾米、芝麻和绿豆
配偶"缺点"很正常，接纳不足才久远

114 "相互掷刀"的游戏
拥有情绪定力，才不会在夫妻吵架中恶语伤人

119 老婆累人
用妻子需要的方式对她好，才会相处轻松

124 难得糊涂
面对爱人的感情小波动，不争辩是非曲直是良策

128 走出爱的牢狱
不再浇灌逝去的爱，才能迎来新生

132 一边美丽，一边等待
学会独自快乐的女人，更易得到爱的眷顾

137 网上玫瑰艳无香
网上爱人，其实是你心里爱人的投射

第二章

用两性情感上的独立将自己持久滋养,还是在脆弱依附中日渐凋零?

不要考验对方的爱情,宁可相敬如宾。不要追求心有灵犀,还是多做交流,明确告诉对方你需要什么。真正的爱情和婚姻是彼此滋养,把自己和对方都看成是成年人,有独立的自我,而不是脆弱无依的孩子。是相爱而不仅仅是依附,或只是你一个人的爱。

058 爱情是个不结实的东西
不长久的才叫爱情,请用平常心对待

060 爱情的三个中心
用"三点式"分析法,可厘清所有爱恨情仇

066 谁是你的真爱
想遇见真爱,先要内心独立而纯洁

070 美女为何爱"野兽"
别在痛苦的情爱关系中,找寻童年缺失的爱

073 灵魂的性爱
有心灵参与的性爱会超越生理快感,达至完美

076 爱情魔法
恋爱成功的秘诀,是尽量多和意中人接触

079 走出爱情的误区
为了争胜而"爱",结局注定会输

084 热恋勿忘心理检查
用四个问题来检测感情的相容度

087 表里不一是女孩
用相反的态度来掩饰真情,是恋爱伎俩

091 神仙眷属·凡人夫妻·地狱冤家
别用神仙眷属标准来要求凡人夫妻,否则会变成地狱冤家

026 美女的心有什么不同
请把美貌兑现为一颗快乐、善良和自信的心

029 女人扮嫩
掩藏年龄,是不能接受真实的自己

033 重现本来面目
时时面对真实自我,才不会被虚假面具侵占

037 冷漠是疾病
温暖别人,实质是在温暖自己

039 忧郁是女人的酒
走出被抑郁包裹的自恋,才能体会世间快乐

043 我的伤痛在快乐背面
想读懂生命这本书,请先了解并接纳真实自我

050 美人鱼
用牺牲自我的方式换取别人爱的女孩,都是美人鱼

054 洋娃娃的故事
把赢得别人喜爱当作生活中心,会成为没生命的"洋娃娃"

IX 推荐序
来，干了这碗大补汤

XV 自序
愿：心灵被滋养，生命被安顿

第一章

让真实的自我在安顿中欢愉，或是始终伤感流离？

人是多么脆弱，又是那样顽强。因为脆弱，我们每个人都可能存在着不同程度的心理问题；因为顽强，我们都有面对和解决这些心理问题的能力。只有了解和勇敢地接纳真实的自我，真实的快乐、自信和力量才会如同种子在心灵中生出花来。

002 了便是好
　　心理疾病的起因，都是"未完成"

005 为自己活
　　要有为自己而活的勇气，和看见自己需要的智慧

008 你知道谁是你的母亲吗
　　像母亲般关怀滋养我们的人，是心理母亲

011 你和神不一样
　　忍耐小小的不完美，完美主义者才能真正活轻松

014 "别人"就是你自己
　　想象中的"别人"，都是自己的反衬

018 魔鬼是化了装的天使
　　心理障碍，为你提供了发现自己的机会

022 不敢抛弃的烦恼
　　勇敢面对真正的问题，才不会被莫名其妙的烦恼缠身

目录

滋养和安顿我们的心灵

滋养和安顿我们的心灵

朱建军 著

A book
that nourishes
and comforts the spirit

北京联合出版公司
Beijing United Publishing Co.,Ltd.

让阅读走心
让阅历丰盛

贰阅 | 阅 爱 · 阅 美 好
ERYUE